普通高等教育国家级特色专业教材

信息管理与信息系统系列

数据库原理与应用

何泽恒　张庆华　主　编

谢红兵　副主编

科　学　出　版　社

北　京

内 容 简 介

本书是作者结合多年从事数据库与应用系统教学和科研经验编写而成。本书系统介绍数据库技术的基本原理、方法和应用技术。全书分 4 部分共 13 章，主要包括：数据库基本概念、关系数据库、SQL 语言、数据库安全性与完整性、规范化设计理论、数据库设计、数据库编程接口、数据库恢复与并发控制、SQL-Server 数据库实用基础，并简要介绍数据库新技术和发展，最后一章介绍数据库应用系统研制案例。

本书概念清晰，文字简洁，重点突出，理论实践并重。每章前有学习目标指出学习重点，每章后有思考练习题供课后复习，本书免费提供 PPT 教学课件及后续教学资料。

本书可作为高等学校信息管理与信息系统、经济管理等专业的教材，也可供从事信息领域工作的管理和技术人员参阅。

图书在版编目 (CIP) 数据

数据库原理与应用/何泽恒，张庆华主编. —北京：科学出版社，2011
普通高等教育国家级特色专业教材·信息管理与信息系统系列. 中国科学院规划教材
　ISBN 978-7-03-031046-0

　Ⅰ.①数…　Ⅱ.①何…②张…　Ⅲ.①数据库系统-高等学校-教材
Ⅳ.①TP311.13

中国版本图书馆 CIP 数据核字(2011)第 086468 号

责任编辑：张　兰　林　建　王京苏 / 责任校对：宋玲玲
责任印制：张克忠 / 封面设计：番茄文化

科 学 出 版 社 出版
北京东黄城根北街16号
邮政编码：100717
http://www.sciencep.com

北京市安泰印刷厂印刷
科学出版社发行　各地新华书店经销

*

2011 年 6 月第 一 版　　开本：720×1000　1/16
2011 年 6 月第一次印刷　　印张：23 3/4
印数：1—3 000　　　　　　字数：470 000

定价：**39.00 元**
（如有印装质量问题，我社负责调换）

系列教材编委会

主　任：高长元　教授、博士生导师

副主任：綦良群　教授、博士生导师

委　员：（按姓氏汉语拼音排序）

　　　　　耿文莉　何泽恒　李长云　李建军　田世海
　　　　　王高飞　魏　玲　吴洪波　翟丽丽　张庆华
　　　　　张玉斌　赵英姝

总　序

　　20 世纪下半叶以来，人类社会正快速由传统工业社会向信息化社会转变，计算机技术、通信技术及信息处理技术已经为这个转变提供了必要的技术基础，人们更加重视信息技术对传统产业的改造以及对信息资源的开发和利用。新一轮的信息化浪潮已经到来，信息和信息系统的应用深入到了社会的每个角落。特别是进入 21 世纪以来，随着社会与科学技术的不断发展，信息作为一种资源已经和材料、能源并称为现代社会发展的三大支柱。信息化程度已经成为衡量一个国家、部门、企事业单位科学技术水平与经济实力的重要标志之一。

　　信息管理与信息系统专业承担着为社会培养信息化建设与应用人才的重要责任，然而不同层次和特点的院校，其专业定位各不相同，对教材的需求也各不相同。为此，编写特色鲜明、适应性较强的普通高等院校系列教材是当务之急。在教材的编写过程中，编者力求充分吸收目前国内外信息管理与信息系统专业相关教材的优点，借鉴多所大学相关专业课程建设的经验，结合普通高等院校的特点和实际情况，力求达到面向应用和突出技能的培养目标。

　　本系列教材具有以下特点：

　　(1) 强调理论与实践相结合。本系列教材既强调深入浅出地阐述基本理论与方法，又注重运用相关理论与方法去分析解决实际问题，强调技能性和可操作性。

　　(2) 重视系统性与易用性。在基本概念、基本理论的阐述中，本系列教材尽量吸收国内外有代表性论著的观点，力求完整与准确，结构严谨，知识内容丰富，重点突出，逻辑性和可读性强，易于理解。

　　(3) 注重教学与科研相结合。本系列教材尽可能吸取相关领域和教师在科研方面的最新科研成果，使教材内容反映本课程的最新研究状况。突出科研为教学服务的理念，通过教学与科研相互促进，丰富教材内容，提高教材质量。

　　(4) 突出特色专业建设主线。在本系列教材的体系设计上，我们遵循突出特色专业建设的主线，强调各门课程的关联性和知识的衔接性，体现分阶段、分层次的学生能力培养模式。

（5）增加趣味性。在重要的知识点上，以灵活多样、图文并茂的形式激发学生的学习兴趣，加强学生对重点知识的理解和记忆，为提高学生创新应用能力奠定坚实的基础。

（6）提供完整的立体化教学资源。在本系列教材中提供完整的教学课件、实验指导书、课程设计指导书以及相关的实例分析等教学资源，突出实践特色。

本次编写的系列教材包括《管理信息系统》、《管理运筹学》、《IT 项目管理》、《电子商务概论》、《ERP 原理及应用》、《数据库原理与应用》等。本系列教材的出版发行是广大师生共同劳动的结晶，凝聚了编者多年的经验和心血，相信其定能为普通高等院校信息管理与信息系统及相关专业的教学提供一套极具针对性的教材或教学参考书，对教学质量的提升起到重要的推动作用。本次系列教材的编写是一个新起点，随着信息技术的发展与国家对信息人才需求的变化，教材的内容将不断得到修改和完善，从而为我国教育事业的发展做出新的贡献。

系列教材编委会

2011 年 3 月 20 日

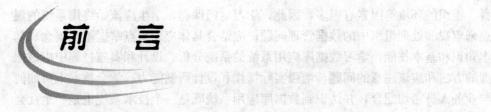

前 言

在人类社会发展的过程中，各行各业都有大量的与领域相关的数据需要管理，过去这些数据靠人工进行管理，而出现了计算机技术之后，人们更多地愿意使用计算机来管理这些数据，数据库技术就是用计算机技术来管理大量复杂数据的最新技术。

数据库技术产生40多年来，已迅速发展成为计算机科学的一个重要分支。在理论上，形成了较为完整的体系并不断得到发展和创新；在应用上，数据库系统的应用推广使得计算机应用迅速渗透到人类社会的各个领域和每一个角落，并改变着人们的工作和生活方式。数据库的应用领域非常广泛，尤其是随着计算机和通信技术，以及英特网技术和多种信息技术的交叉与发展，既给数据库应用提供了更多的机遇，也推动了数据库技术本身不断地发展完善。数据库应用领域也已从数据处理、信息管理及事务处理扩大到计算机辅助设计、知识管理、决策支持系统和基于网络的数据库应用等新的应用领域，使数据库技术成为计算机科学中一个最为活跃的分支。

21世纪处于人类社会从工业化社会向信息化社会演进的时代，信息已成为经济发展的战略资源，信息化水平的高低已成为衡量一个国家现代化水平和综合国力的重要标志。数据库是信息技术的重要组成部分，是信息社会的重要基础设施。目前，在各类高校，数据库技术不仅是计算机和信息管理专业的一门专业基础课，也已成为非计算机专业的必修或选修课。学生结合本专业的应用对数据库课程的学习具有浓厚的兴趣。数据库技术的任务主要是用来研究数据如何存储、使用和管理。本书的主要目的是使学生掌握数据库的基本原理、方法和应用技术，能有效使用现有的数据库管理系统和软件开发工具，结合具体应用掌握数据库的结构设计和数据库应用系统的开发方式，并具有初步的数据库应用系统开发能力，同时对数据库的发展趋势有一定的了解。

作者从长期的教学和科研工作中认识到，数据库应用系统的开发所涉及的学科、组织的环境等因素有很多，因此，学习这门课程，学生应该始终用系统的观点来审视和处理组织中的数据管理问题；应结合具体应用重点掌握基本概念、基本知识和基本技能，学习数据库应用系统的系统分析、设计和实施过程中应该把握的方法和应该注意的问题，增强实际操作和设计研制能力；学会技术人员如何与业务人员密切配合，并认识到数据库应用系统既是一个技术系统也是一个社会系统，涉及社会和组织的诸多方面问题等，从而保证系统的成功研制和正常使用。

本书的教学包括课堂讲授和上机实践（实践环节可选讲 Oracle 9i/10g 或 SQL-Server 2005/2008），建议共 72 学时。在讲授 SQL 语言之后要上机操作练习，讲授数据库设计后进行设计题目上机练习，有条件的可在后续课程安排开发工具实训和课程设计。

本书依据高等学校信息管理与信息系统专业和经管类专业的培养目标，按学科的课程设置要求，突出如下特点：

（1）由浅入深，循序渐进，强调理论和实践的关系；

（2）从系统的角度，完整、全面地论述数据库系统的概念、原理、应用等问题。既注重描述成熟的理论和技术，又介绍该领域的新技术和新发展；

（3）多种教学手段相结合。通过主教材、教学课件，以及后续编写的教学大纲、补充习题和案例、测评试卷等形成一个有机的整体，适合现代的教学模式，可以丰富教学内容，增加信息量，实现立体教学的效果，有利于提高学生分析问题和解决问题的能力；

（4）编排上力求用严谨、通俗的语言去解释高深的理论，避免过多技术性的叙述，强调实际操作能力的训练，在教材中设置适合的练习及案例分析题，并向学生提供解决问题的方法和工具，以培养应用型、复合型人才为宗旨，注重教材的科学性、实用性、通用性和趣味性，具有难易适中等特点。

本书第 1 章由何泽恒、孙剑明编写；第 6 章由何泽恒编写；第 2、3、12 章由张庆华编写；第 9、13 章由谢红兵编写；第 7、11 章由孙剑明编写；第 4、8 章由张佳琳编写；第 5、10 章由刘丹编写。全书由何泽恒、张庆华统稿。

本书编写过程中参考了较多国内外文献和资料，在此谨向这些文献和资料的作者表示衷心的感谢。还要特别感谢哈尔滨工程大学博士生导师张健沛教授，他在百忙中承担了本书的主审工作并提出了十分宝贵的意见。

由于编者水平有限，书中难免有不妥之处，恳请读者和同行指正。

编　者
2011 年 4 月

目 录

第二部分 设计篇

第三部分　系统及新技术篇

第四部分 应用篇

第一部分

基 础 篇

第1章

数据库基本概念

【本章学习目标】

➢ 了解数据、信息、数据处理、数据管理的概念和联系。

➢ 掌握数据库、数据库管理系统、数据库系统的内容和含义。

➢ 掌握数据库三个世界中概念模型和数据模型的关系和用途。

➢ 理解和掌握用 E-R 图表示联系类型的基本原则和方法。

➢ 了解数据库系统内外部结构、作用和组成。

你知道吗，你每天在网上冲浪、和朋友用 QQ 聊天、给家人打个电话、网上购物、甚至是在食堂刷卡吃饭等，都要依赖于它——数据库，可以说数据库是信息时代生活的土壤，如果没有它，我们将在这个时代中寸步难行。

数据库（database），也称为数据库技术，是用于企业或组织的信息管理的最新技术，是计算机科学的重要分支。随着数据或信息管理水平的不断提高，信息已成为企业的重要财富和资源，用于信息管理的数据库技术也得到了很大的发展，其应用领域也越来越广泛。数据库的应用形式日益多样，从小型事务处理到大型信息系统，从联机事务处理到联机分析处理，从一般企业管理到计算机辅助设计与制造（CAD/CAM），乃至地理信息系统和电子商务等都应用数据库技术来存储和管理信息资源。

目前，数据库的建设规模、数据库信息量的大小和使用频度已成为衡量一个国家信息化程度的重要标志。数据库不仅是 IT 类专业的重要课程，也是许多非 IT 类专业的选修课程。作为后面各章的重要基础，本章将介绍数据库的基本概念、发展、定义和组成。

■ 1.1　数据库系统概述

由于数据库是用于数据管理的，数据和信息在数据库中是密切相关的概念，在了解数据库的确切定义之前，我们有必要先了解数据、信息和数据管理的基本概念。

1.1.1　数据、信息、数据处理与数据管理

1. 数据

数据（data）是数据库中存储的基本对象。数据在大多数人头脑中的第一个反应就是数字。其实数字只是最简单的一种数据，是数据的一种传统和狭义的理解。广义的理解，数据的种类很多，如文字、声音、图形、图像及动态影视频等都是数据。

数据就是描述客观事物的物理符号或符号记录。描述事物的符号可以是数字，也可以是文字、声音、图形、图像及视频信息等。数据的这多种表现形式，都可以经过数字化后存入计算机。

为了便于交流，人们需要描述这些事物。在日常生活中，人们直接用自然语言（如汉语）描述；在计算机中，为了存储和处理这些事物，就要抽取出对这些事物感兴趣的特征组成一个记录来描述。例如，在顾客档案中，如果作为管理者最感兴趣的是顾客的用户名、密码、顾客姓名、顾客性别、顾客年龄、家庭地址、账户余额、顾客的信用值、注册日期，那么可以这样描述：

（zhanghong1980、zhangh80、张宏、男、30、北京市前门大街 138 号、202.50、13、2010-01）；

因此这里的顾客记录就是数据。对于上面这条顾客记录，了解其含义的人会得到如下信息：顾客张宏先生今年 30 岁，家住北京市前门大街 138 号，在 2010 年 1 月注册的账户为 zhanghong1980、密码为 zhangh80 的账面上，余额为 202.5 元人民币，其信用值为 13，信用记录良好（大于 10 的即为良好）；而不了解其语义的人则无法理解其含义。可见，数据的表现形式还不能完全表达其内容，需要经过解释。所以数据和关于数据的解释是不可分的。数据的解释是指对数据含义的说明，数据的含义也称为数据的语义，即数据与其语义是不可分的。下面我们会了解到数据的语义也可称为信息。

2. 信息

信息（information）的英文含义是消息、情报和资料。信息技术的发展使"信息"一词的使用得到了迅速普及。信息作为资源在社会中的主导作用越来越明显，与信息研究相关的学科也在逐渐形成，对信息的解释和理解也不断地发

展。那么，什么叫信息呢？

信息是指客观存在的新的事实或新的知识，是经过加工解释后所得到的，对某个目的有用的数据。

数据与信息既有联系也有区别。联系表现在：数据是信息的符号表示或载体，信息则是数据的内涵，是对数据的语义解释。它们的区别表现在：信息是经过加工的数据，是逻辑性或观念性的；数据是记载客观事物的符号，是物理性的。可见，不同的数据载体可以表示相同的信息。例如，某一天的天气预报信息可由数值、声音和图像不同数据载体来表示。

经过加工以后并对客观世界产生影响的数据才能称为信息。例如，驾驶员开车时速度指针指向 80 km/h，这是数据，而这个数据代表车开快了还是慢了，要看按哪一标准来解释，如在拥挤的市区和高速公路就有不同的解释，这个解释就是信息，它决定驾驶员的决策是采取加速或减速。信息与数据之间的关系也可用简单公式表示如下：信息＝数据＋加工＋解释。

一般对"信息"与"数据"不作严格区分的场合，信息可以称为数据，数据亦可称为信息。本教材亦在需要时才严格区分。

3. 数据处理与数据管理

实际上，对数据的加工解释过程也可称为数据处理，即信息＝数据＋数据处理。数据处理是将数据转换成信息的过程，包括对数据的收集、存储、加工、检索、传输等一系列活动的总和。其目的是从大量的杂乱无章的原始数据中抽取和推导出对某些人有价值的信息，作为决策的依据。数据处理按单机和网络环境不同可分为集中式和分布式处理，由此数据库也分为集中式和分布式数据库，本教材主要介绍集中式数据库，对分布式数据库也简要介绍。

数据库技术是应数据管理任务的需要而产生的。数据管理是指对数据进行分类、组织、编码、存储、检索和维护的方法和模式，是数据处理的中心问题。这样，数据处理就是实现企业数据管理任务的具体过程。

依上所述，一般情况下，我们也称数据处理为信息处理，数据管理为信息管理。

1.1.2　数据管理技术产生和发展

研制计算机的初衷是利用它进行复杂的科学计算。随着计算机技术的发展，其应用远远超出了这个范围。越来越多的数据管理任务要求在计算机上完成，在应用需求的推动下，在计算机硬件、软件发展的基础上，数据管理技术经历了人工管理、文件系统、数据库系统三个阶段。了解数据管理技术的发展更有助于理解数据库技术的概念和由来。

1. 人工管理阶段

军事的需要为数据库的开发提供了推动力。第二次世界大战后，特别是1957 年，苏联发射第一颗人造卫星之后，科学研究和计算机处理技术得到巨大发展。由于可利用的情报资料迅速增加，传统的手工标引和检索方式就显得过分缓慢和无能为力。数据库系统处在人工管理阶段时，计算机的主要作用是科学计算。当时的硬件状况是：外存只有纸带、卡片、磁带，没有磁盘等直接存取的存储设备；软件状况是：没有操作系统，没有管理数据的软件；数据处理方式是批处理。人工管理数据具有如下特点：

（1）数据不保存。由于当时计算机主要用于科学计算，一般不需要将数据长期保存，只是在计算某一课题时将数据输入，用完就撤走。不仅对用户数据如此处置，对系统软件有时也是这样。

（2）应用程序管理数据。数据需要由应用程序自己管理，没有相应的软件系统负责数据的管理工作。应用程序中不仅要规定数据的逻辑结构，而且要设计物理结构，包括存储结构、存取方法、输入方式等，因此程序员负担很重。

（3）数据不共享。数据是面向应用的，一组数据只能对应一个程序。当多个应用程序涉及某些相同的数据时，由于必须各自定义，无法互相利用、互相参照，因此程序与程序之间有大量的冗余数据。

（4）数据不具有独立性。数据的逻辑结构或物理结构发生变化后，必须对应用程序做相应的修改，这就进一步加重了程序员的负担。

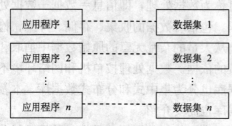

图 1.1　人工管理阶段应用程序
与数据之间的对应关系

在人工管理阶段，程序与数据之间的一一对应关系如图 1.1 所示。

2. 文件系统阶段

20 世纪 50 年代后期至 60 年代中期，这时硬件方面已有了磁盘、磁鼓等直接存取存储设备；软件方面，操作系统中已经有了专门的数据管理软件，一般称为文件系统；处理方式上不仅有了批处理，而且能够联机实时处理。

用文件系统管理数据具有如下特点：

（1）数据可以长期保存。由于计算机大量用于数据处理，数据需要长期保留在外存上反复进行查询、修改、插入和删除等操作。

（2）由文件系统管理程序和数据。由专门的软件即文件系统对程序和数据进行管理，文件系统给每一应用程序和每一数据集都取一个名字叫文件名，文件之间相互独立，这样一来，就可实现对文件的按名存取。利用"按文件名访问，按记录进行存取"的管理技术，可以对数据文件进行修改、插入和删除的操作。文件系统实现了数据文件记录内的结构性，但数据文件之间整体无结构。程序和数据之间由文件系统提供存取方法进行转换，使应用程序与数据之间有了一定的独立性，程序员可以不必过多地考虑物理细节，将精力集中于算法。而且数据在存储上的改变不一定反映在程序上，大大节省了维护程序的工作量。

（3）数据共享性差，冗余度大。在文件系统中，一个文件基本上对应于一个应用程序，即文件仍然是面向应用的。当不同的应用程序具有部分相同的数据时，也必须建立各自的文件，而不能共享相同的数据，因此数据的冗余度大，浪费存储空间。同时由于相同数据的重复存储、各自管理，容易造成数据的不一致性，给数据的修改和维护带来了困难。

（4）数据独立性差。文件系统中的文件是为某一特定应用服务的，文件的逻辑结构对该应用程序来说是优化的，因此要想对现有的数据再增加一些新的应用会很困难，系统不容易扩充。一旦数据的逻辑结构改变，修改文件结构的定义，

就必须修改应用程序，这一现象称为数据独立性较低或较差。反之，应用程序的改变，例如应用程序改用不同的高级语言等，也将引起文件的数据结构的改变。因此数据与程序之间仍缺乏独立性。可见，文件系统仍然是一个不具有弹性的无结构的数据集合，即文件之间是孤立的，不能反映现实世界事物之间的内在联系。在文件系统阶段，程序与数据之间的关系如图 1.2 所示。

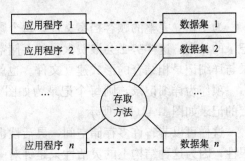

图 1.2　文件系统阶段应用程序与数据之间的对应关系

3. 数据库系统阶段

数据库系统的萌芽出现于 20 世纪 60 年代，当时计算机开始广泛地应用于数据管理，对数据的共享提出了越来越高的要求。这时硬件已有大容量磁盘，硬件价格下降；软件则价格上升，为编制和维护系统软件及应用程序所需的成本相对增加；在处理方式上，联机实时处理要求更多，并开始提出和考虑分布处理。在这种背景下，以文件系统作为数据管理手段已经不能满足应用的需求，于是为解决多用户、多应用共享数据的需求，使数据为尽可能多的应用服务，克服文件系统的诸多不足，数据库技术便应运而生，出现了统一管理和共享数据的专门软件系统——数据库管理系统（database management system，DBMS）。

用数据库系统来管理数据比文件系统具有明显的优点，从文件系统到数据库系统，标志着数据管理技术的飞跃。下面来详细地讨论数据库系统的特点。

1.1.3　数据库系统的特点

与人工管理和文件系统相比，数据库系统的特点主要有以下几个方面。

1. 数据结构化

数据结构化是数据库与文件系统的本质区别。

在文件系统中，相互独立的数据文件的记录内部是有结构的。传统文件的最简单形式是等长同格式的记录集合。例如，一个订购鲜花网站的顾客信息记录文件，每个记录都有如图 1.3 所示的记录格式。

用户名	密码	姓名	性别	年龄	家庭地址	账户余额	信用值	注册日期	信用评价

图 1.3　顾客信息记录格式示例

为了建立完整的顾客档案文件，每个顾客记录的长度必须等于信息量最多的记录的长度，这样势必会浪费大量的存储空间。所以最好是采用变长记录或主记录与详细记录相结合的形式建立文件。也就是将顾客记录的前九项作为主记录，后一项作为详细记录，则每个记录为如图 1.4（a）所示的记录格式，如学生张宏的记录如图 1.4（b）所示。

这样可以节省许多存储空间，灵活性也相对提高。但这样建立的文件还有局限性，因为这种结构上的灵活性只是针对一个应用而言。一个电子商务网站涉及许多应用，在数据库系统中不仅要考虑某个应用的数据结构，还要考虑整个组织的数据结构。例如，电子商务网站管理系统中不仅要考虑顾客信息管理，还要考虑商品信息管理、购买信息管理等。

这种数据组织方式为各部分的管理提供了必要的记录，使数据结构化了。这就要求在描述数据时不仅要描述数据本身，还要描述数据之间的联系。

在文件系统中，尽管其记录内部已有了某些结构，但记录之间没有联系。

数据库系统实现整体数据的结构化，是数据库的主要特征之一，也是数据库系统与文件系统的本质区别。

在数据库系统中，数据不再针对某一应用，而是面向全组织，具有整体的结构化。不仅数据是结构化的，而且存取数据的方式也很灵活，可以存取数据库中的某一个数据项、一组数据项、一个记录或一组记录。而在文件系统中，数据的最小存取单位是记录，粒度不能细到数据项。

2. 数据的共享性高，冗余度低，易扩充

数据库系统从整体角度看待和描述数据，数据不再面向某个应用而是面向整个系统，因此数据可以被多个用户、多个应用共享使用。数据共享可以大大减少

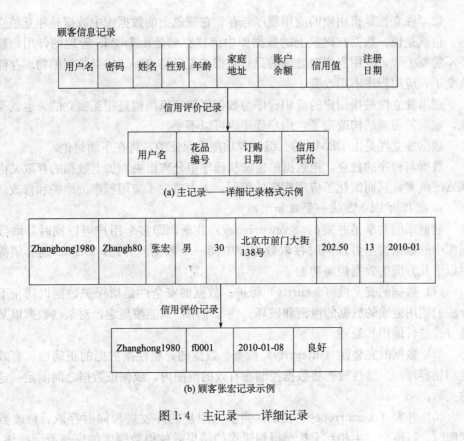

(a) 主记录——详细记录格式示例

(b) 顾客张宏记录示例

图 1.4　主记录——详细记录

数据冗余，节约存储空间。数据共享还能够避免数据之间的不相容性与不一致性。

所谓数据的不一致性是指同一数据不同拷贝的值不一样。采用人工管理或文件系统管理时，由于数据被重复存储，当不同的应用程序使用和修改不同的拷贝时就很容易造成数据的不一致。在数据库中数据共享，减少了由于数据冗余造成的不一致现象。理论上，数据库系统追求数据冗余为零，则杜绝了系统中的数据不一致，但实际应用中总允许一定量的合理需要的冗余。

由于数据面向整个系统，是有结构的数据，不仅可以被多个应用共享使用，而且容易增加新的应用，这就使得数据库系统弹性大，易于扩充，可以适应各种用户的要求。可以取整体数据的各种子集用于不同的应用系统，当应用需求改变或增加时，只要重新选取不同的子集或加上一部分数据便可以满足新的需求。

3. 数据独立性高

数据独立性是数据库领域中一个常用术语，包括数据的物理独立性和数据的逻辑独立性。

物理独立性是指用户的应用程序与存储在磁盘上的数据库中数据是相互独立的。也就是说，数据在磁盘上的数据库中怎样存储是由 DBMS 管理的，用户程序不需要了解，应用程序要处理的只是数据的逻辑结构，这样当数据的物理存储改变了，应用程序不用改变。

逻辑独立性是指用户的应用程序与数据库的逻辑结构是相互独立的，也就是说，数据的逻辑结构改变了，用户程序也可以不变。

数据独立性是由 DBMS 的二级映像功能来保证的，将在下面讨论。

数据与程序的独立，把数据的定义从程序中分离出去，加上数据的存取又由 DBMS 负责，从而简化了应用程序的编制，大大减少了应用程序的维护和修改。

4. 数据由 DBMS 统一管理和控制

数据库的共享是并发的（concurrency）共享，即多个用户可以同时存取数据库中的数据甚至可以同时存取数据库中同一个数据。为此，DBMS 还必须提供以下几方面的数据控制功能：

（1）数据的安全性（security）保护。数据的安全性是指保护数据以防止不合法的使用造成的数据的泄密和破坏。使每个用户只能按规定，对某些数据以某些方式进行使用和处理。

（2）数据的完整性（integrity）检查。数据的完整性指数据的正确性、有效性和相容性。完整性检查将数据控制在有效的范围内，或保证数据之间满足一定的关系。

（3）并发（concurrency）控制。当多个用户的并发进程同时存取、修改数据库时，可能会发生相互干扰而得到错误的结果或使得数据库的完整遭到破坏，因此必须对多用户的并发操作加以控制和协调。

（4）数据库恢复（recovery）。计算机系统的硬件故障、软件故障、操作员的失误以及故意的破坏也会影响数据库中数据的正确性，甚至造成数据库部分或全部数据的丢失。DBMS 必须具有将数据库从错误状态恢复到某一已知的正确状态（亦称为完整状态或一致状态）的功能，这就是数据库的恢复功能。数据库管理阶段应用程序与数据之间的对应关系如图 1.5 所示。

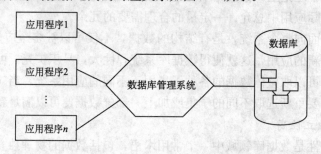

图 1.5   数据库系统阶段应用程序与数据之间的对应关系

综上所述，我们可以给出数据库的定义：数据库是长期存储在计算机内大量的有组织的、可共享的数据集合。它可以供各种用户共享，具有最小冗余度和较高的数据独立性。DBMS 在数据库建立、运用和维护时对数据库进行统一控制，以保证数据的安全性、完整性，并在多用户同时使用数据库时进行并发控制，在发生故障后对数据库系统进行恢复。

这三个阶段的特点及其比较如表 1.1 所示。

表 1.1　数据管理三个阶段的比较

		人工管理阶段	文件系统阶段	数据库系统阶段
背景	应用背景	科学计算	科学计算、管理	大规模管理
	硬件背景	无直接存取存储设备	磁盘、磁鼓	大容量磁盘
	软件背景	没有操作系统	有文件系统	有数据库管理系统
	处理方式	批处理	联机实时处理、批处理	联机实时处理、分布处理、批处理
特点	数据的管理者	用户（程序员）	文件系统	数据库管理系统
	数据面向的对象	某一应用程序	某一应用	现实世界
	数据的共享程度	无共享，冗余度极大	共享性差，冗余度大	共享性高，冗余度小
	数据的独立性	不独立，完全依赖于程序	独立性差	具有高度的物理独立性和一定的逻辑独立性
	数据的结构化	无结构	记录内有结构、整体无结构	整体结构化，用数据模型描述
	数据控制能力	应用程序自己控制	应用程序自己控制	由数据库管理系统提供数据安全性、完整性、并发控制和恢复能力

1.1.4　数据库、数据库管理系统及数据库系统

1. 数据库（DB）

现在我们已经知道，数据库是存放数据的仓库，只不过这个仓库是在计算机存储设备上，而且数据是按一定的组织和格式存放的。人们收集并抽取出一个应用所需要的大量数据之后，应将其保存起来以供进一步加工处理，进一步抽取有用信息。在科学技术飞速发展的今天，人们的视野越来越广，数据量急剧增加。过去人们把数据存放在文件柜里，现在人们借助计算机和数据库技术科学地保存和管理大量的复杂的数据，以便能方便而充分地利用这些宝贵的信息资源。

2. 数据库管理系统（DBMS）

数据库管理系统是数据库系统的一个重要组成部分。它是位于用户与操作系

统之间的一层数据管理软件。主要包括以下几方面的功能：

（1）数据定义功能。DBMS 提供数据定义语言（data definition language，DDL），通过它可以方便地对数据库中的数据对象进行定义。

（2）数据操纵功能。DBMS 还提供数据操纵语言（data manipulation language，DML），可以使用 DML 操纵数据实现对数据库的基本操作，如查询、插入、删除和修改等。

（3）数据库的运行管理。数据库在建立、运用和维护时由数据库管理系统统一管理、统一控制，以保证数据的安全性、完整性、多用户对数据的并发使用及发生故障后的系统恢复。

（4）数据库的建立和维护功能。它包括数据库初始数据的输入、转换功能，数据库的转储、恢复功能，数据库的管理重组织功能和性能监视、分析功能等。这些功能通常是由一些实用程序完成的。

3. 数据库系统

数据库系统（database system，DBS）是指在计算机系统中引入数据库后的系统，一般由数据库、数据库管理系统（及其开发工具）、应用系统、数据管理员和用户组成。应当指出的是，数据库的建立、使用和维护等工作只靠一个DBMS 远远不够，还要有专门的人员来完成，这些人被称为数据库管理员（database administrator，DBA）。在一般不引起混淆的情况下，常常把数据库系统简称为数据库。

数据库系统可以用图 1.6 来表示。数据库系统在整个计算机系统中的地位如图 1.7 所示。

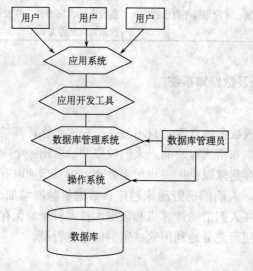

图 1.6　数据库系统

图 1.7　数据库系统在计算机系统中的地位

　　数据库系统的出现使信息系统从以加工数据的程序为中心转向围绕共享的数据库为中心的新阶段。这样既便于数据的集中管理，又有利于应用程序的研制和维护，提高了数据的利用率和相容性，提高了决策的可靠性。目前，数据库已经成为现代信息系统的不可分离的重要组成部分。数据库的应用领域越来越广泛，存储和管理的数据量越来越大，具有数百 G、数百 T、甚至数百 P 字节的数据库应用也已存在。

　　数据库技术的发展是沿着数据模型的主线展开的。下面介绍数据模型。

■ 1.2　概念模型与数据模型

　　人们为研究问题的方便，通常会建立模型来模拟和抽象现实世界的某些特征，如地图、建筑模型等。数据模型（data model）也是一种模型，它是现实世界数据特征的抽象。

　　数据库是某个企业、组织或部门所涉及的数据的综合，它不仅要反映数据本身的内容，而且要反映数据之间的联系。由于计算机不可能直接处理现实世界中的具体事物，所以人们必须事先把具体事物转换成计算机能够处理的数据。在数据库中用数据模型这个工具来抽象、表示和处理现实世界中的数据及其数据之间的联系。通俗地讲，数据模型就是现实世界数据及其数据联系的模拟。现有的数据库系统均是基于某种数据模型的。因此，了解数据模型的基本概念是学习数据库的基础。

　　数据模型应满足三方面要求：一是能比较真实地模拟现实世界；二是容易为人所理解；三是便于在计算机上实现。一种数据模型要很好地满足这三方面的要求在目前尚很困难，因此，如同在建筑设计和施工的不同阶段需要不同的图纸一样，在开发数据库应用系统的不同阶段中也需要使用不同的数据模型，根据数据模型应用的不同目的，可以将这些模型划分为两类，它们分属于两个不同的层次。

　　一类模型是概念模型，也称信息模型，它是按用户的观点来对数据和信息建模，主要用于数据库设计，是用户和数据库设计人员之间进行交流的工具。

　　另一类模型是数据模型，主要包括网状模型、层次模型、关系模型等，它是按计算机系统的观点对数据建模，主要用于 DBMS 的实现。数据模型是数据库系统的核心和基础。各种机器上实现的 DBMS 软件都是基于某种数据模型的。

　　在数据处理中，数据加工经历了现实世界、信息世界和机器世界（计算机世界）三个不同的世界，经历了两级抽象和转换。现实世界是设计数据库的出发点，也是使用数据库的最终归宿。为了把现实世界中的具体事物抽象、组织为某一 DBMS 支持的数据模型，在实际的数据处理过程中，首先将现实世界的事物及联系抽象成信息世界的信息模型，然后再抽象成计算机世界的数据模型。也就是说，首先把现实世界中的客观对象抽象为某一种信息结构，这种信息结构并不依赖于具体的计算机系统是对客观事物及其联系的抽象，与企业业务有关，而与计算机技术、硬软件无关，不是某一个 DBMS 支持的数据模型，而是概念级的模型；然后再把概念模型转换为计算机上某一 DBMS 支持的数据模型，这一过程如图 1.8 所示。

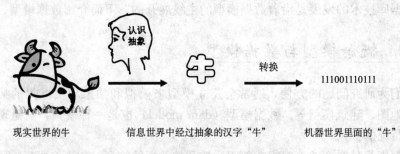

现实世界的牛　　　　信息世界中经过抽象的汉字"牛"　　机器世界里面的"牛"

图 1.8　现实世界中客观对象的抽象过程

下面首先介绍数据模型的共性，即数据模型的组成要素，然后分别介绍两类不同的数据模型——概念模型和数据模型。

1.2.1　数据模型的组成要素

一般地讲，数据模型是严格定义的一组概念的集合。这些概念精确地描述了系统的静态特性、动态特性和完整性约束条件。因此，数据模型通常由数据结构、数据操作和完整性约束三部分组成。

1. 数据结构

数据结构是所研究的对象类型的集合。这些对象是数据库的组成成分，包括两类：一类是与数据类型、内容、性质有关的对象，例如，网状模型中的数据项、记录，关系模型中的域、属性、关系等；另一类是与数据之间联系有关的对象，例如网状模型中的系型（set type）。

数据结构是刻画一个数据模型性质最重要的方面。因此在数据库系统中，人们通常按照其数据结构的类型来命名数据模型。例如，层次结构、网状结构和关系结构的数据模型分别命名为层次模型、网状模型和关系模型。数据结构是对系统静态特性的描述。

2. 数据操作

数据操作是指对数据库中各种对象（型）的实例（值）允许执行的操作的集合，包括操作及有关的操作规则。数据库主要有检索和更新（包括插入、删除、修改）两大类、四种操作。数据模型必须定义这些操作的确切含义、操作符号、操作规则（如优先级）以及实现操作的语言。数据操作是对系统动态特性的描述。

3. 数据的约束条件

数据的约束条件是一组完整规则的集合。完整性规则是给定的数据模型中数据及其联系所具有的制约和依存规则，用以限定符合数据模型的数据库状态以及状态的变化，以保证数据的正确、有效和相容。

数据模型应该反映和规定本数据模型必须遵守的基本的、通用的完整性约束条件。例如，在关系模型中，任何关系必须满足实体完整性和参照完整性两个条件。此外，数据模型还应该提供定义完整性约束条件的机制，以反映具体应用所涉及的数据必须遵守的、特定的语义约束条件。例如，学生累计成绩不得有三门以上不及格等。

1.2.2 概念模型

由图 1.8 可以看出，概念模型实际上是现实世界到机器世界的一个中间层次。

概念模型用于信息世界的建模，是现实世界到信息世界的第一层抽象，是数据库设计人员进行数据库设计的有力工具，也是数据库设计人员和用户之间进行交流的语言，因此概念模型一方面应该具有较强的语义表达能力，能够方便、直接地表达应用中的各种语义知识，另一方面它还应该简单、清晰、易于用户理解。

1.2.2.1 信息世界中的基本概念

信息世界涉及的概念主要有以下几种。

1. 实体

客观存在并可相互区别的事物称为实体（entity）。实体可以是具体的人、事、物，也可以是抽象的概念或联系，例如，一个职工、一个学生、一个部门、一门课、学生的一次选课、部门的一次订货、老师与系的工作关系（即某位老师在某系工作）等都是实体。

2. 属性

实体所具有的某一特性称为属性（attribute）。一个实体可以由若干个属性来刻画。例如，学生实体可以由学号、姓名、性别、出生年份、系、入学时间等属性组成。

（2010002268，张山，男，1993，计算机系，2010）这些属性组合起来表征了一个学生。

3. 码

唯一标识实体的不含多余属性的属性集称为码（key）。例如，学号是学生实体的码，如果学生名字不重复则名字也可是码，但学号和名字共同作为码则引起码中属性重复，故只能由人为决定选择其一。

4. 域

属性的取值范围称为该属性的域（domain）。例如，学号的域为 8 位整数，姓名的域为字符串集合，年龄的域为小于 38 的整数，性别的域为（男，女）。

5. 实体型

具有相同属性的实体必然具有共同的特征和性质。用实体名及其属性名集合来抽象和刻画同类实体，称为实体型（entity type）。例如，学生（学号，姓名，性别，出生年份，系，入学时间）就是一个实体型。实体型通常可看成存放数据的框架，是数据的型，而不是值，具体的学生才是实体的值。

6. 实体集

同型实体的集合称为实体集（entity set）。例如，全体学生就是一个实体集。实体集通常可看成按实体型存放的数据值。

在不同教材中，实体型和实体集有时既有型的含义，也有值的含义，可依据上下文来学习理解。

7. 联系

在现实世界中，事物内部以及事物之间是有联系的，这些联系在信息世界中反映为实体（型、集）内部的联系和实体（型、集）之间的联系（relationship）。实体集内部的联系通常是指组成实体的各属性之间的联系和各实体之间的联系。实体集之间的联系通常是指不同实体集之间的联系。

两个实体集之间的联系可以分为三类：

（1）一对一联系（1∶1）。如果对于实体集 A 中的每一个实体，实体集 B 中至多有一个（也可以没有）实体与之联系，反之亦然，则称实体集 A 与实体集 B 具有一对一联系，记为 1∶1。例如，学校里面有班级集合和班长集合，一个班级只有一个正班长，而一个班长只在一个班中任职，则班级与班长之间具有一对一联系。

（2）一对多联系（1∶n）。如果对于实体集 A 中的每一个实体，实体集 B 中有 n 个实体（$n \geqslant 0$）与之联系，反之，对于实体集 B 中的每一个实体，实体集 A 中至多只有一个实体与之联系，则称实体集 A 与实体集 B 有一对多联系，记为 1∶n。例如，学校里面有班级和学生两个集合，一个班级中有若干名学生，而每个学生只在一个班级中学习，则班级与学生之间具有一对多联系。

（3）多对多联系（$m∶n$）。如果对于实体集 A 中的每一个实体，实体集 B 中有 n 个实体（$n \geqslant 0$）与之联系，反之，对于实体集 B 中的每一个实体，实体集 A 中也有 m 个实体（$m \geqslant 0$）与之联系，则称实体集 A 与实体集 B 具有多对多联系，记为 $m∶n$。例如，学校里面有课程与学生两个集合，一门课程同时有若干个学生选修，而一个学生可以同时选修多门课程，则课程与学生之间具有多对多联系。

实际上，一对一联系是一对多联系的特例，而一对多联系又是多对多联系的特例。

可以用图形来表示两个实体集之间的这三类联系，如图 1.9 所示。

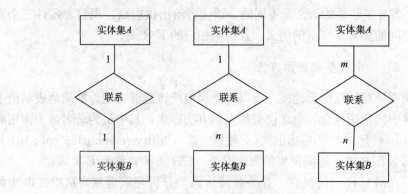

图 1.9　两个实体集之间的三类联系

一般地，两个以上的实体集之间也存在着一对一、一对多、多对多联系。若实体集 E_1，E_2，$\cdots$，E_n 存在联系，对于实体集 E_j（$j=1$，2，$\cdots$，$i-1$，$i+1$，$\cdots$，n)中的给定实体，最多只和 E_i 中的一个实体相联系，则说 E_i 与 E_1，E_2，$\cdots$，E_{i-1}，E_{i+1}，$\cdots$，E_n 之间的联系是一对多的。请读者给出多个实体集之间一对一以及多对多联系的定义。

例如，对于课程、教师与参考书三个实体集，如果一门课程可以有若干个教师讲授，使用若干本参考书，而每一个教师只讲授一门课程，每一本参考书只供一门课程使用，则课程与教师、参考书之间的联系是一对多的，如图 1.10（a）所示。

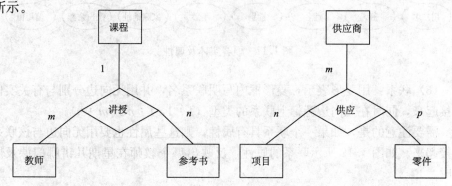

(a) 3个实体集之间一对多联系示例　　　(b) 3个实体集之间多对多联系示例

图 1.10

又如，有三个实体集：供应商、项目、零件，一个供应商可以供给多个项目、多种零件，而每个项目可以使用多个供应商供应的零件，每种零件可由不同供应商供给，由此看出供应商、项目、零件三者之间是多对多的联系，如图1.10（b）所示。要注意，三个实体集之间多对多的联系和三个实体集两两之间的（三个）多对多联系的语义是不同的。请读者给出供应商、项目、零件三个实体集两两之间的多对多联系的语义，并画出相应的 E-R 图。

1.2.2.2　概念模型的表示方法

概念模型是对信息世界建模，所以概念模型应该能够方便、准确地表示出上述信息世界中的常用概念。概念模型的表示方法很多，其中最为著名最为常用的是 P. P. S. Chen 于 1976 年提出的实体-联系方法（entity-relationship approach）。该方法用 E-R 图来描述现实世界的概念模型，E-R 方法也称为 E-R 模型。

这里只介绍 E-R 图的要点。有关如何认识和分析现实世界，从中抽取实体集和实体集之间的联系，建立概念模型的方法将在第 6 章讲解。

E-R 图提供了表示实体集、属性和联系的方法：

（1）实体集。用矩形表示，矩形框内写明实体名。

（2）属性。用椭圆形表示，并用无向边将其与相应的实体连接起来。

例如，顾客实体具有用户名、密码、姓名、性别、年龄、家庭地址、账户余额、信用值、注册日期等属性，用 E-R 图表示如图 1.11 所示。

图 1.11　顾客实体及属性

（3）联系：用菱形表示，菱形框内写明联系名，并用无向边分别与有关实体连接起来，同时在无向边旁标上联系的类型（$1:1$，$1:n$ 或 $m:n$）。

需要注意的是，如果一个联系具有属性，则这些属性也要用无向边与该联系连接起来。如图 1.12 所示联系的属性，反映出哪个教师在星期几讲哪门课及周学时。

1.2.3　常用的数据模型

数据模型是数据库系统真正实现时采用的模型，是概念模型的数据化和程序

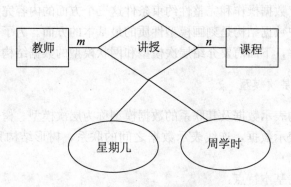

图 1.12　联系具有属性示例

化实现，各种 DBMS 软件都是基于某种数据模型的。所以通常也按照数据模型的特点将传统数据库系统分成网状数据库、层次数据库和关系数据库三类。

目前，数据库领域中最常用的数据模型有四种，它们是：①层次模型（hierarchical model）；②网状模型（network model）；③关系模型（relational model）；④面向对象模型（object oriented model）。

其中，层次模型和网状模型统称为非关系模型（或格式化模型）。非关系模型的数据库系统在 20 世纪 70 年代至 80 年代初非常流行，在数据库系统产品中占据了主导地位，现在已逐渐被关系模型的数据库系统取代。

在非关系模型中，实体用记录表示，实体的属性对应记录的数据项（或字段）。实体之间的联系在非关系模型中转换成记录之间的两两联系。非关系模型中数据结构的单位是基本层次联系。所谓基本层次联系是指两个记录以及它们之间的一对多（包括一对一）的联系，如图 1.13 所示。图中 R_i 位于联系 L_{ij} 的始点，称为双亲结点（parent），R_j 位于联系 L_{ij} 的终点，称为子女结点（child）。

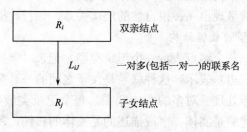

图 1.13　基本层次联系

20 世纪 80 年代以来，面向对象的方法和技术在计算机各个领域，包括程序设计语言、软件工程、信息系统设计、计算机硬件设计等各方面都产生了深远的影响，也促进了数据库中面向对象数据模型的研究和发展，有关内容见本教材第 10 章。

　　数据结构、数据操作和完整性约束条件这三个方面的内容完整地描述了一个数据模型，其中数据结构是刻画模型性质的最基本的方面。为了使读者对数据模型有大致的了解，下面简要介绍层次模型和网状模型的数据结构。

1.2.3.1　层次模型

　　用树形结构表示数据及其联系的数据模型称为层次模型。树是由结点和连线组成的，结点表示数据，连线表示数据之间的联系，树形结构只能表示一对多联系。

　　层次模型的基本特点：

　　(1) 有且仅有一个结点而无双亲结点，称其为根结点；

　　(2) 根以外的其他结点有且只有一个双亲结点。

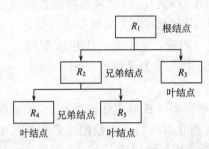

　　层次模型可以直接方便地表示一对一联系和一对多联系，但不能直接表示多对多联系。图 1.14 给出了一个层次模型的例子。其中，R_1 为根结点；R_2 和 R_3 为兄弟结点，是 R_1 的子女结点；R_4 和 R_5 为兄弟结点，是 R_2 的子女结点；R_3、R_4 和 R_5 为叶结点。

图 1.14　一个层次模型的示例

　　层次模型是数据库系统中最早出现的数据模型，层次数据库系统采用层次模型作为数据的组织方式。层次数据库系统的典型代表是 IBM 公司的 IMS（information management system）数据库管理系统，这是 1968 年 IBM 公司推出的第一个大型的商用数据库管理系统，曾经得到广泛的使用。

　　层次模型用树形结构来表示各类实体以及实体间的联系。现实世界中许多实体之间的联系本来就呈现出一种很自然的层次关系，如行政机构、家族关系等。

1. 层次数据模型的数据结构

　　在层次模型中，每个结点表示一个记录类型，记录（类型）之间的联系用结点之间的连线（有向边）表示，这种联系是父子之间的一对多的联系。这就使得层次数据库系统只能处理一对多的实体联系。每个记录类型可包含若干个字段，这里，记录类型描述的是实体，字段描述的是实体的属性。各个记录类型及其字段都必须命名。各个记录类型、同一记录类型中各个字段不能同名。每个记录类型可以定义一个排序字段，也称为码字段，如果定义该排序字段的值是唯一的，则它能唯一地标识一个记录值。

　　一个层次模型在理论上可以包含任意有限个记录型和字段，但任何实际的系统都会因为存储容量或实现复杂度而限制层次模型中包含的记录型个数和字段的个数。在层次模型中，同一双亲的子女结点称为兄弟结点（twin 或 sibling），没有子女结点的结点称为叶结点。

2. 多对多联系在层次模型中的表示

前面已经说过，层次数据模型只能直接表示一对多（包括一对一）的联系，那么另一种常见联系多对多联系能否在层次模型中表示呢？答案是肯定的，否则层次模型就无法真正反映现实世界了。但是用层次模型表示多对多联系，必须首先将其分解成一对多联系。分解方法有两种：冗余结点法和虚拟结点法。本书不做详细讲解。

3. 层次模型的数据操纵与完整性约束

层次模型的数据操纵主要有查询、插入、删除和修改。进行插入、删除、修改操作时要满足层次模型的完整性约束条件。

4. 层次模型的优缺点

层次模型的优点主要有：

（1）层次数据模型本身比较简单。

（2）对于实体间联系是固定的，且预先定义好的应用系统，采用层次模型来实现，其性能优于关系模型，不低于网状模型。

（3）层次数据模型提供了良好的完整性支持。

层次模型的缺点主要有：

（1）现实世界中很多联系是非层次性的，如多对多联系，一个结点具有多个双亲等，层次模型表示这类联系的方法很笨拙，只能通过引入冗余数据（易产生不一致性）或创建非自然的数据组织（引入虚拟结点）来解决。

（2）对插入和删除操作的限制比较多。

（3）查询子女结点必须通过双亲结点。

（4）由于结构严密，层次命令趋于程序化。

可见用层次模型对具有一对多的层次关系的部门描述非常自然、直观，容易理解。这是层次数据库的突出优点。

1.2.3.2　网状模型

用网络结构表示数据及其联系的数据模型称为网络模型，它是层次模型的拓展。网状模型的结点间可以任意发生联系，能够表示各种复杂的联系。

网状模型的基本特点：

（1）允许一个以上结点无双亲；

（2）一个结点可以有多于一个的双亲。

网状模型可以直接表示多对多联系，但其中的结点间连线或指针更加复杂，因而数据结构更加复杂。从定义可以看出，层次模型中子女结点与双亲结点的联

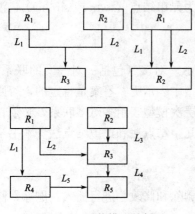

图 1.15 网状模型的例子

系是唯一的，而在网状模型中这种联系可以不唯一。因此，要为每个联系命名，并指出与该联系有关的双亲记录和子女记录。例如在图 1.15 最左侧，R_3 有两个双亲记录 R_1 和 R_2，因此把 R_1 与 R_2 之间的联系命名为 L_1，R_2 与 R_3 之间的联系命名为 L_2。图 1.15 所示都是网状模型的例子。

在现实世界中事物之间的联系更多的是非层次关系的，用层次模型表示非树形结构是很不直接的，网状模型则可以克服这一弊病。

网状数据库系统采用网状模型作为数据的组织方式。网状数据模型的典型代表是 DBTG 系统，亦称 CODASYL 系统。这是 20 世纪 70 年代数据系统语言研究会 CODASYL（Conference on Data System Language）下属的数据库任务组（Data Base Task Group，DBTG）提出的系统方案。DBTG 系统虽然不是实际的软件系统，但是它提出的基本概念、方法和技术具有普遍意义。它对于网状数据库系统的研制和发展起了重大的影响。后来不少的系统都采用 DBTG 模型或者简化的 DBTG 模型。例如，Cullinet Software 公司的 IDMS、Univac 公司的 DMSIIOO、Honeywell 公司的 IDS/2、HP 公司的 IMAGE 等。

1. 网状数据模型的数据结构

网状模型是一种比层次模型更具普遍性的结构，它去掉了层次模型的两个限制，允许多个结点没有双亲结点，允许结点有多个双亲结点，此外它还允许两个结点之间有多种联系（称之为复合联系）。因此网状模型可以更直接地去描述现实世界。而层次模型实际上是网状模型的一个特例。

与层次模型一样，网状模型中每个结点表示一个记录类型（实体），每个记录类型可包含若干个字段（实体的属性），结点间的连线表示记录类型（实体）之间一对多的父子联系。

2. 网状数据模型的优缺点

网状数据模型的优点主要有：

（1）能够更为直接地描述现实世界，如一个结点可以有多个双亲。

（2）具有良好的性能，存取效率较高。

网状数据模型的缺点主要有：

（1）结构比较复杂，而且随着应用环境的扩大，数据库的结构就变得越来越复杂，不利于最终用户掌握。

（2）其 DDL、DML 语言复杂，用户不容易使用。由于记录之间联系是通过存取路径实现的，应用程序在访问数据时必须选择适当的存取路径，因此，用户必须了解系统结构的细节，加重了编写应用程序的负担。

1.2.3.3 关系模型

关系模型是目前最重要的一种数据模型。关系数据库系统采用关系模型作为数据的组织方式。

1970 年，美国 IBM 公司 San Jose 研究室的研究员 E. F. Codd 首次提出了数据库系统的关系模型，开创了数据库关系方法和关系数据理论的研究，为数据库技术奠定了理论基础。由于 E. F. Codd 的杰出工作，他于 1981 年获得 ACM 图灵奖。

20 世纪 80 年代以来，计算机厂商新推出的数据库管理系统几乎都支持关系模型，非关系系统的产品也大都增加了关系接口。数据库领域当前的研究工作也都是以关系方法为基础。因此本书的重点也将放在关系数据库上，下面各章将详细讲解关系数据库。

1. 关系数据模型的数据结构

关系模型与以往的模型不同，它是建立在严格的数学概念的基础上的。严格的定义将在第 2 章给出，这里只简单勾画一下关系模型。在用户观点下，关系模型中数据的逻辑结构是一张二维表，它由行和列组成。现在以鲜花信息表（表1.2）为例，介绍关系模型中的一些术语。

表 1.2 鲜花信息表

花品编号	花品名称	花品价格	折扣	进货日期
f0001	一级红玫瑰	3.50	0.9	2010-01-02
f0002	二级红玫瑰	2.50	0.8	2009-12-28
f0003	一级康乃馨	3.00	0.8	2010-01-02
f0004	一级黄玫瑰	2.50	0.9	2010-01-05
f0005	郁金香（紫）	3.50	0.9	2010-01-05
f0006	郁金香（白）	2.80	0.9	2010-01-05
f0007	郁金香（粉）	4.20	0.9	2010-01-05
f0008	郁金香（红）	5.00	0.9	2010-01-05
f0009	郁金香（黄）	3.00	0.9	2010-01-05

（1）关系（relation）：一个关系对应通常说的一张表，如表 1.2 中的这鲜花信息表。

　　(2) 元组 (tuple)：表中的一行即为一个元组。

　　(3) 属性 (attribute)：表中的一列即为一个属性，给每一个属性起一个名称即属性名。如表 1.2 有六列，对应六个属性（花品编号、花品名称、花品价格、折扣、进货日期）。

　　(4) 主码 (key)：表中的某个属性组，它可以唯一确定一个元组，如表 1.2 中的花品编号，可以唯一确定一种鲜花，也就成为本关系的主码。

　　(5) 域 (domain)：属性的取值范围，如鲜花折扣属性的域是（1～0）。

　　(6) 关系模式：即对关系的描述。一般表示为

关系名（属性 1，属性 2，…，属性 n）

　　例如上面的关系可描述为

鲜花表（花品编号，花品名称，花品价格，折扣，进货日期）

　　关系模型要求关系必须是规范化的，即要求关系必须满足一定的规范条件，这些规范条件中最基本的一条就是，关系的每一个分量必须是一个不可再分的数据项，也就是说，不允许表中还有表，图 1.16 中工资和扣除是可分的数据项，工资又分为基本工资、工龄工资和职务工资，扣除又分为房租和水电。因此，图 1.16 的表就不符合关系模型要求。实际上，关系中要求存放在计算机中的二维表是行列平坦（行列不可再分的）的二维表。

职工号	姓名	职称	工资			扣除		实发
			基本	工龄	职务	房租	水电	
86051	陈平	讲师	805	20	50	60	12	803
…	…	…	…	…	…	…	…	…

图 1.16　表中有表示例

2. 关系数据模型的操纵与完整性约束

　　关系数据模型的操作主要包括查询、插入、删除和修改数据。这些操作必须满足关系的完整性约束条件。关系的完整性约束条件包括三大类：实体完整性、参照完整性和用户定义的完整性。其具体含义将在后面介绍。

　　一方面，关系模型中的数据操作是集合操作，操作对象和操作结果都是关系，即若干元组的集合，而不像非关系模型中那样是单记录的操作方式。另一方面，关系模型把存取路径向用户隐蔽起来，用户只要指出"干什么"或"找什么"，不必详细说明"怎么干"或"怎么找"，从而大大地提高了数据的独立性，提高了用户生产率。

3. 关系数据模型的存储结构

　　在关系数据模型中，实体及实体间的联系都用表来表示。在数据库的物理组

织中，表以文件形式存储，有的系统一个表对应一个操作系统文件，有的系统自己设计文件结构。

4. 关系数据模型的优缺点

关系数据模型具有下列优点：

(1) 关系模型与非关系模型不同，它是建立在严格的数学概念的基础上的。

(2) 关系模型的概念单一。无论实体还是实体之间的联系都用关系表示。对数据的操作和操作结果也是关系（即表）。所以其数据结构简单、清晰，用户易懂易用。

(3) 关系模型的存取路径对用户透明，从而具有更高的数据独立性、更好的安全保密性，也简化了程序员的工作和数据库开发建立的工作。

诸多优点使关系数据模型诞生以后发展迅速，深受用户的喜爱。当然，关系数据模型也有缺点，其中最主要的缺点是：由于存取路径对用户透明，查询效率往往不如非关系数据模型。因此为了提高性能，必须对用户的查询请求进行优化，增加了开发数据库管理系统的难度。但这些难度主要由系统软件承担，用户不必考虑过多优化细节。

1.3 数据库系统结构

考察数据库系统的结构可以有多种不同的层次或不同的角度。从数据库管理系统角度看，数据库系统通常采用三级模式结构，这是数据库管理系统内部的系统结构。从数据库最终用户角度看，数据库系统的结构分为集中式结构（又可有单用户结构、主从式结构）、分布式结构、客户/服务器结构和并行结构，这是数据库系统外部的体系结构。

1.3.1 数据库系统的内部结构

1.3.1.1 数据库系统模式的概念

在数据模型中有"型"（type）和"值"（value）的概念。型是指对某一类数据的结构和属性的说明，值是型的一个具体赋值。例如，学生记录定义为（学号，姓名，性别，年龄，系别）这样的记录型，而（201002268，张山，男，19，计算机系）则是该记录型的一个记录值。

模式（schema）是数据库中全体数据的逻辑结构和特征的描述，它仅仅涉及型的描述，不涉及具体的值。模式的一个具体值称为模式的一个实例（instance）。同一个模式可以有很多实例。模式是相对稳定的，而实例是相对变动的，因为数据库中的数据是在不断更新的。模式反映的是数据的结构及其联系，而实例反映的是数据库某一时刻的状态。

虽然实际的数据库管理系统产品种类很多，它们支持不同的数据模型，使用不同的数据库语言，建立在不同的操作系统之上，数据的存储结构也各不相同，但它们在体系结构上通常都具有相同的特征，即采用三级模式结构（早期微机上的小型数据库系统除外）并提供两级映像功能。

1.3.1.2　数据库系统的三级模式结构

数据库系统的三级模式结构是指数据库系统是由外模式、模式和内模式三级构成，如图 1.17 所示。

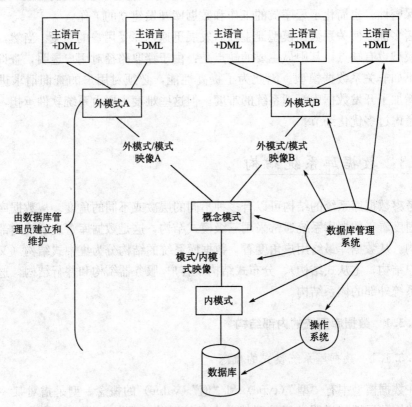

图 1.17　数据库的三级模式结构

1. 模式（schema）

模式也称逻辑模式，是数据库中全体数据的逻辑结构和特征的描述，是所有用户的公共数据视图。它是数据库系统模式结构的中间层，既不涉及数据的物理存储细节和硬件环境，也与具体的应用程序、与所使用的应用开发工具及高级程序设计语言（如 C、Java）无关。

　　模式实际上是数据库数据在逻辑级上的视图。一个数据库只有一个模式。数据库模式以某一种数据模型为基础，统一综合地考虑所有用户的需求，并将这些需求有机地结合成一个逻辑整体。定义模式时不仅要定义数据的逻辑结构，例如数据记录由哪些数据项构成，数据项的名字、类型、取值范围等，而且要定义数据之间的联系，定义与数据有关的安全性、完整性要求等。

　　DBMS 提供模式描述语言（模式 DDL）来严格地定义模式。

　　2. 外模式

　　外模式（external schema）也称子模式（subschema）或用户模式，它是数据库用户（包括应用程序员和最终用户）能够看见和使用的局部数据的逻辑结构和特征的描述，是数据库用户的数据视图，是与某一应用有关的数据的逻辑表示。

　　外模式通常是模式的子集。一方面，一个数据库可以有多个外模式。由于它是各个用户的数据视图，如果不同的用户在应用需求、看待数据的方式、对数据保密的要求等方面存在差异，则其外模式描述就是不同的。即使对模式中同一数据，在外模式中的结构、类型、长度、保密级别等都可以不同。另一方面，同一外模式也可以为某一用户的多个应用系统所使用。对有权限的用户，一个应用程序也可使用多个外模式。

　　外模式是保证数据库安全性的一个有力措施。每个用户只能看见和访问所对应的外模式中的数据，数据库中的其余数据是不可见的。

　　DBMS 提供子模式描述语言（子模式 DDL）来严格地定义子模式。

　　3. 内模式

　　内模式（internal schema）也称存储模式（storage schema），一个数据库只有一个内模式。它是数据物理结构和存储方式的描述，是数据在数据库内部的表示方式。例如，记录的存储方式是顺序存储、按照 B 树结构存储还是按 hash 方法存储；索引按照什么方式组织；数据是否压缩存储，是否加密；数据的存储记录结构有何规定等。

　　DBMS 提供内模式描述语言（内模式 DDL，或者存储模式 DDL）来严格地定义内模式。

1.3.1.3　数据库的二级映像功能与数据独立性

　　数据库系统的三级模式是对数据的三个抽象级别，它把数据的具体组织留给DBMS 管理，使用户能逻辑地抽象地处理数据，而不必关心数据在计算机中的具体表示方式与存储方式。为了能够在内部实现这三个抽象层次的联系和转换，数据库管理系统在这三级模式之间提供了两层映像：①外模式/模式映像；②模式/内模式映像。

正是这两层映像保证了数据库系统中的数据能够具有较高的逻辑独立性和物理独立性。

1. 外模式/模式映像

模式描述的是数据的全局逻辑结构，外模式描述的是数据的局部逻辑结构。对应于同一个模式可以有任意多个外模式。对于每一个外模式，数据库系统都有一个外模式/模式映像，它定义了该外模式与模式间的对应关系。这些映像定义通常包含在各自外模式的描述中。

当模式改变时（例如增加新的关系、新的属性、改变属性的数据类型等），由数据库管理员对各个外模式/模式的映像作相应改变，可以使外模式保持不变。应用程序是依据数据的外模式编写的，从而应用程序不必修改，保证了数据与程序的逻辑独立性，简称数据的逻辑独立性。

2. 模式/内模式映像

数据库中只有一个模式，也只有一个内模式，所以模式/内模式映像是唯一的，它定义了数据库全局逻辑结构与存储结构之间的对应关系。例如，说明逻辑记录和字段在内部是如何表示的。该映像定义通常包含在模式描述中。当数据库的存储结构改变了（例如选用了另一种存储结构），由数据库管理员对模式/内模式映像作相应改变，可以使模式保持不变，从而应用程序也不必改变。保证了数据与程序的物理独立性，简称数据的物理独立性。

在数据库的三级模式结构中，数据库模式即全局逻辑结构是数据库的中心与关键，它独立于数据库的其他层次。因此设计数据库模式结构时应首先确定数据库的逻辑模式。

数据库的内模式依赖于它的全局逻辑结构，但独立于数据库的用户视图即外模式，也独立于具体的存储设备。它是将全局逻辑结构中所定义的数据结构及其联系按照一定的物理存储策略进行组织，以达到较好的时间与空间效率。

数据库的外模式面向具体的应用程序，它定义在逻辑模式之上，但独立于存储模式和存储设备。当应用需求发生较大变化，相应外模式不能满足其视图要求时，该外模式就得做相应改动，所以设计外模式时应充分考虑到应用的扩充性。

特定的应用程序是在外模式描述的数据结构上编制的，它依赖于特定的外模式，与数据库的模式和存储结构独立。不同的应用程序有时可以共用同一个外模式。数据库的二级映像保证了数据库外模式的稳定性，从而从底层保证了应用程序的稳定性，除非应用需求本身发生变化，否则应用程序一般不需要修改。

数据与程序之间的独立性，使得数据的定义和描述可以从应用程序中分离出去。另外，由于数据的存取由 DBMS 管理，用户不必考虑存取路径等细节，从而简化了应用程序的编制，大大减少了应用程序的维护和修改。

1.3.2　数据库系统的外部体系结构

1. 单用户数据库系统

如图 1.18 所示，整个数据库系统（应用程序、DBMS、OS、数据）装在一台计算机上，为一个用户独占，不同机器之间不能共享数据。它是早期的最简单的数据库系统，仍有实用价值。

2. 主从式结构的数据库系统

如图 1.19 所示，一个主机带多个终端的多用户结构数据库系统，包括应用程序、DBMS、OS、数据，都集中存放在主机上，所有处理任务都由主机来完成，各个用户通过主机的非智能终端并发地存取数据库，共享数据资源。

优点：易于管理、控制与维护。

缺点：当终端用户数目增加到一定程度后，主机的任务会过分繁重，成为瓶颈，从而使系统性能下降。系统的可靠性依赖主机，当主机出现故障时，整个系统都不能使用。

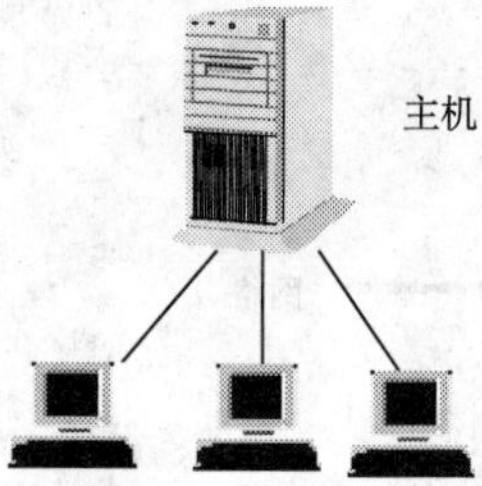

个人计算机

图 1.18　单用户数据库系统

3. 分布式结构的数据库系统

如图 1.20 所示，数据库中的数据在逻辑上是一个整体，但物理地分布在计算机网络的不同结点上。网络中的每个结点都可以独立处理本地数据库中的数据，执行局部应用，同时也可以同时存取和处理多个异地数据库中的数据，执行全局应用。

优点：适应了地理上分散的公司、团体和组

主机

终端

图 1.19　主从式结构的数据库系统

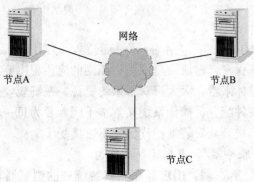

网络

节点A　　节点B

节点C

图 1.20　分布式结构的数据库系统

织对于数据库应用的需求。

缺点：数据的分布存放给数据的处理、管理与维护带来困难。当用户需要经常访问远程数据时，系统效率会明显地受到网络传输的制约。

4. 客户/服务器结构的数据库系统

把 DBMS 功能和应用分开，网络中某个（些）结点上的计算机专门用于执行 DBMS 功能，称为数据库服务器，简称服务器。其他结点上的计算机安装 DBMS 的外围应用开发工具和用户的应用系统，称为客户机。客户/服务器数据库系统如图 1.21 所示，目前有如下两种应用：

（1）集中的服务器结构。一台数据库服务器、多台客户机。

（2）分布的服务器结构。在网络中有多台数据库服务器，分布的服务器结构是客户/服务器与分布式数据库的结合。

客户/服务器结构的优点：客户端的用户请求被传送到数据库服务器，数据库服务器进行处理后，只将结果返回给用户，从而显著减少了数据传输量，数据库更加开放；客户与服务器一般都能在多种不同的硬件和软件平台上运行，可以使用不同厂商的数据库应用开发工具。

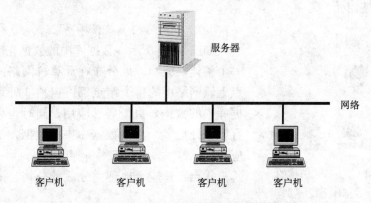

图 1.21　客户/服务器系统一般结构

客户/服务器结构的缺点："胖客户"机问题，即系统安装复杂，工作量大；应用维护困难，难于保密，造成安全性差。相同的应用程序要重复安装在每一台客户机上，从系统总体来看，大大浪费了系统资源。系统规模达到数百数、千台客户机时，它们的硬件配置、操作系统又常常不同，要为每一个客户机安装应用程序和相应的工具模块，其安装维护代价便不可接受了。

5. 浏览器/应用服务器/数据库服务器结构

如图 1.22 所示，客户端：用户界面只安装统一的浏览器软件，实现"瘦客户"机，浏览器的界面统一，广大用户容易掌握，大大减少了培训时间与费用。

图 1.22　三层结构间的相互作用

服务器端分为两部分：一部分是 Web 服务器和应用服务器，另一部分是数据库服务器。这种结构大大减少了系统开发和维护代价，能够支持数万甚至更多的用户。

1.4　数据库系统的组成

在本章一开始介绍了数据库系统一般由数据库、数据库管理系统（及其开发工具）、应用系统、数据库管理员和用户构成。下面分别介绍这几个部分的内容。

1.4.1　硬件平台及数据库

由于数据库系统数据量都很大，加之 DBMS 丰富的功能使得自身的规模也很大，因此整个数据库系统对硬件资源提出了较高的要求，这些要求是：

（1）要有足够大的内存，存放操作系统、DBMS 的核心模块、数据缓冲区和应用程序。

（2）有足够大的磁盘等直接存取设备存放数据库，有足够的磁带（或光盘）作数据备份。

（3）要求系统有较高的通道能力，以提高数据传送率。

1.4.2　软件

数据库系统的软件主要包括：

（1）为数据库的建立、使用和维护配置的 DBMS 软件。

（2）支持 DBMS 运行的操作系统。

（3）具有与数据库接口的高级语言及其编译系统，便于开发应用程序。

（4）以 DBMS 为核心的应用开发工具。

应用开发工具是系统为应用开发人员和最终用户提供的高效率、多功能的应用生成器、第四代语言等各种软件工具。它们为数据库系统的开发和应用提供了良好的环境。

（5）为特定应用环境开发的数据库应用系统。

1.4.3　人员

开发、管理和使用数据库系统的人员主要是：数据库管理员、系统分析员

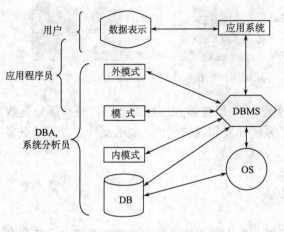

图 1.23　各种人员的数据视图

和数据库设计人员、应用程序员和最终用户。不同的人员涉及不同的数据抽象级别，具有不同的数据视图，如图 1.23 所示。

1. 数据库管理员（DBA）

在数据库系统环境下，有两类共享资源：一类是数据库；另一类是数据库管理系统软件。因此需要有专门的管理机构来监督和管理数据库系统。DBA 则是这个机构的一个（组）人员，负责全面管理和控制数据库系统。具体职责包括：

（1）决定数据库中的信息内容和结构。数据库中要存放哪些信息，DBA 要参与决策。因此 DBA 必须参加数据库设计的全过程，并与用户、应用程序员、系统分析员密切合作共同协商，搞好数据库设计。

（2）决定数据库的存储结构和存取策略。DBA 要综合各用户的应用要求，和数据库设计人员共同决定数据的存储结构和存取策略，以求获得较高的存取效率和存储空间利用率。

（3）定义数据的安全性要求和完整性约束条件。DBA 的重要职责是保证数据库的安全性和完整性。因此，DBA 负责确定各个用户对数据库的存取权限、数据的保密级别和完整性约束条件。

（4）监控数据库的使用和运行。DBA 还有一个重要职责就是监视数据库系统的运行情况，及时处理运行过程中出现的问题。比如系统发生各种故障时，数据库会因此遭到不同程度的破坏，DBA 必须在最短时间内将数据库恢复到正确状态，并尽可能不影响或少影响计算机系统其他部分的正常运行。为此，DBA 要定义和实施适当的后备和恢复策略。如周期性地转储数据、维护日志文件等。有关这方面的内容将在后面各章做进一步讨论。

（5）数据库的改进和重组重构。DBA 还负责在系统运行期间监视系统的空间利用率、处理效率等性能指标，对运行情况进行记录、统计分析，依靠工作实践并根据实际应用环境，不断改进数据库设计。不少数据库产品都提供了对数据库运行状况进行监视和分析的实用程序，DBA 可以使用这些实用程序完成这项工作。

另外，在数据运行过程中，大量数据不断插入、删除、修改，时间一长，会影响系统的性能。因此，DBA 要定期对数据库进行重组织，以提高系统的性能。

当用户的需求增加和改变时，DBA 还要对数据库进行较大的改造，包括修改部分设计，即数据库的重构造。

2. 系统分析员和数据库设计人员

系统分析员负责应用系统的需求分析和规范说明，要和用户及 DBA 相结合，确定系统的硬件、软件配置，并参与数据库系统的概要设计。

数据库设计人员负责数据库中数据的确定、数据库各级模式的设计。数据库设计人员必须参加用户需求调查和系统分析，然后进行数据库设计。在很多情况下，数据库设计人员就由数据库管理员担任。

3. 应用程序员

应用程序员负责设计和编写应用系统的程序模块，并进行调试和安装。

4. 用户

这里用户是指最终用户（end user）。最终用户通过应用系统的用户接口使用数据库。常用的接口方式有浏览器、菜单驱动、表格操作、图形显示、报表书写等，给用户提供简明直观的数据表示。

最终用户可以分为如下三类：

（1）偶然用户。这类用户不经常访问数据库，但每次访问数据库时往往需要不同的数据库信息，这类用户一般是企业或组织机构的高中级管理人员。

（2）简单用户。数据库的多数最终用户都是简单用户。其主要工作是查询和修改数据库，一般都是通过应用程序员精心设计并具有友好界面的应用程序存取数据库。银行的职员、航空公司的机票预定工作人员、旅馆总台服务员等都属于这类用户。

（3）复杂用户。复杂用户包括工程师、科学家、经济学家、科学技术工作者等具有较高科学技术背景的人员。这类用户一般都比较熟悉数据库管理系统的各种功能，能够直接使用数据库语言访问数据库，甚至能够基于数据库管理系统的 API 编制自己的应用程序。

1.5　数据库技术的研究领域

数据库技术的研究范围是十分广泛的，概括地讲可以包括以下三个领域。

1.5.1　数据库管理系统软件的研制

DBMS 是数据库系统的基础。DBMS 的研制包括研制 DBMS 本身及以 DBMS 为核心的一组相互联系的软件系统，包括工具软件和中间件。研制的目标是提高系统的可用性、可靠性、可伸缩性，提高性能和提高用户的生产率。

DBMS 核心技术的研究和实现是三十余年来数据库领域所取得的主要成就。

DBMS 是一个基础软件系统，它提供了对数据库中的数据进行存储、检索和管理的功能。

1.5.2　数据库设计

数据库设计的主要任务是在 DBMS 的支持下，按照应用的要求，为某一部门或组织设计一个结构合理、使用方便、效率较高的数据库及其应用系统。其中主要的研究方向是数据库设计方法学和设计工具，包括数据库设计方法、设计工具和设计理论的研究，数据模型和数据建模的研究，计算机辅助数据库设计方法及其软件系统的研究，数据库设计规范和标准的研究等。

1.5.3　数据库理论

数据库理论的研究主要集中于关系的规范化理论、关系数据理论等。近年来，随着人工智能与数据库理论的结合、并行计算技术等的发展，数据库逻辑演绎和知识推理、数据库中的知识发现、并行算法等成为新的理论研究方向。

计算机领域中其他新兴技术的发展对数据库技术产生了重大影响。数据库技术和其他计算机技术的互相结合、互相渗透，使数据库中新的技术内容层出不穷。数据库的许多概念、技术内容、应用领域，甚至某些原理都有了重大的发展和变化。建立和实现了一系列新型数据库系统，如面向对象数据库系统、分布式数据库系统、知识库系统、多媒体数据库系统、Web 数据库系统等。它们共同构成了数据库系统大家族，使数据库技术不断地涌现新的研究方向。

本书介绍的数据库系统的基本概念、基本技术和基本知识是进一步进行上述三个领域研究和开发的基础。

本 章 小 结

本章介绍了数据库的基本概念，并通过对数据管理技术的发展介绍，阐述了数据库技术产生和发展的背景，以及数据库系统的特点。

数据模型是数据库系统的核心和基础。本章介绍了组成数据模型的三个要素、概念模型和三种主要的数据库模型。概念模型也称信息模型，用于信息世界的建模，E-R 模型是这类模型的典型代表，E-R 方法简单、清晰，应用十分广泛。数据模型的发展经历了格式化数据模型（包括层次模型和网状模型）、关系模型，正在走向面向对象等非传统数据模型。关系模型只是简单介绍，后面会详细讲解。

数据库系统内部三级模式和两层映像的系统结构保证了数据库系统中能够具有较高的逻辑独立性和物理独立性。数据库系统外部体系结构体现了数据库应用环境的发展变化。

最后介绍了数据库系统的组成，使读者了解数据库系统不仅是一个技术系统，还是一个人-机系统，人的作用特别是 DBA 的作用尤为重要。

学习这一章应把注意力放在掌握基本概念和基本知识方面，为进一步学习下面章节打好基础。本章新概念较多，如果是刚开始学习数据库，可在学习后面章节后再回来理解和掌握这些概念。

➤ 思考练习题

1. 试述数据、数据库、数据库管理系统、数据库系统的概念。
2. 试述文件系统与数据库系统的本质区别和联系。
3. 试述数据库系统的特点。
4. 试述概念模型和数据模型的概念、作用及数据模型的三个要素。
5. 定义并解释概念模型中以下术语：实体、实体型、实体集、属性、码、E-R 图。
6. 试给出三个实际部门的 E-R 图，要求实体集之间具有一对一、一对多、多对多不同的联系。
7. 试给出一个实际部门的 E-R 图，要求有三个实体集，而且三个实体集之间有多对多联系。三个实体集之间的多对多联系和三个实体集两两之间的三个多对多联系等价吗？为什么？
8. 图书馆数据库中对每个借阅者保存的记录包括：读者号、姓名、性别、年龄、地址；对每本书保存有：书号、书名、作者、出版社；对每次借书保存有：读者号、书号、借出日期和应还日期。要求画出该图书馆数据库的 E-R 图。
9. 试比较格式化模型与关系模型的优缺点。
10. 解释关系模型的术语：关系、属性、域、元组、主码、关系模式。
11. 试述数据库系统三级模式结构及作用。
12. 解释以下术语：模式、外模式、内模式、DDL、DML。
13. 什么是数据的物理独立性和逻辑独立性？为什么数据库系统要具有数据独立性？
14. 试述数据库系统的组成。
15. DBA 的职责是什么？

第2章

关系数据库

【本章学习目标】

➢ 掌握关系模型的有关概念

➢ 掌握关系数据结构的形式化定义

➢ 掌握关系模型的完整性约束

➢ 掌握关系代数运算

关系数据库是支持关系数据模型的数据库系统。现在，绝大多数数据库系统都是关系数据库系统。本章将介绍关系数据模型的基本概念和术语、关系的完整性约束，以及关系数据库的数学基础——关系代数。

■2.1 关系模型概述

关系数据库使用关系数据模型组织数据，这种思想源于数学。1970 年 IBM 的研究员 E. F. Codd 在美国计算机学会会刊（*Communication of the ACM*）上发表了题为 *A Relational Model of Data for Large Shared Data Banks* 的论文，严格地提出了关系数据模型的概念，开创了数据库系统的新纪元。以后他发表了多篇论文，奠定了关系数据库的理论基础。

关系模型由关系数据结构、关系操作和关系完整性约束三部分组成。

2.1.1 关系数据结构

关系模型的数据结构非常单一。关系数据模型用二维表来组织数据，而这个二维表在关系数据库中就称为关系。关系数据库就是表（或者说是关系）的集合。

在用户看来，关系模型中数据就是一张张表，在关系系统中，表是逻辑结构而不是物理结构。实际上，系统在物理层可以使用任何有效的存储结构来存储数据，如有序文件、索引、哈希表、指针等。表 2.1 所示的是用关系模型形式表示的学生基本信息。

表 2.1　学生基本信息表

学号	姓名	性别	年龄	所在系
0450301	张晓宇	男	18	计算机系
0430102	王萌	女	19	信息管理系
0420131	李林	男	18	园林系
0420132	刘彤	女	19	园林系

2.1.2　关系操作

关系数据模型给出了操作关系的功能。关系数据模型中的操作包括：①传统的关系运算：并（union）、交（intersection）、差（difference）、广义笛卡儿积（extended cartesian product）。②专门的关系运算：选择（select）、投影（project）、连接（join）、除（divide）。③有关的数据操作：查询（query）、插入（insert）、删除（delete）、修改（update）。

关系操作的特点是集合操作方式，即操作的对象和结果都是集合。这种操作方式也称为一次一集合（set-at-time）的方式。而非关系数据库系统中典型的操作是一次一行或一次一记录。因此集合处理能力是关系数据库系统区别于其他系统的一个重要特征。

关系操作是通过关系语言实现的，关系语言是高度非过程化的。所谓非过程化是指：

（1）用户不必关心数据的存取路径和存取过程，用户只需要提出数据请求，数据库管理系统就会自动完成用户请求的操作。

（2）用户不必编写程序代码来实现对数据的重复操作。

2.1.3　数据完整性约束

在数据库中，数据的完整性是指保证数据正确性的特征。它包括两个方面：

（1）与现实世界中应用需求的数据的相容性和正确性。

（2）数据库内数据之间的相容性和正确性。

关系模型提供了丰富的完整性控制机制，允许定义三种完整性约束：实体完整性、参照完整性和用户定义的完整性。其中，实体完整性和参照完整性是关系模型必须满足的完整性约束，是系统级约束，应该由关系系统自动支持。用户定义的完整性主要是限制属性的取值范围，也称为域的完整性，这属于应用级的约束。

例如，学生的学号必须是唯一的，学生的性别只能是"男"或"女"，学生所选择的课程必须是已开设的课程等。因此，数据库是否具有完整性特征关系到数据库系统能否真实地反映现实世界的情况，数据完整性是数据库的一个非常重要的内容。

■ 2.2 关系定义和性质

在关系数据模型中，现实世界中的实体、实体与实体之间的联系都用关系来表示，它有专门的严格定义和一些固有的术语。

2.2.1 关系模型的基本术语

关系模型采用单一的数据结构—实体以及实体间的联系均用关系来表示，从直观上看，关系就是二维表。表 2.2 所示的就是一个关系。

表 2.2 关系示例

学号	姓名	性别	年龄	所在系
0450301	张晓宇	男	18	计算机系
0430102	王萌	女	19	信息管理系
0420131	李林	男	18	园林系
0420132	刘彤	女	19	园林系

下面对关系模型中的有关术语进行介绍。

1. 关系

通俗地讲，关系（relation）就是二维表，二维表的名字就是关系的名字，表 2.2 中的关系名就是"学生"。

2. 属性

二维表中的列称为属性（attribute），也称为字段。每个属性有一个名字，称为属性名。二维表中某一列的值称为属性值。二维表中列的个数称为关系的元数。如果一个二维表有 n 个列，则称其为 n 元关系。表 2.2 所示的"学生"关系有"学号"、"姓名"、"性别"、"年龄"、"所在系"5 个属性，是一个 5 元关系。

3. 值域

二维表中属性的取值范围称为值域（domain）。例如，在表 2.2 中，"年龄"

列的取值为大于零的整数，"性别"列的取值为"男"和"女"两个值，这些就是列的值域。

4. 元组

二维表中的行称为元组，即记录值，表 2.2 的"学生"关系中的元组有：（0450301，张晓宇，男，18，计算机系）；（0430102 王萌 女 19 信息管理系）；（0420131，李林，男，18，园林系）；（0420132，刘彤，女，19，园林系）。

5. 分量

元组中的每一个属性值称为元组的一个分量（component），n 元关系的每个元组有 n 个分量。例如，元组（0450301，张晓宇，男，18，计算机系）有 5 个分量，对应"学号"属性的分量是"0450301"，对应"姓名"属性的分量是"张晓宇"，对应"性别"属性的分量是"男"等。

6. 关系模式

二维表的结构称为关系模式（relation schema），或者说，关系模式就是二维表的表框架或表头结构。设关系名为 R，其属性分别为 A_1，A_2，…，A_n，则关系模式可以表示为：

R（A_1，A_2，…，A_n）

例如，表 2.2 所示关系的关系模式为：学生（学号，姓名，性别，年龄，所在系）。

如果将关系模式理解为数据类型，则关系就是一个具体的值。

7. 关系数据库

对应一个关系模型的所有关系的集合称为关系数据库（relation database）。

8. 候选码

如果一个属性或属性集的值能够唯一标识一个关系的元组而又不包含多余的属性，则称该属性或属性集为候选码（candidate key）。候选码也称为候选关键字或候选键。在一个关系中可以有多个候选码。

9. 主码

当一个关系中有多个候选码时，可以从中选择一个作为主码（primary key）。每个关系只能有一个主码。主码也称为主键或主关键字，是表中的属性或属性组，用于唯一地确定一个元组。主码可以由一个属性组成，也可以由多个属性共同组成。

10. 主属性和非主属性

包含在任一候选码中的属性称为主属性（primary attribute），不包含在任一候选码中的属性称为非主属性（nonprimary attribute）。

11. 外码

如果某个属性不一定是所在关系的码，但是其他关系的码，则称该属性为外码（foreign key）。外码也称为外部关键字或外键。

2.2.2 关系数据结构的形式化定义

在关系模型中，无论是实体还是实体间的联系均由单一的结构类型即关系（表）来表示。关系模型是建立在集合代数的基础上，这里从集合论角度给出关系数据结构的形式化定义。

1. 笛卡儿积

为了给出关系的形式化定义，首先定义笛卡儿积（Cartesian product）：

定义 2.1 给定一组域 D_1，D_2，…，D_n，这些域中可以有相同的。笛卡儿积为：

$$D_1 \times D_2 \times \cdots \times D_n = \{ (d_1, d_2, \cdots, d_n) \mid d_i \in D_i, i=1, 2, \cdots, n \}$$

其中每个元素 $(d_1, d_2, \cdots, d_n)$ 称为一个 n 元组（n-tuple）或简称元组。元组中每一个值 d_i 称为一个分量。

例如，设

$D_1 = \{$计算机软件专业，信息科学专业$\}$

$D_2 = \{$张清玫，刘逸$\}$

$D_3 = \{$李勇，刘晨，王敏$\}$

则 D_1、D_2、D_3 的笛卡儿积为：

$D_1 \times D_2 \times D_3 = \{$（计算机软件专业，张清玫，李勇），（计算机软件专业，张清玫，刘晨），（计算机软件专业，张清玫，王敏），（计算机软件专业，刘逸，李勇），（计算机软件专业，刘逸，刘晨），（计算机软件专业，刘逸，王敏），（信息科学专业，张清玫，李勇），（信息科学专业，张清玫，刘晨），（信息科学专业，张清玫，王敏），（信息科学专业，刘逸，李勇），（信息科学专业，刘逸，刘晨），（信息科学专业，刘逸，王敏）$\}$

其中，（计算机软件专业，张清玫，李勇）、（计算机软件专业，张清玫，刘晨）等都是元组，"计算机软件专业"、"张清玫"、"李勇"等都是分量。

笛卡儿积实际上就是一张二维表，上例可由如图 2.1 所示的二维表表示。

在图 2.1 中，笛卡儿积的任意一行数据就是一个元组，它的第一个分量来自 D_1，第二个分量来自 D_2，第三个分量来自 D_3。笛卡儿积就是所有这样的元组的集合。

2. 关系

根据笛卡儿积的定义可以给出一个关系（relation）的形式化定义。

定义 2.2 笛卡儿积 D_1，D_2，…，D_n 的任意一个子集称为 D_1，D_2，…，D_n 上的一个 n 元关系，表示为 $R(D_1, D_2, \cdots, D_n)$。

其中，R 表示关系名；n 是关系的目或度（degree）。

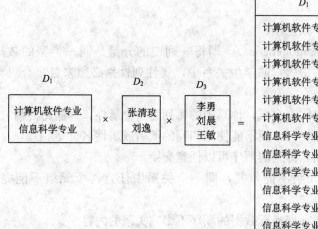

	D_1	D_2	D_3
	计算机软件专业	张清玫	李勇
	计算机软件专业	张清玫	刘晨
	计算机软件专业	张清玫	王敏
	计算机软件专业	刘逸	李勇
	计算机软件专业	刘逸	刘晨
	计算机软件专业	刘逸	王敏
	信息科学专业	张清玫	李勇
	信息科学专业	张清玫	刘晨
	信息科学专业	张清玫	王敏
	信息科学专业	刘逸	李勇
	信息科学专业	刘逸	刘晨
	信息科学专业	刘逸	王敏

图 2.1　笛卡儿积

当 $n=1$ 时，称该关系为单元关系（unary relation）。

当 $n=2$ 时，称该关系为二元关系（binary relation）。

形式化的关系定义同样可以把关系看成二维表，给表的每个列取一个名字，称为属性。n 元关系有 n 个属性，一个关系中的属性的名字必须是唯一的。属性 D_i 的取值范围（$i=1,2,\cdots,n$）称为该属性的值域（domain）。

例如，在上述例子中，子集：

$R=$ ｛（计算机软件专业，张清玫，李勇），（计算机软件专业，刘逸，刘晨），（信息科学专业，张清玫，王敏）｝

就构成了一个关系。其二维表的形式如表 2.3 所示，把第一个属性命名为"专业"，第二个属性命名为"教师姓名"，第三个属性命名为"学生姓名"。

表 2.3　一个关系

专业	教师姓名	学生姓名
计算机软件专业	张清玫	李勇
计算机软件专业	刘逸	刘晨
信息科学专业	张清玫	王敏

从集合论的观点，可以给出如下关系定义：关系是一个有 K 个属性的元组的集合。

2.2.3 关系的性质

基本关系具有以下六条性质：

（1）列是同质的（homogeneous），即每一列中的分量是同一类型的数据，来自同一个域。如表 2.1 中所示的学生关系中，属性列性别必须来自集合〔男，女〕。

（2）不同的列可出自同一个域，称其中的每列为一个属性，为避免混淆，不同的属性要给予不同的属性名，而不能使用相同的域名或属性名。

（3）列的顺序无所谓，即列的顺序可以任意交换。

（4）同一个关系中元组不能重复，即一个关系中任意两个元组不能完全相同。

（5）行的顺序不重要，交换行数据的顺序不影响关系的内容。

（6）分量必须取原子值，即每一个分量都必须是不可分的数据项，这是关系数据库对关系的最基本的限定。例如，表 2.4 就不满足这个限定，因为在这个表中，"成绩"不是最小的数据项，它是由三个最小数据项组成的一个复合数据项。

表 2.4 不符合要求的关系示例

学号	姓名	成绩		
		英语	数学	数据库
0450301	张晓宇	89	88	96
0430102	王萌	67	76	87
0420131	李林	76	71	80
0420132	刘彤	98	96	99

2.3 关系模型的完整性约束

数据完整性是指数据库中存储的数据是有意义的或正确的。关系模型中的数据完整性规则是对关系的某种约束条件。它的数据完整性约束主要包括实体完整性、参照完整性和用户定义的完整性。

2.3.1 实体完整性

实体完整性保证关系中的每个元组都是可识别的和唯一的。

实体完整性是指关系数据库中所有的表都必须有主码，且表中不允许存在如下的记录：①无主码值的记录；②主码值相同的记录。

如果记录没有主码值，则此记录在表中一定是无意义的。前面说过，关系模型中的每一行记录都对应客观存在的一个实例或一个事实。比如，一个学号唯一确定了一个学生。如果表中存在没有学号的学生记录，则此学生一定不属于正常管理的学生。另外，如果表中存在主码值相等的两个或多个记录，则这两个或多个记录对应同一个实例。这会出现两种情况：第一，若表中的其他属性值也完全相同，则这些记录就是重复的记录，存储重复的记录是无意义的；第二，若其他属性值不完全相同则会出现语义矛盾，比如同一个学生学号相同，而其姓名不同或性别不同，这显然不可能。

关系模型中使用主码作为记录的唯一标识，在关系数据库中主属性不能取空值。关系数据库中的空值是特殊的标量常数，它代表未定义的（不适用的）或者有意义但目前还处于未知状态的值。例如，学生选课关系"选修（学号，课程号，成绩）"中，"学号、课程号"为主码，则"学号"和"课程号"两个属性不能取空值。若在学生选课关系中插入一行记录，学生还没有考试或者出现缺考，则其成绩是不确定的，因此我们希望"成绩"列上的值为空，空值用"NULL"表示。

对于实体完整性规则说明如下：

（1）实体完整性规则是针对基本关系而言的。一个基本表通常对应现实世界的一个实体集，如学生关系对应于学生的集合。

（2）现实世界中的实体和实体间的联系都是可区分的，即它们具有某种唯一性标识。

（3）相应地，关系模型中以主码作为唯一性标识。

（4）主码中的属性即主属性不能取空值。所谓空值就是"不知道"或"无意义"的值。如果主属性取空值，就说明存在某个不可标识的实体，即存在不可区分的实体，这与第（2）点相矛盾，因此这个规则称为实体完整性。

2.3.2　参照完整性

参照完整性也称为引用完整性。现实世界中的实体之间往往存在着某些联系，在关系模型中，实体以及实体之间的联系都是用关系来表示的，这样就自然存在着关系与关系之间的引用。先来看三个例子。

【例2.1】　学生实体和专业实体可以用下面的关系表示，其中主码用下划线标识：

学生（<u>学号</u>，姓名，性别，专业号，年龄）

专业（<u>专业号</u>，专业名）

这两个关系之间存在着属性的引用，学生关系引用了专业关系户的主码"专业号"。显然，学生关系户中的"专业号"值必须是确实存在的专业的专业号，即专业关系中有该专业的记录。这也就是说，学生关系中的某个属性的取值需要参照专业关系的属性取值。

【例 2.2】　学生、课程、学生与课程之间的多对多联系可以用如下三个关系表示：

学生（<u>学号</u>，姓名，性别，专业号，年龄）

课程（<u>课程号</u>，课程名，学分）

选修（<u>学号</u>，<u>课程号</u>，成绩）

这三个关系之间也存在着属性的引用，即选修关系引用了学生关系的主码"学号"和课程关系的主码"课程号"。同样，选修关系中的"学号"值必须是确实存在的学生的学号，学生关系中有该学生的记录，选修关系中"课程号"值也必须是确实存在的课程的课程号，即课程关系中该课程的记录。换句话说，选修关系中某些属性的取值需要参照其他关系的取值。

不仅两个或两个以上的关系间可以存在引用关系，同一关系内部属性间也可能存在引用关系。

【例 2.3】　在关系学生 2（<u>学号</u>，姓名，性别，专业号，年龄，班长）中，"学号"属性是主码，"班长"属性表示该学生所在班级的班长的学号，它引用了本关系"学号"属性，即"班长"必须是确实存在的学生的学号。

进一步定义外码：

定义 2.3　设 F 是基本关系 R 的一个属性，但不是关系 R 的码。如果 F 与关系 S 的主码 Ks 相对应，则称 F 是关系 R 的外码（foreign key），并称关系 R 为参照关系（referencing relation），关系 S 为被参照关系（referenced relation）或目标关系（target relation）。关系 R 和关系 S 不一定是不同的关系。

显然，目标关系 S 的主码 Ks 和参照关系 R 的外码 F 必须在同一个域上定义。

在例 2.1 中，学生关系的"专业号"属性与专业关系的主码"专业号"相对应，因此"专业号"属性是学生关系的外码。这里专业关系是被参照关系，学生关系为参照关系，如图 2.2（a）所示。

在例 2.2 中，选修关系的"学号"属性与学生关系的主码"学号"相对应，"课程号"属性与课程关系的主码"课程号"相对应，因此"学号"和"课程号"的属性是选修关系的外码。这里学生和课程关系均为被参照关系，选修关系为参照关系，如图 2.2（b）所示。

在例 2.3 中，"班长"属性与本关系的主码"学号"属性相对应，因此，"班长"是外码。这里学生关系既是参照关系也是被参照关系。

参照完整性规则就是定义外码与主码之间的引用规则。对于外码，一般应符合如下要求：

（1）值为空；

（2）等于其所应用的关系中的某个元组的主码值。

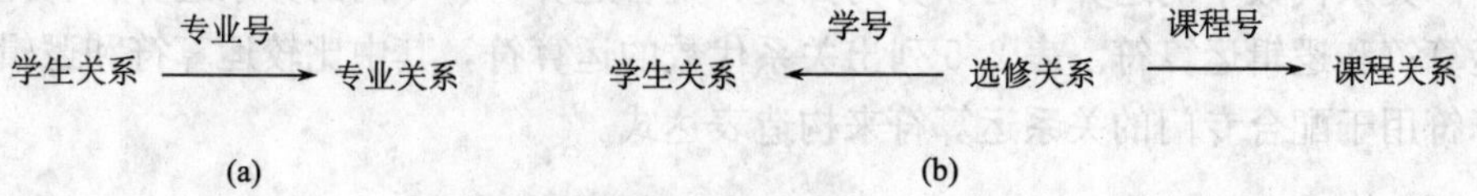

学生关系 —专业号→ 专业关系　　　　学生关系 ←学号— 选修关系 —课程号→ 课程关系

(a)　　　　　　　　　　　　　　　　(b)

图 2.2　关系的参照图

例如，对于职工与其所在的部门可以用如下两个关系表示：

职工（职工号，职工名，部门号，工资级别）

部门（部门号，部门名）

其中，职工关系的"部门号"是外码，它参照了部门关系的"部门号"。如果某个新职工还没有被分配到具体的部门，则其"部门号"就为空值；如果职工已经被分配到某个部门，则其部门号就有了确定的值（非空值）。

主码要求必须是非空且不能有重复值，但外码无此要求。

2.3.3　用户定义完整性

任何关系数据库系统都应该支持实体完整性和参照完整性。除此之外，不同的关系数据库系统根据其应用环境的不同，往往还需要一些特殊的约束条件，用户定义的完整性就是针对某一具体关系数据库的约束条件。它反映某一具体应用所涉及的数据必须满足的语义要求。例如，某个属性必须取唯一值、某些属性之间应满足一定的函数关系、某个属性的取值范围在某两个数字之间等。关系模型应提供定义和检验这类完整性的机制，以便系统进行统一处理，而不要由应用程序承担这一功能。例如，学生的成绩的取值范围为 0~100 的整数，或取｛优，良，中，及格，不及格｝。

2.4　关系代数

关系模型源于数学，关系是由元组构成的集合，可以通过关系的运算来表达查询要求，而关系代数恰恰是关系操作语言的一种传统的表示方式，它是一种抽象的查询语言。关系代数的运算对象是关系，运算结果也是关系。与一般的运算一样，运算对象、运算符和运算结果是关系代数的三大要素。

关系代数的运算可以分为两大类：

（1）传统的集合运算。这类运算完全把关系看成是元组的集合。传统的集合运算包括集合的广义笛卡儿积运算、并运算、交运算和差运算。

（2）专门的关系运算。这类运算除了把关系看成是元组的集合外，还通过运算表达查询的要求。专门的关系运算包括选择、投影、连接和除运算。

关系代数中的运算符可以分为四类：集合运算符、专门的关系运算符、比较运算符和逻辑运算符。表 2.5 列出关系代数的运算符，其中比较运算符和逻辑运算符用于配合专门的关系运算符来构造表达式。

表 2.5　关系运算符

运算符		含义
集合运算符	∪	并
	∩	交
	－	差
	×	广义笛卡儿积
专门的关系运算符	σ	选择
	Ⅱ	投影
	⋈	连接
	÷	除
比较运算符	＞	大于
	＜	小于
	＝	等于
	≠	不等于
	≤	小于等于
	≥	大于等于
逻辑运算符	¬	非
	∧	与
	∨	或

2.4.1　传统的集合运算

传统的集合运算是二目运算。设关系 R 和 S 均是 n 元关系，且相应的属性值取自同一个值域，则可以定义三种运算：并运算、交运算和差运算。现在我们以图 2.2（a）和图 2.2（b）所示的两个关系为例，来说明三种传统的集合运算。

1. 并运算

假设有关系 R、S，关系 R 与关系 S 的并记为

$R \cup S = \{t \mid t \in R \lor t \in S\}$（$t$ 为元组变量，表示新关系中的元组）

其结果仍是 n 目关系，由属于 R 或属于 S 的元组组成。表 2.7（a）显示了

表 2.6（a）和表 2.6（b）两个关系的并运算结果。

2. 交运算

假设有关系 R、S，关系 R 与关系 S 的交记为

$R \cap S = \{ t \mid t \in R \wedge t \in S \}$（$t$ 为元组变量，表示新关系中的元组）

其结果仍是 n 目关系，由属于 R 并且也属于 S 的元组组成。表 2.7（b）显示了表 2.6（a）和表 2.6（b）两个关系的交运算结果。

3. 差运算

假设有关系 R、S，关系 R 与关系 S 的差记为

$R - S = \{ t \mid t \in R \wedge t \notin S \}$（$t$ 为元组变量，表示新关系中的元组）

其结果仍是 n 目关系，由属于 R 并且不属于 S 的元组组成。表 2.7（c）显示了表 2.6（a）和表 2.6（b）两个关系的差运算结果。

表 2.6　两个描述职工信息

(a) 职工表 A

职工号	职工名	年龄	所在部门
A01	李相	27	销售部
B01	王晓宇	29	采购部
B02	张彤	32	采购部

(b) 职工表 B

职工号	职工名	年龄	所在部门
B01	王晓宇	29	采购部
C01	肖言	26	行政部
C02	王珊	30	行政部

表 2.7　集合的并、交、差运算示意

(a) 职工表 A∪职工表 B

职工号	职工名	年龄	所在部门
A01	李相	27	销售部
B01	王晓宇	29	采购部
B02	张彤	32	采购部
C01	肖言	26	行政部
C02	王珊	30	行政部

(b) 职工表 A∩职工表 B

职工号	职工名	年龄	所在部门
A01	李相	27	销售部
B02	张彤	32	采购部

(c) 职工表 A−职工表 B

职工号	职工名	年龄	所在部门
B01	王晓宇	29	采购部

4. 广义笛卡儿积

广义笛卡儿积不要求参加运算的两个关系具有相同的目。

设有 n 目关系 R 和 m 目关系 S，则笛卡儿积 $R \times S$ 是一个 $(m+n)$ 列的元组的集合。元组的前 n 列是关系 R 的一个元组，后 m 列是关系 S 的一个元组。若 R 有 K_1 个元组，S 有 K_2 个元组，则关系 R 和关系 S 的广义笛卡儿积有 $K_1 \times K_2$ 个元组，记作

$$R \times S = \{ \widehat{t_r t_s} \mid t_r \in R \wedge t_s \in S \}$$

其中，$\widehat{t_r t_s}$表示由两个元组t_r和t_s前后有序连接而成的一个元组。

任取元组t_r和t_s，当且仅当t_r属于R且t_s属于S时，t_r和t_s的有序连接即为$R\times S$的一个元组。

实际操作时，可从R的第一个元组开始，依次与S的每一个元组组合，然后，对R的下一个元组进行同样的草组，直至R的最后一个元组也进行完同样的操作为止。最终可得到$R\times S$的全部元组。图 2.3 为广义笛卡儿积的示意图。

A	B
a_1	b_1
a_2	b_2

×

C	D	E
c_1	d_1	e_1
c_2	d_2	e_2
c_3	d_3	e_3

=

A	B	C	D	E
a_1	b_1	c_1	d_1	e_1
a_1	b_1	c2	d_2	e_2
a_1	b_1	c3	d_3	e_3
a_2	b_2	c1	d_1	e_1
a_2	b_2	c2	d_2	e_2
a_2	b_2	c3	d_3	e_3

图 2.3　广义笛卡儿积示意

2.4.2　专门的关系运算

专门的关系运算包括投影、选择、连接和除操作。现在我们以表 2.8 所示的三个关系为例，来说明专门的关系运算。

表 2.8　学生、课程与选课三个关系

(a) Student 关系

Sno	Sname	Ssex	Sage	Sdept
1001101	王晓宇	男	19	计算机系
1001201	张彤	女	20	计算机系
1003205	刘成	男	20	数学系
1003412	张小娴	女	18	数学系
1003521	王立	男	19	数学系
1004232	吴桐	男	20	材料系
1005116	李良	男	21	自动化系
1006312	李丽红	女	22	工程系

(b) Course 关系

Cno	Cname	Credit	Semester
C01	数据库基础	6	4
C02	计算机网络	4	5
C03	高等数学	8	2
C04	英语	8	2
C05	电子商务	4	7
C06	统计学	4	6
C07	市场营销	4	6

续表

(c) SC 关系

Sno	Cno	Grade
1001101	C01	94
1001101	C02	88
1003205	C02	87
1003205	C03	69
1003205	C04	89
1005116	C03	90
1005116	C04	92

1. 选择

选择又称为限制，它是从指定的关系 R 中选择满足给定逻辑条件的某些元组，记作

$$\sigma_F (R) = \{t \mid t \in R \wedge F (t) = \text{'真'}\}$$

式中，σ 为选择运算符；R 为关系名；t 为元组；F 为逻辑表达式，取逻辑"真"值或"假"值。

【例 2.4】　对于表 2.8（a）所示的学生关系，查询计算机系学生信息的关系代数表达式为

$$\sigma_{\text{Sdept}=\text{'计算机系'}} (\text{Student})$$

结果如表 2.9（a）所示。

【例 2.5】　对于表 2.8（b）所示的课程关系，查询学分为 8 的课程信息的关系代数表达式为

$$\sigma_{\text{Credit}=8} (\text{Course})$$

结果如表 2.9（b）所示。

表 2.9　选择结果表

(a)

Sno	Sname	Ssex	Sage	Sdept
1001101	王晓宇	男	19	计算机系
1001201	张彤	女	20	计算机系

(b)

Cno	Cname	Credit	Semester
C01	数据库基础	6	4
C02	计算机网络	4	5
C03	高等数学	8	2
C04	英语	8	2

2. 投影

投影是从指定的关系 R 中选择若干属性列构成新的关系，该关系分两步产生：

（1）选择指定的属性，形成一个可能含有重复行的表。

（2）删除重复行，形成新的关系。

投影运算记作

$$\Pi_A (R) = \{t.A \mid t \in R\}$$

式中，Π 为投影运算符；R 为关系名；A 为被投影的属性或属性组；$t.A$ 为 t 这个元组中相应于属性（集）A 的分量，也可以表示为 $t\ [A]$。

【例 2.6】 对于表 2.8（c）所示的选课关系，选择 S_{no} 列构成新关系，可以表示为

$$\Pi_{Sno}\ (SC)$$

表 2.10 投影运算表

Sno
1001101
1003205
1005116

结果如表 2.10 所示。

3. 连接

连接运算用来连接相互之间有联系的两个关系，从而产生一个新的关系。这个过程由连接属性（字段）来实现。一般情况下，这个连接属性是出现在不同关系中的语义相同的属性。

连接也称为 θ 连接。它是从两个关系的笛卡儿积中选取属性间满足一定条件的元组。记作

$$R \underset{AQB}{\bowtie} S = \{\ \widehat{t_r t_s} \mid t_r \in R \land t_s \in S \land t_r\ [A]\ \theta t_s\ [B]\}$$

式中，A 和 B 分别为 R 和 S 上度数相等且可比的属性；θ 为比较运算符。连接运算从 R 和 S 的笛卡儿积 $R \times S$ 中选取（R 关系）在 A 属性组上的值与（S 关系）在 B 属性组上的值满足比较关系 θ 的元组。

连接运算中有两种最为重要也最为常用的连接，一种是等值连接，另一种是自然连接。

θ 为 "=" 的连接运算称为等值连接。它是从关系 R 与 S 的笛卡儿积中选取 A、B 属性值相等的那些元组。即等值连接为

$$R \underset{A=B}{\bowtie} S = \{\ \widehat{t_r t_s} \mid t_r \in R \land t_s \in S \land t_r\ [A]\ = t_s\ [B]\}$$

自然连接时一种特殊的等值连接，它要求两个关系中进行比较的分量必须是相同的属性组，并且要在结果中把重复的属性去掉。即若 R 和 S 具有相同的属性组 B，则自然连接可记作

$$R \bowtie S = \{\ \widehat{t_r t_s} \mid t_r \in R \land t_s \in S \land t_r\ [B]\ = t_s\ [B]\}$$

一般的连接操作是按行进行运算的。但自然连接还需要取消重复列，所以是同时按行和列进行运算的。

自然连接与等值连接的差别如下：

(1) 自然连接要求相等的分量必须有相同的属性名，等值连接则不要求。

(2) 自然连接要求把重复的属性名去掉，等值连接却不这样做。

【例 2.7】 对表 2.8 所示的 Student 和 SC 关系，分别进行如下的等值连接和自然连接运算：

等值连接：

$$\text{Student} \underset{\text{Student. Sno=SC. Sno}}{\bowtie} \text{SC}$$

自然连接：

$$\text{Student} \bowtie \text{SC}$$

等值连接的结果如表 2.11 所示，自然连接的结果如表 2.12 所示。

表 2.11　等值连接示意图

Sno	Sname	Ssex	Sage	Sdept	Sno	Cno	Grade
1001101	王晓宇	男	19	计算机系	1001101	C01	94
1001101	王晓宇	男	19	计算机系	1001101	C02	88
1003205	刘成	男	20	数学系	1003205	C02	87
1003205	刘成	男	20	数学系	1003205	C03	69
1003205	刘成	男	20	数学系	1003205	C04	89
1005116	李良	男	21	材料系	1005116	C03	90
1005116	李良	男	21	自动化系	1005116	C04	92

表 2.12　自然连接示意图

Sno	Sname	Ssex	Sage	Sdept	Cno	Grade
1001101	王晓宇	男	19	计算机系	C01	94
1001101	王晓宇	男	19	计算机系	C02	88
1003205	刘成	男	20	数学系	C02	87
1003205	刘成	男	20	数学系	C03	69
1003205	刘成	男	20	数学系	C04	89
1005116	李良	男	21	材料系	C03	90
1005116	李良	男	21	自动化系	C04	92

4. 除

1）除法的简单形式

设关系 S 的属性是关系 R 的属性的一部分，则 $R \div S$ 为满足以下条件的关系：

(1) 此关系的属性是由属于 R 但不属于 S 的所有属性组成。

（2）$R \div S$ 的任一元组都是 R 中某元组的一部分。但必须符合下列要求，即任取属于 $R \div S$ 的一个元组 t，则 t 与 S 的任一元组连接后，都为 R 中原有的一个元组。

2）除法的一般形式

设有关系 $R\ (X,\ Y)$ 和 $S\ (Y,\ Z)$，其中 X、Y、Z 为关系的属性组，则

$$R\ (X,\ Y) \div S\ (Y,\ Z) = R\ (X,\ Y) \div \prod_Y\ (S)$$

关系的除运算是关系运算中最复杂的一种，要解决关系 R 和 S 的除运算，首先要引入象集的概念。

定义 2.4　给定一个关系 $R\ (X,\ Y)$，X 和 Y 为属性组，那么当 $t\ [X] = x$ 时，x 在 R 中的象集为

$$Y_X = \{\ t\ [Y]\ |\ t \in R \wedge t\ [X] = x\ \}$$

式中，$t\ [Y]$ 和 $t\ [X]$ 分别为 R 中的元组 t 在属性组 Y 和 X 上的分量的集合。

【例 2.8】　在学生（系，班，学号，姓名，性别）关系中有一个元组值为

（信息管理系，1001 班，20100102，李彤，女）

假设 $X = \{$系，班$\}$，$Y = \{$学号，姓名，性别$\}$，则上式中的 $t\ [X]$ 的一个值为

$$x = （信息管理系，1001 班）$$

此时，Y_x 为 $t\ [X] = x = $（信息管理系，1001 班）时所有 $t\ [Y]$ 的值，即信息管理系 1001 班全体学生的学号、姓名、性别信息表。

【例 2.9】　对表 2.8 所示的 SC 关系，如果设 $X = \{$学号$\}$，$Y = \{$课程号，成绩$\}$，则

当 X 取 "1001101" 时，Y 的象集为

$$Y_X = \{\ (C01,\ 94),\ (C02,\ 88)\}$$

当 X 取 "1003205" 时，Y 的象集为

$$Y_X = \{\ (C02,\ 87),\ (C03,\ 69),\ (C04,\ 89)\}$$

现在，我们再回过头来讨论除法的一般形式

设有关系 $R\ (X,\ Y)$ 和 $S\ (Y,\ Z)$，其中 X、Y、Z 为关系的属性组，则

$$R \div S = \{\ t_r\ [X]\ |\ t_r \in R \wedge \prod_Y\ (S) \subseteq Y_x\}$$

图 2.4 给出了一个除运算的示例。

下面给出一些关系运算的综合的例子，这些例子对应表 2.8 所示的"学生"、"课程"和"选课"关系。

【例 2.10】　查询学号为 "1001101" 的学生的姓名和所在院系。

$$\prod_{Sname,\ Sdept}\ (\delta_{Sno = '1001101'}\ (Student))$$

【例 2.11】　查询计算机系选修了 C01 号课程的学生的学号和成绩。

Sno	Cno
1001101	C01
1001101	C02
1003205	C02
1003205	C03
1003205	C04
1005116	C03
1005116	C04

÷

Cno	Cname
C01	数据库基础
C02	计算机网络

=

Sno
1001101

图 2.4　除运算示例

$$\Pi_{Sno, Grade}（\delta_{Sdept='计算机系'}（Student）\bowtie \delta_{Cno='C01'}（SC））$$

【例 2.12】　查询选修了"数据库基础"课程的学生的学号和姓名。

$$\Pi_{Sno, Sname}（\delta_{Cname='数据库基础'}（Course）\bowtie SC \bowtie Student）$$

【例 2.13】　查询选修了全部课程的学生的学号和姓名。

$$\Pi_{Sno, Sname}（Student \bowtie （SC \div \Pi_{Cno}（Course）））$$

本 章 小 结

本章中，我们首先介绍了关系数据库的重要概念，包括关系模型的结构、关系操作和关系完整性约束；接下来介绍了关系模型的基本术语、关系结构的形式化定义以及关系的限定条件；然后对完整性约束中的实体完整性、参照完整性和用户定义完整性进行了详细描述；最后介绍了关系代数的运算，包括传统的集合运算和专门的关系运算，以及用关系代数表达查询的方法。

➤ 思考练习题

1. 试述关系模型的三个组成部分。
2. 关系代数的运算包括哪两类，每一类有哪些运算？
3. 关系数据库的三个完整性约束是什么？它们的含义各是什么？
4. 解释下列术语的含义：笛卡儿积、候选码、主码、关系、主属性与非主属性
5. 计算题：设有如表 2.13 所示的关系 R 和 S，试求如下表达式的运算结果。

表 2.13　关系 R 和 S

R				S		
A	B	C		A	B	C
a_1	b_1	c_1		a_1	b_2	c_2
a_1	b_2	c_2		a_2	b_2	c_1
a_2	b_2	c_1				

(1) $R_1 = R - S$; (2) $R_2 = R \cup S$; (3) $R_3 = R \cap S$; (4) $R_4 = \Pi_{A, B} (\delta_{B='b1'} (R))$。

6. 利用本章表 2.9 所给的三个关系，完成如下关系代数表达式。

(1) 查询选修了第 2 学期课程的学生的姓名和所在系。

(2) 查询计算机系学生的情况，列出学号、姓名、课程号和成绩。

(3) 查询考试成绩高于 90 分的学生的姓名、课程名和成绩。

(4) 查询至少选修了 1001101 号学生所选的全部课程的学生的姓名和所在系。

第3章

关系数据库语言 SQL

【本章学习目标】
> 掌握如何定义关系模式
> 能够运用结构化查询语言 SQL 对数据库进行查询
> 掌握对数据库中数据进行插入、删除、修改的 SQL 处理
> 掌握理解视图概念，并能够定义和查询

SQL（structured query language）语言是 1974 年由 Boyce 和 Chamberlin 提出，IBM 公司在其所研制的关系数据库管理系统原型 System R 中首次实现。由于它功能丰富，语法简单，因此备受用户及计算机工业界欢迎，被众多计算机公司和软件公司所采用。经各公司的不断修改、扩充和完善，SQL 语言最终发展成为关系数据库的标准语言。

SQL 语言经历了一系列的标准化过程。首先 1986 年 10 月美国国家标准局（American National Standard Institute，ANSI）的数据库委员会 X3H2 批准了 SQL 作为关系数据库语言的美国标准。同年公布了 SQL 标准文本（SQL-86）。然后在 1987 年，国际标准化组织（International Organization for Standardization，ISO）也通过了这一标准。此后 ANSI 不断修改和完善 SQL 标准，并于 1989 年公布了 SQL-89 标准，亦称 SQL3。

伴随着 SQL 的国际标准化，各个数据库厂家纷纷推出各自的 SQL 软件或与 SQL 的接口软件，使得大多数数据库均用 SQL 作为共同的数据存取语言和标准接口，使不同数据库系统之间的互操作有了共同的基础。因此，确立 SQL 为关系数据库语言标准及其后的发展是一场革命，意义十分重大。

SQL 成为国际标准，对数据库以外的领域也产生了很大影响，有不少软件将 SQL 语言的数据查询功能与图形功能、软件工程工具、软件开发工具、人工智能程序集合起来。SQL 已成为数据库领域中一个主流语言。这一章将详细介绍 SQL 语言，并进一步讲述关系数据库的基本概念。

3.1　SQL 概述

SQL 是一种介于关系代数与关系演算之间的结构化查询语言，其功能并不仅仅是查询。SQL 是一个通用的、功能极强的关系数据库语言。

3.1.1　SQL 语言的特点

SQL 语言是一个综合的、功能极强同时又简捷易学的语言，集数据定义（data definition）、数据查询（data query）、数据操纵（data manipulation）和数据控制（data control）功能于一体。其主要特点包括：

（1）综合统一。SQL 语言集数据定义语言 DDL、数据操纵语言 DML 和数据控制语言 DCL 的功能于一体，语言风格统一，覆盖了数据库生命周期的全部活动过程，包括：定义关系模式、建立数据库，数据的插入、更新、删除、查询，数据库重构、数据库安全性控制等一系列要求。SQL 具有良好的可扩展性，在数据库投入运行后，用户还可以修改模式，适应外部数据环境的变化。

（2）高度非过程化。在使用 SQL 语言访问数据库时，用户只要提出"做什么"，而无须指明"怎么做"，SQL 语句的操作过程由系统自动完成。这不但大大减轻了用户负担，而且有利于提高数据的独立性。

（3）简捷高效。虽然 SQL 语言功能强大，但它只有为数不多的几条命令。另外，SQL 的语法也比较简单，它很接近自然语言（英语），因此容易学习和掌握。另外，SQL 语言采用集合操作方式，不仅操作对象、查找结果可以是记录的集合，而且一次插入、删除和更新也可以是记录集合。

（4）能以多种方式使用。SQL 语言可以直接以命令方式交互使用，也可以嵌入到程序设计语言中使用，如嵌入到高级语言（VB、PB、Delphi、C♯、ASP.net）中，使用起来非常方便。这些方式为用户提供了很大的选择空间。最重要的是，在上述两种环境中，SQL 语言的语法结构基本一致。

3.1.2　SQL 语言功能概述

SQL 的功能可分为四个部分：数据定义功能、数据查询功能、数据操纵功能和数据控制功能。表 3.1 列出了实现这四部分功能的命令。

表 3.1 SQL 包含的命令

SQL 功能	命令
数据定义	create、drop、alter
数据查询	select
数据操纵	insert、update、delete
数据控制	grant、revoke

数据定义功能用于定义、删除和修改数据库中的对象，如关系表、视图等。数据查询用于查询数据，是数据库中使用最多的操作。数据操纵功能用于增加、删除和修改数据库数据。数据控制功能用于控制用户对数据库的操作权限。

3.1.3 SQL 的基本概念

SQL 支持数据库的三级模式结构，如图 3.1 所示。

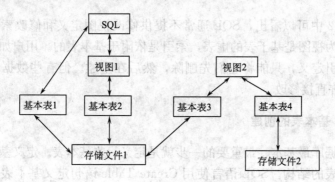

图 3.1 SQL 支持的关系数据库模式

从图 3.1 中可以看出：

（1）外模式对应于视图和部分基本表，模式对应于基本表，内模式对应于存储文件。

（2）用户可以用 SQL 对视图和基本表进行查询操作。在用户看来，视图和基本表都是一样的，都是关系，而存储文件对用户来说是透明的。

（3）视图是从一个或几个基本表导出的表，它本身不独立存储在数据库中。也就是说，数据库中只有视图的定义，不存储对应的数据，这些数据仍存放在导出视图的基本表中。实际上，视图就是一个虚表。

（4）基本表是本身独立存在的表。每个表对应一个存储文件，一个表可以带若干索引。索引存放在存储文件中。

3.2 数据定义

关系数据库系统支持三级模式结构，其模式、外模式和内模式中的基本对象有表、视图和索引。因此，SQL 的数据定义功能包括定义表、定义视图和定义索引，如表 3.2 所示。

表 3.2 SQL 的数据定义语句

操作对象	操作方式		
	创建	删除	修改
表	Create Table	Drop Table	Alter Table
视图	Create View	Drop View	
索引	Create Index	Drop Index	

从表 3.2 中可以看出，SQL 通常不提供修改视图定义和修改索引定义的操作，这是因为视图是基于表的虚表，索引是依附于基本表的。用户如果想修改视图定义或索引定义，只能将它们先删除，然后在重建。但有些数据库产品（如 Oracle）允许直接修改。

3.2.1 基本表的创建

建立数据库最基本、最重要的一步就是定义一些基本表。定义基本表，也就是定义基本表的结构。SQL 语言使用 Create Table 语句定义基本表，其一般格式为：

Create Table ＜表名＞（＜列名＞＜数据类型＞［列级完整性约束条件］

〈，＜列名＞＜数据类型＞［列级完整性约束条件］…〉

［，表级完整性约束定义］）

其中，

＜表名＞是所定义的基本表名字，最好能表达表的应用语义。

＜列名＞是表中所包含的列的名字，＜数据类型＞指明列的数据类型，一个表可以包含多个列，也就包含多个列定义。

在定义表的同时，还可以定义与表相关的完整性约束条件，这些完整性约束条件都会存储在系统的数据字典中。如果完整性约束只涉及表中的一个列，则这些约束条件可以在［列级完整性约束定义］处定义，也可以在［表级完整性约束定义］处定义。但如果完整性约束条件涉及表中多个列，则必须在［表级完整性约束定义］处定义。

在定义基本表时，可以定义列的取值约束。完整性约束可以在定义列时定义，也可以在定义完所有列之后再定义。在定义列时定义的约束称为完整性约束定义，在表定义的最后定义的完整性约束称为表级完整性约束。在〔列级完整性约束定义〕处可以定义如下约束：

NOT NULL：限制列取值非空。

DEFAULT：给定列的默认值，使用形式为 DEFAULT 常量。

UNIQUE：限制列取值不能重复。

CHECK：限制列的取值范围，使用形式为 CHECK（约束表达式）。

PRIMARY KEY：指定本列为主码。

FOREIGN KEY：定义本列为引用其他表的外码。

【例 3.1】 用 SQL 语句创建如下三张表：学生表（Student）、课程表（Course）和学生选课表（SC），这三张表的结构如表 3.3 至表 3.5 所示。

表 3.3 Student 表结构

列名	说明	数据类型	约束
Sno	学号	字符串，长度 7	主码
Sname	姓名	字符串，长度 20	非空
Ssex	性别	字符串，长度 2	取"男"或"女"
Sage	年龄	整数	取值 15～45
Sdept	所在系	字符串，长度 20	默认为"计算机系"

表 3.4 Course 表结构

列名	说明	数据类型	约束
Cno	课程号	字符串，长度 10	主码
Cname	课程名	字符串，长度 20	非空
Ccredit	学分	整数	取值大于 0
Semseter	学期	整数	取值大于 0
Period	学时	整数	取值大于 0

表 3.5 SC 表结构

列名	说明	数据类型	约束
Sno	学号	字符串，长度 7	主码，引用 Student 外码
Cno	课程名	字符串，长度 20	主码，引用 Course 外码
Grade	成绩	整数	取值 0～100

```
Create Table Student (
Sno      char (7)      PRIMARY KEY,
Sname    char (10)     NOT NULL,
Ssex     char (2)      CHECK (Ssex='男' Or Ssex='女'),
Sage     int           CHECK (Sage>=15 And Sage<=45),
Sdept    char (20)     DEFAULT '计算机')
Create Table Course (
Cno       char (10)     NOT NULL,
Cname     char (20)     NOT NULL,
Credit    int           CHECK (Ccredit>0),
Semester  int           CHECK (Semster>0),
Period    int           CHECK (Period >0),
PRIMARY KEY (Cno) )
Create Table SC (
Sno      char (7)      NOT NULL,
Cno      char (10)     NOT NULL,
Grade    int           CHECK (Grade >=0 and Grade<=100),
PRIMARY KEY (Sno, Cno),
FOREIGN KEY (Sno) REFRENCES Student (Sno),
FOREIGN KEY (Cno) REFRENCES Student (Cno) )
```

并且，假设这三张表中已经有数据，如果没有特殊说明，本节所有的查询均在这三张表上进行。数据内容如表 3.6 至表 3.8 所示。

表 3.6　Student 表

Sno	Sname	Ssex	Sage	Sdept
9512101	李勇	男	19	计算机系
9512102	刘晨	男	20	计算机系
9512103	王敏	女	20	计算机系
9521101	张立	男	22	信息系
9521102	马丽	女	19	信息系
9521103	张海	男	20	信息系
9531101	钱小平	女	18	数学系
9521102	王大力	男	19	数学系

表 3.7　Course 表

Cno	Cname	Credit	Semester	Period
C01	计算机文化	3	1	54
C02	VB	2	3	36
C03	计算机网络	4	7	72
C04	数据库基础	6	6	108
C05	高等数学	8	2	144
C06	数据结构	5	4	90

表 3.8　SC 表

Sno	Cno	Grade	XKLB
9512101	C01	90	必修
9512101	C02	86	选修
9512101	C06	<NULL>	必修
9512102	C02	78	选修
9512102	C04	66	必修
9521102	C01	82	选修
9521102	C02	75	选修
9521102	C04	92	必修
9521102	C05	50	必修
9521103	C02	68	选修
9521103	C06	<NULL>	必修
9531101	C01	80	选修
9531101	C05	95	必修
9531102	C05	85	必修

3.2.2　基本表的删除

当某个基本表不再需要时，可以使用 DROP Table 语句删除它。其一般格式为

DROP Table <表名>

【例 3.2】 删除 Student 表，其格式为

Drop Table Student

对于 SQL Server 而言，基本表定义一旦删除，表中的数据、此表上建立的索引和视图都将被自动删除掉。因此删除基本表操作一定要格外小心。对于 Oracle 而言，删除基本表后建立在此表上的视图定义仍然保留在数据字典中，但用户引用时会报错。

3.2.3 基本表的修改

在基本表建立后，可以根据实际需要对基本表的结构进行修改。SQL 语言用 Alter Table 语句修改基本表，其一般格式为

Alter Table <表名>

[Add <新列名> <数据类型> [完整性约束]]

[Drop <完整性约束名>]

[Modify <列名> <数据类型>]；

其中，<表名>是要修改的基本表；Add 子句用于增加新列和新的完整性约束条件；Drop 子句用于删除指定的完整性约束条件；Modify 子句用于修改原先的列定义，包括修改列名和数据类型。

【例 3.3】 为 SC 表增加"选课类型"列，此列定义为 XKLB char（4）。

Alter Table SC ADD XKLB char（4）NULL

【例 3.4】 将新添加的 XKLB 的数据类型改为 char（6）。

Alter Table SC Modify XKLB char（6）

【例 3.5】 撤销 Student 表的主码定义。

Alter Table Student DROP PRIMARY KEY

需要注意的是，一般情况下 SQL 没有提供删除属性列的语句，用户只能间接实现这一功能。但是，不同的数据库产品的 Alter Table 语句的格式也不同，如 SQL Server 提供了 Drop Column 来专门处理删除属性列的功能。因此，在学习 SQL 语法时，可以结合不同数据库具体语法细节来处理。

3.3 数据查询

数据查询是数据库的核心操作。SQL 语言提供了 SELECT 语句进行数据库的查询，该语句具有灵活的使用方式和丰富的功能。其一般格式为

SELECT <目标列名序列>

FROM <数据源>

〔WHERE 　＜检索条件表达式＞〕

〔GROUP BY ＜分组依据列＞〕

〔HAVING 　＜组提取条件＞〕

〔ORDER BY ＜排序依据列＞〕

在上述结构中，SELECT 子句用于指定输出字段，允许是一个或多个字段。FROM 子句用于指定数据的来源，可以是一张表，也可以是多张表或者视图。WHERE 子句用于指定数据的选择条件。GROUP BY 子句用于对检索到的记录进行分组。HAVING 子句用于指定组的选择条件。ORDER BY 子句用于对查询的结果进行排序。在这些子句中，SELECT 子句和 FROM 子句是必需的，其他子句都是可选的。

3.3.1 简单查询

首先介绍单表查询，即数据源只是由一张表构成。

3.3.1.1 选择表中的若干列

1. 查询指定列

在很多情况下，用户只对表中的一部分属性列感兴趣，这是可以通过 SELECT 子句的＜目标列表达式＞中指定要查询的属性。

【例 3.6】 查询全体学生的姓名。

SELECT Sname FROM Student

【例 3.7】 查询全体学生的姓名、学号、所在系。

SELECT Sname，Sno，Sdept FROM Student

从例 3.7 中可以看到，＜目标列表达式＞中各个列的先后顺序可以与表中的顺序不一致。用户可以根据应用的需求改变列的显示顺序。本例中先列出姓名，再列出学号和所在系。

2. 查询全部列

将表中的所用属性列都选出来，可以有两种方法。一种方法是在 SELECT 关键字后面列出所有列名。如果列的显示顺序与表中顺序相同，可以简单地将＜目标列表达式＞指定为“＊”。

【例 3.8】 查询全部学生的详细记录。

SELECT ＊ FROM Student

等价于

SELECT Sno，Sname，Ssex，Sage，Sdept FROM Student

3. 查询经过计算的列

SELECT 子句的＜目标列表达式＞可以包含表中存在的列，也可以包含表达式、常量或者函数。

【例3.9】　查询全体学生的姓名及其出生年份。

在 Student 表中，只记录了学生的年龄，而没有记录学生的出生年份，但我们可以经过计算得到学生的出生年份，即用当前年减去年龄，得到出生年份。因此，实现此功能的查询语句为

SELECT Sname，2010-Sage FROM Student

【例3.10】　查询全体学生的姓名、出生年份和所在系，要求用小写字母表示系名。

SELECT Sname，2010-Sage，ISLOWER（Sdept）From Student

需要注意的是，经过计算的列、函数和常量列的显示结果都没有列标题，指定列的别名可以改变查询结果的列标题，这对于含有算术表达式、常量、函数名的目标列尤其重要。

改变列标题的语法结构为：

列名 | 表达式［As］列标题

因此，例3.9可以写成

SELECT Sname，2010-Sage As 出生年份，ISLOWER（Sdept）系别
From Student

3.3.1.2　选择表中的若干元组

1. 消除取值重复的记录

在数据库中本来不存在取值完全相同的元组，但对列进行选择后，就有可能在查询结果中出现取值完全相同的行。取值相同的行在结果中是没有意义的，因此应该消除这些取值相同的行。

【例3.11】　在选课表 SC 中，查询有哪些学生选修了课程，并列出学生的学号。

SELECT Sno FROM SC

在这个结果中，有许多重复的行。若使用 SQL 中的 DISTINCT 关键字就可以去掉结果中的重复行。DISTINCT 关键字要放在 SELECT 命令的右边，目标列名序列的左边。

SELECT DISTINCT Sno FROM SC

2. 查询满足条件的元组

查询满足条件的元组是通过 Where 子句实现的。Where 子句常用的查询条件如表3.9所示。

表 3.9　常用查询条件

查询条件	谓词
比较	=, >, <, >=, <=,! =, <>, NOT 等
确定范围	BETWEEN, NOT BETWEEN AND
确定集合	IN, NOT IN
字符匹配	LIKE, NOT LIKE
空值	IS NULL, IS NOT NULL
多重条件	AND, OR

1）比较大小

【例 3.12】　查询计算机系全体学生的姓名。

SELECT Sname FROM Student WHERE Sdept＝'计算机系'

【例 3.13】　查询所有年龄在 20 岁以下的学生姓名及年龄。

SELECT Sname，Sage FROM Student WHERE　Sage<20

或者

SELECT Sname，Sage FROM Student WHERE　NOT Sage>=20

注意：取反操作的执行效率比较低。

【例 3.14】　查询考试成绩不及格的学生的学号。

SELECT DISTINCT Sno FROM SC WHERE　Grade<60

这里使用了 DISTINCT 短语，当一个学生有多门课程不及格，学号也只列一次。

2）确定范围

BETWEEN...AND 和 Not BETWEEN...AND 是逻辑运算符，可以用来查找值在（不在）其指定范围的元组。其中 BETWEEN 后边指定范围的下限，AND 后边指定范围的上限。该表达式一般用于比较数值型或日期型数据，具体的使用格式如下：

列名 | 表达式 [NOT] BETWEEN　下限值　AND　上限值

【例 3.15】　查询年龄在 20～23 岁的学生的姓名、所在系和年龄。

SELECT Sname，Sdept，Sage From Student WHERE Sage BETWEEN 20 AND 23

【例 3.16】　查询年龄不在 20～23 岁的学生的姓名、所在系和年龄。

SELECT Sname，Sdept，Sage From Student WHERE Sage NOT BE-TWEEN 20 AND 23

3）确定集合

谓词 IN 可以用来查找属性值属于指定集合的元组，所查找的属性值可以是

多位字符型数据，也可以是数值型数据。具体的语法格式为

列名［NOT］IN（常量1，常量2，…，常量n）

【例3.17】　查询信息系、数学系和计算机系的学生的姓名和性别。

SELECT Sname，Ssex FROM Student WHERE Sdept IN（'信息系'，'数学系'，'计算机系'）

【例3.18】　查询不属于信息系、数学系，也不属于计算机系的学生的姓名和性别。

SELECT Sname，Ssex FROM Student WHERE Sdept NOT IN（'信息系'，'数学系'，'计算机系'）

4）字符匹配

谓词LIKE用于进行字符串的匹配。其一般语法格式为

列名［NOT］LIKE '＜匹配串＞'

其中，LIKE的匹配串可以包含如下的四种通配符：

_（下划线）：匹配任意一个字符。

％（百分号）：匹配0个或多个字符。

［ ］：匹配［ ］中任意一个字符，如［abcd］表示可以匹配a、b、c、d中任意一个。

［ˆ］：不匹配［ˆ］中任意一个字符，如［ˆabc］表示可以匹配a、b、c中任意一个。

【例3.19】　查询所有姓"张"的学生的详细信息。

SELECT ＊ FROM Student WHERE Sname LIKE '张％'

【例3.20】　查询学生表中姓"张"、"李"和"刘"的学生的详细信息。

SELECT ＊ FROM Student WHERE Sname LIKE '［张李刘］％'

【例3.21】　查询学生表中学号最后一位不是2、3、5的学生的详细信息。

SELECT ＊ FROM Student WHERE Sname LIKE '％［ˆ235］'

5）涉及空值的查询

空值NULL在数据库中有特定的含义，表示不确定的值，不能使用普通的比较运算符（＝、！＝）来处理，只能使用专门判断空值的子句来完成，具体语法为

列名 IS［NOT］NULL

【例3.22】　查询无成绩的学生的学号和相应的课程号。

SELECT Sno，Cno FROM SC WHERE Grade IS NULL

6）多重条件的查询

在WHERE子句中可以使用逻辑运算符AND和OR来组成多条件查询。AND表示只有在全部满足所有的条件时结果才为True，OR表示只要满足其中

一个条件结果即为 True。

【例 3.23】 查询计算机系年龄在 20 岁以下的学生的姓名。

SELECT Sname FROM Student WHERE Sdept＝'计算机系'AND Sage＜20

3. 对查询结果进行排序

用户可以用 ORDER BY 子句对查询结果按照一个或多个列的升序（ASC）或者降序（DESC）排序，缺省值为升序。如果对多个列排序，首先按先出现的列进行排序，如果排序后存在两个以上列值相同的记录，则将值相同的记录在按第二个依据列进行排序，以此类推。

【例 3.24】 将学生按年龄升序排序。

SELECT ＊ FROM Student ORDER BY Sage

【例 3.25】 查询选修了课程 "C02" 的学生的学号及其成绩，查询结果按成绩降序排列。

SELECT Sno，Grade FROM SC WHERE Cno＝'C02' ORDER BY Grade DESC

【例 3.26】 查询全体学生的信息，查询结果按所在系的系名升序排列，同一个系的学生按年龄降序排列。

SELECT ＊ FROM Student ORDER BY Sdept，Sage DESC

4. 使用聚合函数

聚合函数也称为计算函数或集函数、聚集函数，其作用是对一组值进行计算并返回一个单值。SQL 提供的计算函数有：

COUNT（＊）：统计表中元组的个数。

COUNT（＜列名＞）：统计本列列值的个数。

SUM（＜列名＞）：计算列值综合（必须是数值型）。

AVG（＜列名＞）：计算列值平均值（必须是数值型）。

MAX（＜列名＞）：求列值的最大值。

MIN（＜列名＞）：求列值的最小值。

注意：上述函数除了 COUNT（＊）外，其他函数在计算过程中均忽略 NULL 值。

【例 3.27】 统计学生总人数。

SELECT COUNT（＊）FROM Student

【例 3.28】 统计选修了课程的学生的人数。

SELECT COUNT（DISTINCT Sno）FROM SC

由于一个学生可选多门课程，为避免重复计算，加上了 DISTINCT 以方便去掉重复值。

【例 3.29】 计算课程"C01"的学生考试平均成绩、最高分、最低分。

SELECT AVG（Grade），MAX（Grade），MIN（Grade） FROM SC where Con＝'C01'

注意：聚合函数不能出现在 WHERE 子句中。

5. 对查询结果进行分组计算

GROUP BY 子句将查询结果表按某一列或多列值分组，值相等的为一组。分组的目的是为了聚合函数的作用对象。在一个查询中，可以使用任意多个列进行分组。需要注意的是，如果使用了分组子句，则查询列表中的每个列要么是分组依据列，要么是聚合函数。

【例 3.30】 求各个课程号及相应的选课人数。

SELECT Cno，Count（Sno）FROM SC GROUP BY Cno

【例 3.31】 查询每名学生的选课门数和平均成绩。

SELECT Sno，Count（＊）选课门数，AVG（Grade）平均成绩 FROM SC GROUP BY Sno

如果分组后还要按一定的条件对这些组进行筛选，最终只输出满足指定条件的组，则可以使用 HAVING 短语指定筛选条件。其功能有点像 WHERE 子句，但只作用在组而不是单个记录上。HAVING 子句通常于 GROUP BY 联合使用。

【例 3.32】 查询选修了 3 门以上课程的学生的学号。

SELECT Sno FROM SC GROUP BY Sno HAVING COUNT（＊）＞3

【例 3.33】 查询选课门数等于或大于 4 门的学生的平均成绩和选课门数。

SELECT Sno，AVG（Grade）平均成绩，COUNT（＊）修课门数 FROM SC GROUP BY Sno HAVING COUNT（＊）＞＝4

3.3.2 多表连接查询

前面介绍的查询都是针对一个表进行的，但有时需要从多个表中获取信息，因此，就会涉及多张表。若一个查询涉及两个或两个以上的表，则称之为连接查询。连接查询是关系数据库中最主要的查询，主要包括等值连接查询、非等值连接查询、自然连接查询、自身连接查询、外连接查询和复合条件连接查询。

3.3.2.1 等值与非等值连接查询（内连接）

连接查询中用来连接两个表的条件称为连接条件或连接谓词，一般格式为

［＜表名 1＞.］＜列名 1＞ ＜比较运算符＞ ［＜表名 2＞.］＜列名 2＞

其中，比较运算符有：＝、＞、＜、＞＝、＜＝、！＝。

当连接运算符为＝时，称为等值连接，使用其他符号时，称为非等值连接。从概念上讲，DBMS 执行连接操作的过程是：首先在表 1 中找到第 1 个元组，然

后从头开始扫描表 2, 逐一查找满足连接条件的元组, 找到后将表 1 的第 1 个元组与该元组拼接起来, 形成结果表中的一个元组。表 2 全部查找完成后, 再找表 1 中的第 2 个元组, 然后再从头开始扫描表 2, 逐一查找满足连接条件的元组, 找到后就将表 1 中的第 2 个元组与该元组拼接起来, 形成结果表中的一个元组。重复上述操作, 直到表 1 中的全部元组都完成处理为止。

【例 3.34】 查询每个学生及其选修课程的情况。

SELECT Student. ＊, SC. ＊ FROM Student, SC WHERE Student. Sno ＝SC. Sno

在本例中, SELECT 子句与 WHERE 子句中的属性名前都加上了表名前缀, 这是为了避免混淆。如果属性名在参加连接的各表中是唯一的, 则可以省略表名前缀。

在连接运算中, 有两种特殊情况, 一种是自然连接, 另一种是广义笛卡儿积连接。它们很少用到, 因此在本书中不作介绍。

3.3.2.2 自身连接 (自连接)

连接操作不仅可以在两个表之间进行, 同一个表也可以与自己进行连接, 称为表的自身连接。使用自身连接时, 必须为两个表取别名, 是指在逻辑上是两张表。

【例 3.35】 查询每门课程的间接先修课 (即先修课程的先修课程)。

SELECT A. Cno, A. Cname, B. Cpno

FROM COURSE A, COURSE B

WHERE B. Cpno＝A. Cno

3.3.2.3 外连接

在通常的连接操作中, 只有满足连接条件的元组才能作为结果输出, 比如内连接操作无法列出没有选课的学生, 因为 SC 表中没有相应的元组。若想以 Student 表作为主体列出每个学生的情况和选课情况, 且没有选课的学生也希望输出其基本信息, 就要使用外连接。外连接包括左连接和右连接两种类型。标准 SQL 规定的左连接的表示方法是在连接条件的左 (右) 边加上符号 ＊ (有的数据库系统中用＋), 就分别表示左 (右) 连接。

【例 3.36】 对例 3.34 中的等值连接改为外连接, 比较执行结果的差异。

SELECT Student. ＊, SC. ＊ FROM Student, SC WHERE Student. Sno＝ SC. Sno (＊)

外连接就好像是为符号 ＊ 所在边的表增加了一个 "万能" 的行, 这个行全部由空值组成。它可以和另一边的表中属于不满足连接条件的元组进行连接。

3.3.2.4　复合条件连接

上面的连接查询中，WHERE 子句只有一个条件，即连接谓词。WHERE 子句中可以有多个连接条件，称为复合条件连接。

【例 3.37】　查询选修 4 号课程且成绩在 85 分以上的所有学生。

SELECT Student. Sno，Sname FROM Student，SC

WHERE Student. Sno＝SC. Sno AND SC. Cno＝'4' AND SC. Grade＞85

【例 3.38】　查询每个学生的学号、姓名、选课的课程名及成绩。

本查询涉及三个表，完成该查询的 SQL 语句如下：

SELECT　Student. Sno，　Sname，　Cname，　Grade　FROM　Student，SC，Course

WHERE Student. Sno＝SC. Sno AND SC. Cno＝ Course. Cno

3.3.3　子查询

在 SQL 语言中，一个 SELECT-FROM-WHERE 语句称为一个查询块。将一个查询块嵌套在另一个查询块的 WHERE 子句或 HAVING 短语的条件中的查询称为嵌套查询。

3.3.3.1　带谓词 IN 的子查询

使用谓词 IN 或 NOT IN，就是将一个表达式的值与子查询返回的结果集进行比较。这和前面在 WHERE 子句中使用 IN 的作用完全相同。使用 IN 运算符时，如果该表达式的值与集合中的某个值相等，此测试的结果为 True；如果没有一个相等，则返回 False。

【例 3.39】　查询于刘晨在同一个系的学生。

SELECT Sno，Sname，Sdept FROM Student

WHERE Sdept IN

（SELECT Sdept FROM Student WHERE Sname ＝'刘晨'）

实际的查询过程其实可以分为两步：

（1）确定刘晨所在的系，即首先执行子查询。

SELECT Sdept FROM Student WHERE Sname ＝'刘晨'

（2）在子查询的结果中查找所有在此系学习的学生。

SELECT Sno，Sname，Sdept FROM Student　WHERE Sdept IN（'计算机系'）

【例 3.40】　查询成绩大于 90 分的学生的学号和姓名。

SELECT Sno，Sname FROM Student

WHERE Sno IN

（SELECT Sno FROM SC WHERE Grade＞90）

【例 3.41】　查询选修了"数据库基础"课程的学生的学号和姓名。

SELECT Sno，Sname FROM Student

WHERE Sno IN

（SELECT Sno FROM SC WHERE Cno IN

（SELECT Cno FROM WHERE Course WHERE Cname＝'数据库基础'））

3.3.3.2　带有比较运算符的子查询

使用比较运算符，就是通过运算符（＝、＜＞、＜、＞、＞＝、＜＝）将一个表达式的值与子查询返回的值进行比较。如果比较运算的结果为 True，则比较测试返回 True。需要注意的是，子查询必须是返回单值的查询语句。

【例 3.42】　查询选修了课程"C02"且成绩高于此课程的平均成绩的学生的学号和成绩。

SELECT Sno，Grade FROM SC

WHERE Cno＝'C02' and Grade＞

（SELECT AVG（Grade）FROM SC WHERE Cno＝'C02'）

3.3.3.3　带有谓词 EXISTS 的子查询

带有谓词 EXISTS 的子查询不返回任何数据，只产生逻辑真值"TRUE"或者逻辑假值"FALSE"。由 EXISTS 引出的子查询，其目标属性列表达式一般用"＊"表示，因为带 EXISTS 的子查询只返回真值或假值，给出列名无实际意义。若内层子查询结果非空，则外层的 WHERE 子句条件为真（TRUE），否则为假（FALSE）。

【例 3.43】　查询选修了课程"C01"的学生姓名。

SELECT Sname FROM Student

WHERE EXISTS

（SELECT ＊ FROM SC WHERE Sno＝Student.Sno AND Cno＝'C01'）

这个查询的处理过程是：首先取外层查询 Student 表中的第 1 个元组，根据它与内层子查询相关的属性值（Sno 值）处理内层子查询，若 WHERE 子句返回值为真（TRUE），则取此元组放入结果表，然后在取 Student 表的下一个元组，重复这一过程，直至外层 Student 表全部检查完毕为止。

3.4 数据更新

使用 SELECT 语句可以返回由行和列组成的结果，但查询操作不会使数据库中的数据发生任何变化。如果要对数据进行各种更新操作，包括添加数据、修改数据和删除数据，则需要使用语句 INSERT、UPDATE、DELETE 来完成。数据修改语句修改数据库中的数据，但不返回结果集。

3.4.1 插入数据

INSERT 语句用于新增符合表结构的数据行，通常有两种形式：一种是插入一个元组，另一种是插入子查询结果。后者可以一次插入多个元组。

1. 插入单个元组

插入单个元组的 INSERT 语句的格式为

INSERT ［INTO］ ＜表名＞［（＜列名列表＞）］VALUES（值列表）

其中，＜列名列表＞中的列名必须是表定义中的列名，（值列表）中的值可以是常量也可以是 NULL 值，各值之间用逗号隔开。（值列表）中的值与＜列名列表＞中的列按位置顺序相对应。

如果＜表名＞后边没有指明列名，则新插入的记录的值的顺序必须与表中定义列的顺序一致，且每一个列均有值。

【例 3.44】 将一个新生记录（学号：9531105；姓名：陈冬；性别：男；所在系：信息系；年龄：18）插入到 Student 表中。

INSERT INTO Student VALUES（'9531105'，' 陈冬'，' 男'，' 信息'，18）

【例 3.45】 在 SC 表中插入一条新记录（9531105，C01），成绩暂缺。

INSERT INTO SC（Sno，Cno）VALUES（'9531105'，'C01'）

上面的语句为省略方式，完整的插入语法为

INSERT INTO SC VALUES（'9531105'，'C01'，NULL）

2. 插入子查询结果

插入子查询结果的 INSERT 语句的格式为

INSERT ［INTO］ ＜表名＞［（＜列名列表＞）］子查询

【例 3.46】 对每个系，计算学生的平均年龄，并把结果存入数据库。

首先，在数据库中建立一个新表，其中一列存放系名，另一列存放相应的学生平均年龄。

CREATE TABLE Deptage（Sdept CHAR（5）Avgage INT）

然后，对 Student 表按系分组求平均年龄，在把系名和平均年龄存入新表中。

INSERT INTO Deptage（Sdept，Avgage）

　　SELECT Sdept，AVG（Sage）FROM GROUP BY Sdept

3.4.2　更新数据

当用 INSERT 语句向表中添加了记录之后，如果某些数据发生了变化，那么就需要对表中已有的数据进行修改。可以使用 UPDATE 语句对数据进行修改。

UPDATE 语句的语法结构为

UPDATE　＜表名＞　SET　＜列名＝表达式＞［，…n］［WHERE ＜更新条件＞］

其中，＜表名＞给出了需要修改数据的表的名称。SET 子句指定要修改的列，表达式指定修改后的新值。WHERE 子句用于指定需要修改表中的哪些记录。如果省略 WHERE 子句，则是无条件更新，表示要修改 SET 中指定的列的全部值。

1. 修改一个元组的值

【例 3.47】　将学生 9531105 的年龄改为 22 岁。

UPDATE Student SET Sage＝22 WHERE Sno＝'9531105'

2. 修改多个元组的值

【例 3.48】　将所有学生的年龄增加 1 岁。

UPDATE Student SET Sage＝ Sage ＋1

3. 带子查询的修改语句

【例 3.49】　将计算机系全体学生的成绩置零。

UPDATE SC SET Grade＝0

　　WHERE Sno＝

　　（SELECT Sno FROM Student WHERE Student.Sdept＝'计算机系'）

3.4.3　删除数据

当确定不再需要某些记录时，就可以用删除语句 DELETE，将这些记录删除。DELETE 语句的语法结构为

DELETE［FROM］＜表名＞［WHERE　＜删除条件＞］

其中，＜表名＞说明了要删除哪个表的数据，WHERE 子句说明要删除表中的哪些记录，即只删除满足 WHERE 条件的记录。如果省略 WHERE 子句，则是无条件删除，表示要删除表中的全部记录。

1. 删除某一个元组的值

【例 3.50】   删除学号为 9531105 的学生的记录。

DELETE FROM Student WHERE Sno='9531105'

2. 删除多个元组的值

【例 3.51】   删除所有学生的选课记录。

DELETE FROM SC

3. 带子查询的删除语句

【例 3.52】   删除计算机系全体学生的选课记录。

DELETE FROM SC

    WHERE Sno=（SELECT Sno FROM Student WHERE Student. Sdept='计算机系'）

3.5 数据视图

视图是关系数据库系统提供给用户以多种角色观察数据库中数据的重要机制。

视图是从一个或几个基本表导出的表，它与基本表不同，是一个虚表。数据库中只存放视图的定义，而不存放视图对应的数据，这些数据仍存放在原来的基本表中。所以基本表中的数据发生变化，从视图中查询出的数据也就随之改变了。从这个意义上讲，视图就像一个窗口，透过它可以看到数据库中自己感兴趣的数据及其变化。

视图一经定义，就可以和基本表一样被查询、被删除。也可以在一个视图之上再定义新的视图，但对视图的更新（增加、删除、修改）操作则有一定的限制。

3.5.1 视图的定义与删除

1. 定义视图

SQL 语言用 CREATE VIEW 命令建立视图，其一般格式为

CREATE VIEW <视图名> [视图列名表]

    AS <SELECT 子查询语句>

    [WITH CHECK OPTION]

其中，<SELECT 子查询语句>可以是任意复杂的 SELECT 语句，但通常不允许含有 ORDER BY 子句和 DISTINCT 短语。

WITH CHECK OPTION 表示用视图进行 UPDATE、INSERT、DELETE 操作时要保证更新、插入和删除元组满足视图定义中的谓词条件（即子查询中的

条件表达式）。

组成视图的属性列名要么全部省略，要么全部指定。如果视图定义中省略了属性列名，则隐含该视图由子查询中 SELECT 子句的目标列组成。在下列三种情况下必须明确指定组成视图的所有列名：

（1）某个目标列不是单纯的属性名，而是聚合函数或列表达式；

（2）多表连接导出的视图中有几个同名列作为该视图的属性列名；

（3）需要在视图中为某个列启用新的更合适的名字。

【例 3.53】　建立数学系学生的视图，并要求进行修改和插入操作时仍需要保证该视图只有数学系的学生，视图的属性名为 Sno、Sname、Sage、Sdept。

CREATE VIEW C-Student

　　AS

　　SELECT Sno，Sname，Sage，Sdept

　　FROM Student

　　WHERE Sdept＝'数学系'

　　WITH CHECK OPTION

由于在定义 C-Student 视图时，加上了 WITH CHECK OPTION 子句，以后对该视图进行插入、修改和删除时，DBMS 将自动检查或加上 Sdept＝'数学系'的条件。

【例 3.54】　建立学生的学号、姓名、选修课名、成绩的视图。

CREATE VIEW Student-CR

　　AS

　　SELECT Student. Sno，Sname，Cname，Grade

　　FROM Student，Course，SC

　　WHERE Student. Sno＝SC. Sno AND SC. Cno＝Course. Cno

DBMS 执行 CREATE VIEW 语句的结果只是把视图的定义存入数据字典，并不执行其中的 SELECT 语句。只是在对视图查询时，才按视图的定义从基本表中将数据查出。

【例 3.55】　定义一个反映学生出生年份的视图。

CREATE VIEW Student-birth（Sno，Sname，Sbirth）

AS SELECT Sno，Sname，2004-Sage

FROM Student

这里的视图 Student-birth 是一个带表达式的视图，其中的属性列 Sbirth 是通过计算得到的，称它为虚拟列。

2. 删除视图

删除视图（DROP VIEW）的一般格式为

DROP VIEW ＜视图名＞

视图删除后，视图的定义将从数据字典中删除。但是由该视图导出的其他视图的定义仍在数据字典中，不过该视图已失效。用户使用时会出错，要用 DROP VIEW 语句将它们一一删除干净。

【例 3.56】　　删除视图 Student-CR。

DROP VIEW Student-CR

执行语句后，Student-CR 视图的定义将从数据字典中删除。

3.5.2　视图的查询

视图定义后，用户就可以相基本表一样使用视图。

【例 3.57】　　在数学系的学生视图 C-Student 中找出年龄小于 20 岁的学生的姓名和年龄。

SELECT Sname，Sage FROM C-Student WHERE Sage＜20

DBMS 执行对视图的查询时，首先检查欲查询的表、视图等是否存在。如果存在，则从数据字典中取出视图的定义，把定义中的子查询和用户的查询语句结合起来，转换成等价的基本表查询，然后在执行这个修正了的查询，这一过程被称为视图消解（view resolution）。本例转换后的查询语句为

SELECT Sname，Sage FROM Student

　　WHERE Sdept＝'数学系' AND Sage＜20

3.5.3　视图的作用

视图最终是定义在基本表上的，对视图的一切操作最终也要转换成对基本表的操作，而且对于非行列子集视图进行查询或更新时还有可能出现问题。既然如此，为什么还要定义视图呢？这是因为合理使用视图能够带来许多好处。

（1）视图能够简化用户的操作。视图机制是用户可以将注意力集中在所关心的数据上。如果这些数据不是直接来自基本表，则可以通过定义视图，是数据库看起来结构简单、清晰，并且可以简化用户的数据查询操作。例如定义了若干张表连接的视图，就将表与表之间的连接操作对用户隐蔽起来了。换句话说，用户所做的是一个虚表的简单查询，而这个虚表是怎么得来的，用户无须知道。

（2）视图使用户能以多种角度看待同一数据。视图机制能使不同的用户以不同的方式看待同一数据，当许多不同种类的用户共享同一个数据库时，这种灵活性是非常重要的。

（3）提高了数据的安全性。使用视图可以定制用户能查看哪些数据并屏蔽掉敏感的数据。比如，如果不希望员工看到别人的工资，就可以建立一个不包含工资项的职工视图，然后让用户通过视图来访问表中的数据，而不授予他们直接访

问基本表的权利，这样就能提高数据库数据的安全性。

（4）提供了一定程度的逻辑独立性。第 1 章已经介绍过数据的物理独立性与逻辑独立性的概念。数据的物理独立性是指用户和用户程序不依赖于数据库的物理结构。数据的逻辑独立性是指当数据库重新构造时，如增加新的关系或对原有关系增加新的字段等，用户和用户程序不会受影响。层次数据库和网状数据库一般能较好地支持数据的物理独立性，而对于逻辑独立性则不能完全地支持。

在数据库中，数据库的重构往往是不可避免的。重构数据库最常见的是将一个基本表"垂直"的分成多个基本表。例如，将学生关系 Student（Sno，Sname，Ssex，Sdept）分成 SX（Sno，Sname，Sage）和 SY（Sno，Ssex，Sdept）两个关系。这时，Student 表就是 SX 和 SY 自然连接的结果。如果建立一个视图 Student 为

CREATE VIEW Student（Sno，Sname，Ssex，Sage，Sdept）

AS

SELECT　SX. Sno，SX. Sname，SY. Ssex，SX. Sage，SY. Sdept　FROM SX，SY

WHERE SX. Sno＝SY. Sno

尽管数据库的逻辑结果改变了，但应用程序不必改变，因为新建立的视图定义了用户原来的关系，使用户的外模式保持不变，用户的应用程序通过视图仍然能够查到数据。

当然，视图只能在一定程度上提供数据的逻辑独立性，比如由于对视图的更新是有条件的，因此用用程序中修改数据的语句可能仍会因基本表结构的改变而改变。

本 章 小 结

本章系统而详尽地讲解了 SQL 语言。SQL 是关系数据库语言的工业标准，各个数据库厂商支持的 SQL 语言均是在此标准 SQL 上的扩充，如 Oracle 公司的 PL-SQL 和 Microsoft 的 T-SQL 语言。在讲解了 SQL 语言的同时，进一步讲解了关系数据库的基本概念，使这些概念更加具体和丰富。

SQL 语言可以分为数据定义、数据查询、数据更新、数据控制四大部分，其中重点介绍了数据查询，它是数据库中使用的最多的操作。在查询语句部分，我们介绍了单表查询和多表连接查询以及子查询，并通过实例加以解释，帮助读者对 SQL 语法进行深入的记忆和理解。这部分功能最为丰富，也是最复杂的，读者应该加强练习。

视图是关系数据库系统中的重要概念，这是因为如果合理使用视图，将为数

据库的应用带来许多优点。

> **思考练习题**

1. 试述 SQL 语言的特点及其功能。

2. 利用本章提供的三张表，写出下列操作的 SQL 语句。

(1) 查询成绩在 70～80 分的学生的学号、课程号和成绩；

(2) 查询计算机系年龄在 18～20 且性别为"男"的学生的姓名和年龄；

(3) 查询课程号为"C01"的课程的最高分数；

(4) 查询计算机系学生的最大年龄和最小年龄；

(5) 统计每个系的学生人数；

(6) 统计每门课程的选修人数和最高分；

(7) 统计每个学生选课门数和考试总成绩，并按选课门数的升序显示结果；

(8) 查询总成绩超过 200 分的学生，要求列出学号和总成绩；

(9) 查询哪些课程没有人选修，要求列出课程号和课程名；

(10) 查询选修了课程"C02"的学生的姓名和所在系；

(11) 查询成绩在 80 分以上的学生的姓名、课程号和成绩，并按成绩降序排列。

3. 在本章提供的三张表基础上，用子查询实现下面的查询。

(1) 查询选修课程"C01"的学生的姓名和所在系；

(2) 查询数学系成绩在 80 分以上的学生的学号和姓名；

(3) 查询计算机系考试成绩最高的学生的姓名。

4. 创建一个新表，表名为 Test_t，其结构为（COL1，COL2，COL3），其中

COL1：整型，允许空值；

COL2：字符型，长度为 10，不允许空值；

COL3：字符型，长度为 10，允许空值。

要求按以下要求，写出对应的 SQL 语句。

(1) 创建该表；

(2) 插入数据行，内容（NULL，'B1'，'C1'）；

(3) 增加一个新列 COL4，货币类型，允许控制；

(4) 删除表的 COL3 的列。

5. 在本章提供大的三张表基础上，写出对数据进行更新操作的 SQL 语句。

(1) 删除选课成绩小于 50 分的学生的选课记录；

(2) 将所有的选修了课程"C01"的学生成绩加 10 分；

(3) 将计算机系所有选修了课程"计算机原理"课程的学生的成绩加 10 分。

6. 试说明使用视图的好处。

7. 使用视图可以加快数据的查询速度，这种说法对吗？为什么？

8. 用本章提供的三张表，写出满足下述要求的 SQL 语句。

(1) 创建查询学生的学号、姓名、所在系、课程号、课程名、学分的视图；

（2）创建查询每个学生的平均成绩的视图，要求列出学生学号及平均成绩；

（3）创建查询每个学生的选课学分和视图，要求列出学生的学号及其总学分。

9. 利用 Oracle 或 SQL Server 数据库管理系统，对本章 SQL 语句实例 1-50 进行验证，并认真撰写实验报告，具体要求如下：

（1）了解和掌握所使用的数据库基本数据类型；

（2）掌握创建表、修改表和删除表的 SQL 语句及其操作；

（3）掌握 SQL 数据更新 INSERT、UPDATE、DELETE 的语句及其操作；

（4）掌握利用 DBMS 工具进行数据查询的基本操作方法；

（5）掌握 SELECT 语句的查询方法，重点针对单表、多表连接和聚合函数的使用。

（6）能够熟练地使用 DBMS 进行 SQL 子查询操作；

（7）掌握利用 DBMS 工具进行视图的创建、查询和删除方法。

第4章

数据库安全性与完整性

【本章学习目标】

➢ 了解数据库安全性和计算机系统安全性的基本概念

➢ 掌握自主存取控制的相关知识

➢ 理解强制存取控制的基本原理

➢ 了解其他存取控制方法

➢ 了解完整性定义及其分类

➢ 理解表和列级完整性约束

➢ 掌握触发器控制方法

　　数据在信息系统中的价值越来越重要，数据库也在各种信息系统中得到了广泛的应用，因此数据库系统的安全与保护成为一个越来越值得重要关注的方面。对于需要精心呵护的大型应用程序，数据库安全是数据管理员和数据库管理员的重要任务，绝大多数企业都雇佣数据库管理员监控程序性能、访问安全性，并确保数据库完整，SQL 也在数据库的管理和保护方面扮演了重要的角色。

　　安全性和完整性是两个完全不同的概念，为了避免对数据库安全性问题和数据库完整性问题产生混淆，我们首先要对安全性和完整性加以区分。安全性是指保护数据以防止不合法的使用造成数据泄漏、更改和破坏；完整性是指数据的准确性和有效性。通俗地讲，安全性（security）保护数据以防止不合法用户故意造成的破坏；完整性（integrity）保护数据以防止合法用户无意中造成的破坏。更简单地说就是：安全性确保用户被允许做其想做的事情；完整性确保用户所做的事情是正确的。当然这两个概念也有相似点：系统应对用户不能违背的约束了如指掌；这些约束通常由数据库管理员（DBA）用合适的语言给出，而且必须通过系统日志进行维护；数据库管理系统（DBMS）必须监控用户的操作以确定约束发挥了效用。在本章中，我们分别对数据库安全性问题和数据库完整性问题进行讨论。

数据库系统中的数据由 DBMS 统一管理与控制，为了保证数据库中数据的安全、完整和正确有效，要对数据库实施保护，使其免受某些因素对其中数据造成的破坏。

一般说来，对数据库的破坏来自以下四个方面。

1. 非法用户

非法用户是指那些未经授权而恶意访问、修改甚至破坏数据库的用户，包括那些超越权限来访问数据库的用户。一般说来，非法用户对数据库的危害是相当严重的。

2. 非法数据

非法数据是指那些不符合规定或语义要求的数据，一般由用户的误操作引起。

3. 各种故障

各种故障指的是各种硬件故障（如磁盘介质）、系统软件与应用软件的错误、用户的失误等。

4. 多用户的并发访问

数据库是共享资源，允许多个用户并发访问（concurrent access），由此会出现多个用户同时存取同一个数据的情况。如果对这种并发访问不加控制，各个用户就可能存取到不正确的数据，从而破坏数据库的一致性。

针对以上四种对数据库破坏的可能情况，DBMS 核心已采取相应措施对数据库实施保护，具体如下：

（1）利用权限机制，只允许有合法权限的用户存取所允许的数据，这就是“数据库安全性”应解决的问题。

（2）利用完整性约束，防止非法数据进入数据库，这是“数据库完整性”应解决的问题。

（3）提供故障恢复（recovery）能力，以保证各种故障发生后，能将数据库中的数据从错误状态恢复到一致状态，“故障恢复技术”能够解决这些问题。

（4）提供并发控制（concurrent control）机制，控制多个用户对同一数据的并发操作，以保证多个用户并发访问的顺利进行，这是“并发控制”的内容。

■ 4.1　安全性概述

随着计算机特别是计算机网络的发展，对数据共享的需求日益增强，数据的安全保护越来越重要，数据安全保护措施是否有效成为数据库系统的主要指标之一。数据库的安全性和计算机系统的安全性，包括操作系统、网络系统的安全性是紧密联系、相互支持的，这些都是 DBMS 管理数据完整而有效的安全性机制。

4.1.1　数据库安全性

1. 定义

数据库的安全性是指保护数据库以防止不合法的使用所造成的数据有意或无意的丢失、泄露、更改或破坏。数据库安全有两层含义：第一层是指系统运行安全。系统运行安全通常受到的威胁如下：一些网络不法分子通过网络、局域网等途径入侵电脑使系统无法正常启动，或超负荷让计算机运行大量算法，并关闭 CPU 风扇，使 CPU 过热烧坏等破坏性活动。第二层是指系统信息安全。系统安全通常受到的威胁如下：黑客对数据库入侵，并盗取想要的资料等。

由于数据库系统中集中存放有大量的数据，这些数据又为众多用户所共享，所以安全约束是一个极为突出的问题。

2. 数据库安全性级别

对数据库不合法的使用称为数据库的滥用。数据库的滥用可分为无意滥用和恶意滥用。

无意滥用主要是指经过授权的用户操作不当引起的系统故障、数据库异常等现象。

恶意滥用主要是指未经授权的读取数据（即偷窃信息）和未经授权的修改数据（即破坏数据）。

数据库的完整性尽可能避免对数据库的无意滥用。数据库的安全性尽可能避免对数据库的恶意滥用。

为了防止数据库的恶意滥用，可以在下述不同的安全级别上设置各种安全措施。

（1）环境级：对计算机系统的机房和设备加以保护，防止物理破坏。

（2）职员级：对数据库系统工作人员，加强劳动纪律和职业道德教育，并正确地授予其访问数据库的权限。

（3）操作系统级：防止未经授权的用户从操作系统层着手访问数据库。

（4）网络级：由于数据库系统允许用户通过网络访问，因此，网络软件内部的安全性对数据库的安全是很重要的。

（5）数据库系统级：检验用户的身份是否合法，检验用户数据库操作权限是否正确。

4.1.2　计算机系统安全性

所谓计算机系统安全性，是指为计算机系统建立和采取的各种安全保护措施，以保护计算机系统中的硬件、软件及数据，防止其因偶然或恶意的原因使系统遭到破坏，数据遭到更改或泄露等。计算机安全不仅涉及计算机系统本身的技术问题、管理问题，还涉及法学、犯罪学、心理学的问题。其内容包括：计算机安全理论与策略、计算机安全技术、安全管理、安全评价、安全产品以及计算机犯罪与侦察、计算机安全法律、安全监察等。概括来说，计算机系统的安全性问题可分为三大类，即技术安全类、管理安全类和政策法律类。

1. 技术安全

技术安全是指计算机系统中采用具有一定安全性的硬件、软件来实现对计算机系统及其所存数据的安全保护，当计算机系统受到无意或恶意的攻击时仍能保证系统正常运行，保证系统内的数据不增加、不丢失、不泄露。

2. 管理安全

技术安全之外的，诸如软硬件意外故障、场地的意外事故、管理不善导致的计算机设备和数据介质的物理破坏、丢失等安全问题，视为管理安全。

3. 政策法律

政策法律是指政府部门建立的有关计算机犯罪、数据安全保密的法律法规和政策法令，本书只讨论技术安全类事务计算机系统安全性问题。

4.1.3　可信计算机系统评测标准

目前，国际上及我国均颁布有关数据库安全的等级标准。最早的标准是美国国防部（DOD）1985 年颁布的《可信计算机系统评估标准》（*Computer System Evaluation Criteria*，TCSEC）。1991 年美国国家计算机安全中心（NCSC）颁布了《关于可信数据库系统的解释》（*Trusted Datebase Interpreation*，TDI），将 TCSEC 扩展到数据库管理系统。1996 年国际标准化组织 ISO 又颁布了《信息技术安全技术——信息技术安全性评估准则》（*Information Technology Security Techniques——Evaluation Criteria for IT Security*）。我国政府于 1999 年颁布了《计算机信息系统评估准则》。目前，国际上广泛采用的是美国标准 TCSEC（TDI），在此标准中将数据库安全划分为四大类，由低到高依次为 D、C、B、A。其中 C 级由低到高分为 C1 和 C2，B 级由低到高分为 B1、B2 和 B3。每级都包括其下级的所有特性，各级指标如下。

（1）D 级标准：为无安全保护的系统。

（2）C1 级标准：只提供非常初级的自主安全保护。能实现对用户和数据的分离，进行自主存取控制（DAC），保护或限制用户权限的传播。

（3）C2 级标准：提供受控的存取保护，即将 C1 级的 DAC 进一步细化，以个人身份注册负责，并实施审计和资源隔离。很多商业产品已得到该级别的认证。

（4）B1 级标准：标记安全保护。对系统的数据加以标记，并对标记的主体和客体实施强制存取控制（MAC）以及审计等安全机制。一个数据库系统凡符合 B1 级标准者称之为安全数据库系统或可信数据库系统。

（5）B2 级标准：结构化保护。建立形式化的安全策略模型并对系统内的所有主体和客体实施 DAC 和 MAC。

（6）B3 级标准：安全域。满足访问监控器的要求，审计跟踪能力更强，并提供系统恢复过程。

（7）A 级标准：验证设计，即提供 B3 级保护的同时给出系统的形式化设计说明和验证，以确信各安全保护真正实现。

我国的国家标准的基本结构与 TCSEC 相似。我国标准分为 5 级，从第 1 级到第 5 级依次与 TCSEC 标准的 C 级（C1、C2）及 B 级（B1、B2、B3）一致。

4.1.4　存取控制机制

数据库安全性所关心的主要是 DBMS 的存取控制机制。数据库安全最重要的一点就是确保只授权给有资格的用户访问数据库的权限，同时令所有未被授权的人员无法接近数据，这主要通过数据库系统的存取控制机制实现。

数据库的存取控制机制是定义和控制用户对数据库数据的存取访问权限，以确保只授权给有资格的用户访问数据库并防止和杜绝对数据库中数据的非授权访问。

存取控制机制主要包括两部分：

（1）定义用户权限，并将用户权限登记到数据字典中。用户权限是指不同的用户对于不同的数据对象允许执行的操作权限。系统必须提供适当的语言定义用户权限，这些定义经过编译后存放在数据字典中，被称为安全规则或授权规则。

（2）合法权限检查。每当用户发出存取数据库的操作请求后（请求一般应包括操作类型、操作对象和操作用户等信息），DBMS 查找数据字典，根据安全规则进行合法权限检查，若用户的操作请求超出了定义的权限，系统将拒绝执行此操作。

用户权限定义和合法权限检查机制一起组成了 DBMS 的安全子系统。

存取控制又可以分为自主存取控制和强制存取控制两类。当前大型的 DBMS 一般都支持 C2 级中的自主存取控制，有些 DBMS 同时还支持 B1 级中的强制存取控制。现代的 DBMS 通常采用自主存取控制和强制存取控制这两种方法来解决安全性问题，有的只提供其中的一种方法，有的两种都提供。无论采用哪种存取控制方法，需要保护的数据单元或数据对象包括从整个数据库到某个元组的某个部分。

自主存取控制方法中，拥有数据对象的用户即拥有对数据的所有存取权限，而且用户可以将其所拥有的存取权限转授予其他用户。自主存取控制很灵活，但在采用自主存取控制策略的数据库中，这种由授权定义的存取限制很容易被造成数据库保护失效路，使系统无法对抗对数据库的恶意攻击。因此，在要求保证更高程度的安全性系统中采用了强制存取控制的方法。

在强制存取控制方法中，将用户和客体分为多种安全级别，对数据库中每个存取对象指派一个密级，对每个用户授予一个存取级，由系统提供基于标识的高级安全认证。对任意一个对象，只有具有合法存取级的用户才可以存取。

■ 4.2　自主存取控制

自主存取控制（discretionary access control，DAC）是预先定义各个用户对不同数据对象的存取权限，当用户对数据库访问时首先检查用户的存取权限，防止不合法用户对数据库的存取。在存取控制机制一节中我们提到，大多数 DBMS 采用自主存取控制或强制存取控制两种方法中的任意一种，或者两者都采用。应该说，大多数据库管理系统都支持自主存取控制，有些系统同时也支持强制存取控制，目前的 SQL 标准也对自主存取控制提供支持，因此，我们首先讨论自主存取控制。

4.2.1　定义用户权限

自主存取控制是通过定义用户权限进行安全性约束的方法，首先我们要明确一个合法的用户都具有哪些权限。

用户权限主要包括数据对象和操作类型两个要素。定义一个用户的存取权限就是要定义这个用户可以在哪些数据对象上进行哪些类型的操作。在数据库系统中，定义存取权限称为授权（authorization）。

自主存取控制可定义的数据对象类型和用户操作权限如表 4.1 所示。对于基本表、视图及表中的列，其操作权限有查询（SELECT）、插入（INSERT）、更新（UPDATE）、删除（DELETE）以及它们的总和（ALL PRIVILEGE）。对于基本表有修改其模式（ALTER）和建立索引（INDEX）的操作权限。对于数据库有建立基本表（CREATETAB）的权限，用户有了此权限就可以建立基本表，因此称该用户为表的所有者（OWNER），他拥有对此基本表的全部操作权限。对于表空间有使用（USE）数据库空间存储基本表的权限。系统权限（CREATEDBC）有建立新数据库的权限。

表 4.1　数据对象类型和操作权限

数据对象	操作权限
表、视图、列（TABLE）	SELECT，INSERT，UPDATE，DELETE，ALL PRIVILEGE
基本表（TABLE）	ALTER，INDEX
数据库（DATABASE）	CREATETAB
表空间（TABLESPACE）	USE
系统	CREATEDBC

4.2.2　授权和撤权

在自主存取控制中对数据对象的授权和撤权，主要通过 SQL 的 GRANT 语句和 REVOKE 语句来实现授权和撤权。

1. 授权（GRANT）语句

格式：GRANT 权限 1［，权限 2，…］［ON 对象类型 对象名称］TO 用户 1［，用户 2，…］

［WITH GRANT OPTION］

功能：将指定数据对象的指定权限授予指定的用户。

说明：其中，WITH GRANT OPTION 选项的作用是允许获得指定权限的用户把权限再授予其他用户。

下面我们通过例子来理解 GRANT 语句的数据控制功能。

【例 4.1】　把对表 flower 的查询权限授予所有用户。

GRANT SELECT ON TABLE flower TO PUBLIC

【例 4.2】　把对表 customer、flower、indent 的查询、修改、插入和删除等全部权限授予用户 user1 和用户 user2 的语句可以写为

GRANT ALL PRIVILIGES ON TABLE customer，flower，indent TO user1，user2

【例 4.3】　把对表 customer 中的列 Userid 修改、查询表的权限授予用户 user1 的语句可以写为

GRANT UPDATE（Userid），SELECT ON TABLE customer TO user1

【例 4.4】　把在数据库 DB1 中建立表的权限授予用户 user2。

GRANT CREATETAB ON DATABASE DB1 TO user2

【例 4.5】　把对表 customer 的查询权限授予用户 user3，并给用户 user3 有再授予的权限。

GRANT SELECT ON TABLE customer TO user3 WITH GRANT OP-

TION

【例 4.6】　用户 user3 把查询 customer 表的权限授予用户 user4。

GRANT SELECT ON TABLE customer TO user4

2. 撤权（REVOKE）语句

格式：REVOKE 权限 1［，权限 2，…］［ON 对象类型对象名］FROM 用户 1［，用户 2，…］

功能：把已经授予指定用户的指定权限收回。

【例 4.7】　把用户 user3 查询 customer 表的权限收回。

REVOKE SELECT ON TABLE customer FROM user3

【例 4.8】　把用户 user1 修改用户名 Userid 的权限收回。

REVOKE UPDATE（Userid）ON TABLE customer FROM user1

在例 4.5 中授予用户 user3 可以将获得的权限再授予的权限，而在例 4.6 中用户 user3 将对 customer 表的查询权限又授予了用户 user4，因此，例 4.7 中把用户 user3 的查询权限收回时，系统将自动地收回用户 user4 对 customer 表的查询权限。注意：系统只收回由用户 user3 授予用户 user4 的那些权限，而用户 user4 仍然具有从其他用户那里获得的权限。

用户权限定义中数据对象范围越小授权子系统就越灵活。例如上面例 4.3 的授权定义可精细到列级，而有的系统只能对关系授权。授权粒度越细，授权子系统就越灵活，但系统定义与检查权限的开销也会相应地增大。

衡量授权子系统精巧程度的另一个尺度是能否提供与数据值有关的授权。上面的授权定义是独立于数据值的，即用户能否对某类数据对象执行的操作与数据值无关，完全由数据名决定。反之，若授权依赖于数据对象的内容，则称为是与数据值有关的授权。

有的系统还允许存取谓词中引用系统变量，如终端设备号、系统时钟等，这样用户只能在某段时间内，某台终端上存取有关数据，这就是与时间和地点有关的存取权限。

自主存取控制能够通过授权机制有效地控制其他用户对敏感数据的存取。但是由于用户对数据的存取权限是"自主"的，用户可以自由地决定将数据的存取权限授予何人、是否也将"授权"的权限授予别人。即使在这种授权机制下，仍可能存在数据的"无意泄露"。例如，甲将自己权限范围内的某些数据存取权限授权给乙，甲的意图是只允许乙本人操纵这些数据。但甲的这种安全性要求并不能得到保证，因为乙一旦获得了对数据的权限，就可以将数据备份，获得自身权限内的副本，并在不征得甲同意的前提下传播副本。造成这一问题的根本原因就在于，这种机制仅仅通过对数据的存取权限来进行安全控制，而数据本身并无安全性标记。要解决这一问题，就需要对系统控制下的所有主客体实施强制存取控制策略。

4.3　强制存取控制

强制存取控制（mandatory access control，MAC）是指系统为保证更高程度的安全性，按照 TDI/TCSEC 标准中安全策略的要求，对存取操作所采取的系统存取检查手段，它不是用户能直接感知或进行控制的。军事部门或政府部门的数据具有很高的敏感性，通常具有静态的严格的分层结构，强制存取控制对存放这样数据的数据库非常实用。

4.3.1　主体与客体

在 MAC 中，DBMS 所管理的全部实体被分为主体和客体两大类。

主体是系统中的活动实体，既包括 DBMS 所管理的实际用户，也包括代表用户的各进程。客体是系统中的被动实体，是受主体操纵的，包括文件、基表、索引、视图等。对于主体和客体，DBMS 为它们每个实例（值）指派一个敏感度标记（label）。

4.3.2　敏感度标记

敏感度标记被分成若干级别，如绝密（top secret）、机密（secret）、可信（confidential）、公开（public）等。主体的敏感度标记称为许可证级别（clearance level），客体的敏感度标记称为密级（classification level）。MAC 机制就是通过对比主体的 label 和客体的 label，最终确定主体是否能够存取客体。

当某一用户（或某一主体）以标记 label 注册入系统时，系统要求他对任何客体的存取必须遵循如下规则：

（1）仅当主体的敏感度标记支配所要读取的客体的敏感度标记时，该主体才有可能读取相应的客体。

（2）仅当主体的敏感度标记受所要读取的客体的敏感度标记支配时，该主体才有可能写相应的客体。

在执行 MAC 时，系统强制对 SQL 操作所涉及的主体与客体的敏感度标记作约束检查，只有满足 MAC 约束条件的操作结果集中的元组方可为主体所存取。

强制存取控制（MAC）是对数据本身进行密级标记，无论数据如何复制，标记与数据是一个不可分的整体，只有符合密级标记要求的用户才可以操纵数据，从而提供了更高级别的安全性。

前面已经提到，较高安全性级别提供的安全保护要包含较低级别的所有保护，因此在实现 MAC 时要首先实现 DAC，即 DAC 与 MAC 共同构成 DBMS 的安全机制。系统首先进行 DAC 检查，对通过 DAC 检查的允许存取的数据对象再由系统自动进行 MAC 检查，只有通过 MAC 检查的数据对象方可存取。在实现 MAC 后，DAC 与 MAC 共同构成关系型数据库管理系统（RDBMS）的安全检查机制。

如图 4.1 所示，系统首先进行 DAC 检查，对通过 DAC 检查的允许存取的数据对象再由系统自动进行 MAC 检查，只有通过 MAC 检查的数据对象方可存取。

SQL语法分析&语义检查

安全检查

DAC检查

MAC检查

继续

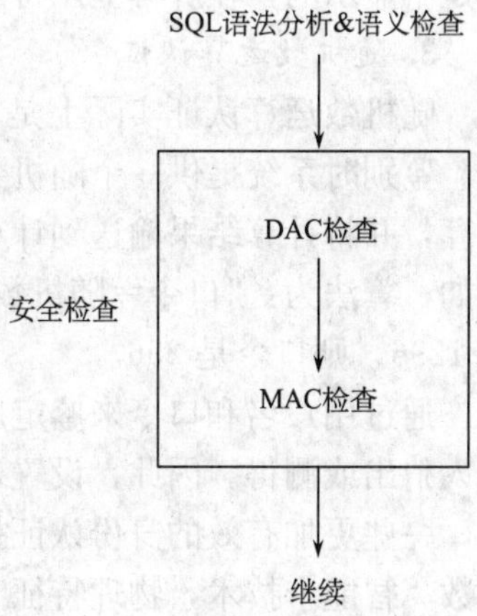

图 4.1 DAC＋MAC 安全检查示意图

4.4 其他控制方法

4.4.1 用户标识与鉴别

数据库系统不允许一个未经授权的用户对数据库进行操作。用户标识和鉴别（identification & authentication）是系统提供的最外层安全保护措施。其方法是由系统提供一定的方式让用户标识自己的名字或身份。每次用户要求登录数据库时都要输入用户标识，由 DBMS 进行用户标识核对，对于合法的用户获得进入系统最外层的权限。

用户标识和鉴定的方法有很多种，而且在一个系统中往往多种方法并用，以得到更强的安全性。常用的方法有以下几种。

1. 身份（identification）认证

用户的身份，是系统管理员为用户定义的用户名（也称为用户标识、用户账号、用户 ID），并记录在计算机系统或 DBMS 中。用户名是用户在计算机系统中或 DBMS 中的唯一标识。因此，一般不允许用户自行修改用户名。

身份认证，是指系统对输入的用户名与合法用户名对照，鉴别此用户是否为合法用户。若是，则可以进入下一步的核实；否则，不能使用系统。

2. 口令（password）认证

用户的口令，是合法用户自己定义的密码。为保密起见，口令由合法用户自己定义并可以随时变更。因此，口令可以认为是用户私有的钥匙。口令记录在数据库中。

口令认证是为了进一步对用户核实。通常系统要求用户输入口令，只有口令正确才能进入系统。为防止口令被人窃取，用户在终端上输入口令时，口令的内容是不显示的，在屏幕上用特定字符（用"＊"的较为常见）替代。

3. 随机数运算认证

随机数运算认证实际上是非固定口令的认证，即用户的口令每次都是不同的。鉴别时系统提供一个随机数，用户根据预先约定的计算过程或计算函数进行计算，并将计算结果输送到计算机，系统根据用户计算结果判定用户是否合法。例如，算法为："口令＝随机数平方的后三位"，出现的随机数是 36，36 的平方是 1296，则口令是 296。

通过用户名和口令来鉴定用户的方法简单易行，但其可靠程度极差，容易被他人猜出或测得。因此，设置口令法对安全强度要求比较高的系统不适用。近年来，一些更加有效的身份认证技术迅速发展起来。例如，使用某种计算机过程和函数、智能卡技术，物理特征（指纹、声音、手图等）认证技术等具有高强度的身份认证技术日益成熟，并取得了不少应用成果，为将来达到更高的安全强度要求打下了坚实的理论基础。

4.4.2　视图机制

视图是数据库系统提供给用户以多种角度观察数据库中数据的重要机制，是从一个或几个基表（或视图）导出的表，它与基表不同，是一个虚表。数据库中只存放视图的定义，而不存放视图对应的数据，这些数据仍存放在原来的基本表中。

从某种意义上讲，视图就像一个窗口，透过它可以看到数据库中自己感兴趣的数据及其变化。进行存取权限控制时，可以为不同的用户定义不同的视图，把访问数据的对象限制在一定的范围内，也就是说，通过视图机制要把保密的数据对无权存取的用户隐藏起来，从而对数据提供一定程度的安全保护。

需要指出的是，视图机制最主要的功能在于提供数据独立性，在实际应用中，常常将视图机制与存取控制机制结合起来使用，首先用视图机制屏蔽一部分保密数据，再在视图上进一步定义存取权限。通过定义不同的视图及有选择地授予视图上的权限，可以将用户、组或角色限制在不同的数据子集内。

4.4.3　审计

审计功能是 DBMS 达到 C2 级以上安全级别必不可少的指标。这是数据库系统的最后一道安全防线。

审计功能把用户对数据库的所有操作自动记录下来，存放在日志文件中。DBA 可以利用审计跟踪的信息，重现导致数据库现有状况的一系列事件，找出非法访问数据库的人、时间、地点以及所有访问数据库的对象和所执行的动作。

审计方式有两种，即用户审计和系统审计。

（1）用户审计：DBMS 的审计系统记下所有对表或视图进行访问的企图（包括成功的和不成功的）及每次操作的用户名、时间、操作代码等信息。这些信息一般都被记录在数据字典（系统表）之中，利用这些信息用户可以进行审计分析。

（2）系统审计：由系统管理员进行，其审计内容主要是系统一级命令以及数据库客体的使用情况。

审计通常是很费时间和空间的，所以 DBMS 往往将其作为可选特征，一般主要用于安全性要求较高的部门。

4.4.4　数据加密

前面介绍的几种数据库安全控制方法，都是防止从数据库系统中窃取保密数据。但数据存储在磁盘、磁带等介质上，还常常通过通信线路进行传输，为了防止数据在这些过程中被窃取，较好的方法是对数据进行加密。对于高度敏感性数据，如财务数据、军事数据、国家机密，除了上述安全措施外，还可以采用数据加密技术。

加密的基本思想是根据一定的算法将原始数据（术语为明文）变换为不可直接识别的格式（术语为密文），从而使得不知道解密算法的人无法获知数据的内容。数据解密是加密的逆过程，即将密文数据转变成可见的明文数据。数据加密和解密过程如图 4.2 所示。

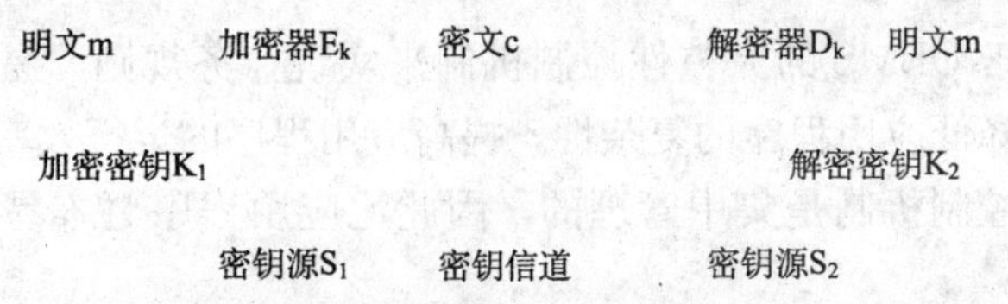

明文m　　　　加密器E_k　　　密文c　　　　　　解密器D_k　明文m

加密密钥K_1　　　　　　　　　　　　　　解密密钥K_2

密钥源S_1　　　密钥信道　　　密钥源S_2

图 4.2　数据加密和解密过程

加密方法可分为对称加密与非对称加密两种。

所谓对称加密，其加密所用的密钥与解密所用的密钥相同。典型的代表是数据加密标准（data encryption standard，DES）。所谓非对称加密，其加密所用的密钥与解密所用的密钥不相同，其中加密的密钥可以公开，而解密的密钥不可以公开。

数据加密和解密是相当费时的操作，其运行程序会占用大量系统资源，因此数据加密功能通常是可选特征，允许用户自由选择，一般只对机密数据加密。

4.5　完整性概述

4.5.1　完整性定义

数据库完整性（database integrity）是指保护数据库中数据的正确性、有效性和相容性，防止错误的数据进入数据库造成无效操作。例如年龄属于数值型数据，只能含 0，1，…，9，不能含字母或特殊符号；月份只能用 1~12 的正整数表示；表示同一事实的两个数据应相同，否则就不相容，如一个人不能有两个学号。

数据库是否具备完整性关系到数据库系统能否真实地反映现实世界，因此维护数据库的完整性是非常重要的。数据库完整性由各种各样的完整性约束来保证，因此可以说数据库完整性设计就是数据库完整性约束的设计。数据库完整性约束可以通过 DBMS 或应用程序来实现，通过 DBMS 实现的数据库完整性按照数据库设计步骤进行设计，其完整性约束作为模式的一部分存入数据库中；而由应用软件实现的数据库完整性则纳入应用软件设计。

数据库完整性对于数据库应用系统非常关键，其作用主要体现在以下几个方面：

（1）数据库完整性约束能够防止合法用户使用数据库时向数据库中添加不合语义的数据。

（2）利用基于 DBMS 的完整性控制机制来实现业务规则，易于定义，容易理解，而且可以降低应用程序的复杂性，提高应用程序的运行效率。同时，基于 DBMS 的完整性控制机制是集中管理的，因此比应用程序更容易实现数据库的完整性。

（3）合理的数据库完整性设计，能够同时兼顾数据库的完整性和系统的效能。例如装载大量数据时，只要在装载之前临时使基于 DBMS 的数据库完整性约束失效，此后再使其生效，就能保证既不影响数据装载的效率又能保证数据库的完整性。

（4）在应用软件的功能测试中，完善的数据库完整性有助于尽早发现应用软件的错误。

为维护数据库的完整性，DBMS 必须提供一种机制来检查数据库中的数据，看其是否满足语义规定的条件，防止数据库中存在不符合语义规定的数据和防止因错误信息的输入输出造成无效操作或错误信息。这些加在数据库数据之上的语义约束条件称为数据库完整性约束条件，它们作为模式的一部分存入数据库中。而 DBMS 中检查数据是否满足完整性条件的机制称为完整性检查。

数据库的完整性和安全性是数据库保护的两个不同的方面：安全性是保护数据库，以防止非法使用所造成数据的泄露、更改或破坏，安全性措施的防范对象是非法用户和非法操作；完整性是防止合法用户使用数据库时向数据库中加入不符合语义的数据，完整性措施的防范对象是不合语义的数据。但从数据库的安全保护角度来讲，安全性和完整性又是密切相关的。

4.5.2　完整性分类

1. 实体完整性（entity integrity）

实体完整性指表中行的完整性。要求表中的所有行都有唯一的标识符，称为主关键字。主关键字是否可以修改，或整个列是否可以被删除，取决于主关键字与其他表之间要求的完整性。实体完整性要求每一个表中的主键字段都不能为空或者重复的值。

实体完整性规则规定基本关系的所有主关键字对应的主属性都不能取空值。例如，网上订购系统的关系 indent（Userid，flowerid，amount，orderdate）中，用户名 Userid 和花品编号 flowerid 共同组成为主关键字，则 Userid 和 flowerid 两个属性都不能为空。因为没有 Userid 或没有 flowerid 都不会存在 amount 和 orderdate。

对于实体完整性，有如下规则：

（1）实体完整性规则针对基本关系。一个基本关系表通常对应一个实体集，例如，customer 关系对应用户集合。

（2）现实世界中的实体是可以区分的，它们具有一种唯一性质的标识。例如，用户关系 customer 的 Userid 是主关键字，花品关系 flower 的 flowerid 是主关键字。在关系模型中要求主关键字作为唯一的标识，且不能为空。

那么怎样保证实体完整性呢？SQL 中通过建立唯一的索引、PRIMARY KEY 约束、UNIQUE 约束或 IDENTITY 约束来实现实体完整性。

主关键字的定义是在 Create Table 语句中使用 PRIMARY KEY 关键字表示主关键字，约束含义是唯一和非空。方法有两种：

（1）在属性定义后加上关键字 PRIMARY KEY。

【例 4.9】　创建 customer 表，其中 Userid 是主关键字。

```
CREATE TABLE customer
(Userid CHAR (30) PRIMARY KEY,
Password CHAR (20),
Cname CHAR (20),
Csex CHAR (2),
Cage INT (3),
```

Clocal CHAR（50），

Accountid CHAR（6））；

（2）在属性表定义后加上额外的定义主码的子句：PRIMARY KEY（＜主码属性名表＞）。

【例 4.10】　创建 customer 表，其中 Userid 是主关键字。

CREATE TABLE customer

（Userid CHAR（30），

Password CHAR（20），

Cname CHAR（20），

Csex CHAR（2），

Cage INT（3），

Clocal CHAR（50），

Accountid CHAR（6），

PRIMARY KEY（Userid））；

【例 4.11】　创建 indent 表，其中 Userid 和 flowerid 是主关键字。

CREATE TABLE indent

（Userid CHAR（30），

flowerid CHAR（5），

amount INT（6），

orderdate DATE，

PRIMARY KEY（Userid，flowerid））；

说明：

如果主关键字仅由一个属性组成，上述两种方法都可定义，若由两个或以上的属性组成，则只能用上述第二种方法定义了。

SQL 中，并没有强制为每个关系指定主关键字，但为每个关系指定主关键字通常会更好一些，因为主关键字的指定可以确保关系的实体完整性。

2. 参照完整性（referential integrity）

参照完整性是指两个表的主关键字和外关键字的数据应对应一致。它确保了有主关键字的表中对应其他表的外关键字的行存在，即保证了表之间的数据的一致性，防止了数据丢失或无意义的数据在数据库中扩散。参照完整性是建立在外关键字和主关键字之间或外关键字和唯一性关键字之间的关系上的。在 SQL 中，参照完整性作用表现在如下几个方面：

（1）禁止在从表中插入包含主表中不存在的关键字的数据行；

（2）禁止会导致从表中的相应值孤立的主表中的外关键字值改变；

（3）禁止删除在从表中的有对应记录的主表记录。

　　关系模型的参照完整性定义可通过在 CREATE TABLE 中用 FOREIGN KEY 短语定义哪些列为外关键字，用 REFERENCES 短语指明这些外关键字参照哪些表的主关键字来完成。有以下两种定义方法：

　　(1) 在该属性的说明后直接加上关键字 REFERENCES ＜表名＞（＜属性名＞），其中表名称为参照关系名，属性名称为参照关系的主关键字。

　　(2) 在 CREATE TABLE 语句的属性清单后，加上外关键字说明子句，格式为

FOREIGN KEY　＜属性名表 1＞　REFERENCES　＜表名＞（＜属性名表 2＞）

　　上式中的属性名表 1 和属性名表 2 中属性可以多于一个，但必须前后对应。

　　【例 4.12】　创建 customer 表，其中 Accountid 是外关键字，参照 account 表中主关键字 Accountid。

　　方法一：

CREATE TABLE customer

(Userid CHAR（30）RIMARY KEY,

Password CHAR（20），

Cname CHAR（20），

Csex CHAR（2），

Cage INT（3），

Clocal CHAR（50），

Accountid CHAR（6）REFERENCE account（Accountid））；

　　方法二：

CREATE TABLE customer

(Userid CHAR（30）RIMARY KEY,

Password CHAR（20），

Cname CHAR（20），

Csex CHAR（2），

Cage INT（3），

Clocal CHAR（50），

Accountid CHAR（6），

FOREIGN KEY（Accountid）REFERENCE account（Accountid））；

　　3. 用户定义的完整性（user-defined integrity）

　　不同的关系数据库系统根据其应用环境的不同，往往还需要一些特殊的约束条件。用户定义的完整性即是针对某个特定关系数据库的约束条件，它反映某一具体应用所涉及的数据。

对于用户自定义完整性约束包括取值范围、精度等规定，SQL 提供了 UNIQUE 唯一约束、NOT NULL 非空约束、CHECK 约束、FOREIGN KEY 约束和 DEFAULT 来实现用户对属性的各种完整性要求。

1）唯一约束 UNIQUE 和非空约束 NOT NULL

在 CRETE TABLE 中的属性定义后面加上 NOT NULL 关键字即定义了该属性不能取空值。

对于其他属性的说明方法，可以用 UNIQUE 说明该属性的值不能重复出现，用 NOT NULL 说明该属性不能为空。UNIQUE 和 NOT NULL 的使用与 PRIMARY KEY 相似。

【例 4.13】　创建 flower 表，其中 flowerid 是主关键字，fname 不能重复，fprice 不能为空值。

CREATE TABLE flower

(flowerid CHAR（5）PRIMARY KEY，

fname CHAR（40）UNIQUE，

fprice NUMBER（8，2）NOT NULL，

discount NUMBER（4，2），

stockdate DATE

2）自定义 CHECK 约束

使用 CHECK（检查）子句可保证属性值满足某些前提条件。其一般格式为

CHECK（<条件>）

它既可跟在属性定义的后面，也可在定义语句中另增一子句加以说明。

如：CHECK（Cage>=18 AND Cage<=65）；

CHECK（Csex IN（"男"，"女"））；

【例 4.14】　在创建 customer 表时，加入约束的语句为

CREATE TABLE customer

(Userid CHAR（30）RIMARY KEY，

Password CHAR（20），

Cname CHAR（20），

Csex CHAR（2）CHECK（Csex IN（"男"，"女"）），

Cage INT（3）CHECK（Cage>=18 AND Cage<=65），

Clocal CHAR（50），

Accountid CHAR（6），

FOREIGN KEY（Accountid）REFERENCE account（Accountid））；

基于元组的 CHECK 约束往往要涉及表中的多个域。所以它是元组约束。在对整个元组完成插入或对某一元组的修改完成之后，系统将自动检查是否符合

CHECK 条件表达式。若不符合条件，系统将拒绝该插入或修改操作。

基于元组 CHECK 约束的说明方法是在 CREATE TABLE 语句中的属性表、主关键字、外关键字的说明之后加上 CHECK 子句。

4.5.3　完整性控制

DBMS 的完整性控制机制应具有三个方面的功能：

(1) 定义功能，提供定义完整性约束条件的机制。

(2) 检查功能，检查用户发出的操作请求是否违背了完整性约束条件。

(3) 如果发现用户的操作请求使数据违背了完整性约束条件，则采取一定的动作来保证数据的完整性。

1. 完整性规则

一条完整性规则可以用一个五元组 (D, O, A, C, P) 描述：

D (data) 约束作用的对象；

O (operation) 触发完整性检查的数据库操作；

A (assertion) 数据对象必须满足的断言或语义，这是规则的主体；

C (condition) 选择 A 作用的数据对象值的谓词；

P (procedure) 违反完整性约束时触发的过程。

2. 完整性约束条件

完整性约束条件包括有六大类，约束条件可能非常简单，也可能极为复杂。一个完善的完整性控制机制应该允许用户定义所有这六类完整性约束条件。

检查是否违背完整性约束的时机通常是在一条语句执行完后立即检查。如果操作违背了约束，系统将拒绝执行，我们称这类约束为立即执行约束（immediate constraints）。有时完整性检查需要延迟到整个事务执行结束后再进行，检查正确方可提交，我们称这类约束为延迟执行约束（deferred constraints）。例如，划转账务的操作就应该是延迟执行约束。A 账支出到 B 账时，A 账支出是账目就不平了，只有到 B 账收入后才能检查平衡。如果事务执行到最后违背了约束，系统将回滚整个事务。

在关系系统中，最重要的完整性约束是实体完整性和参照完整性，其他完整性约束条件则可以归入用户定义的完整性。下面详细讨论实现参照完整性要考虑的几个问题。

前面讲了，外关键字的取值只有两种情况：要么取空，要么取参照关系中主关键字的值。可是当用户操作违反了这个规则时，如何保持此约束呢？

SQL 提供了三种可选方案：

(1) RESTRICT（限制策略）。当用户对表进行违反了上述完整性约束、条件的插入、删除或修改操作时，将会被系统拒绝。

（2）CASCADE（级联策略）。级联策略是当对参照关系进行删除和修改时，SQL 所提供的一种方案。在这种策略下，当删除或修改参照关系中某元组的主关键字值时，被参照关系中，那些外关键字具有该值的元组也将被删除或修改，以保证参照完整性。

（3）SET NULL（置空策略）。置空策略也是针对参照关系的删除或修改操作的。在这种策略下，当删除参照关系中的某一元组或修改某一元组的主关键字值时，被参照关系中外关键字值等于该主关键字值的元组在该外关键字上的值将被置空。

说明：

当用户不指定参照完整性的实现策略时，一般被默认为 RESTRICT（限制策略）。实现策略的说明通常被加在外关键字的说明后面，格式为

　　　　ON DELETE SET NULL，ON UPDATE CASCADE。

4.6　表和列级完整性约束

4.6.1　完整性约束条件作用的对象

（1）关系：若干元组之间、关系集合上以及关系之间的联系的约束。

（2）元组：元组中各个字段间的联系的约束。

（3）列：类型、取值范围、精度、排序等约束。

完整性约束条件涉及的这三类对象，其状态可以是静态的，也可以是动态的。

（1）静态约束：是指数据库每一确定状态时的数据对象所应满足的约束条件，它是反映数据库状态合理性的约束，这是最重要的一类完整性约束。

（2）动态约束：是指数据库从一种状态转变为另一种状态时新、旧值之间所应满足的约束条件，它是反映数据库状态变迁的约束。例如，工资调整的时候不能比原来的工资低。外码的值必须在别的关系中存在。

综合上述两个方面，我们可以将表和列级完整性约束可分为六类：列级静态约束、元组级静态约束、关系级静态约束、列级动态约束、元组级动态约束、关系级动态约束。其中动态约束通常由应用软件来实现。

4.6.2　列级静态约束

静态列级约束是对一个列的取值域的说明，这是最常用也最容易实现的一类完整性约束，包括以下几方面：

（1）对数据类型的约束。数据的类型、长度、单位、精度等。

（2）对数据格式的约束。时间日期的格式，电话号码区号后面加杠。

（3）对取值范围或取值集合的约束。年龄在 18～65 岁。

（4）对空值的约束。空值表示未定义或未知的值。具体在实现的时候，就是在插入记录的时候，没有给某个字段赋值。

（5）其他约束。关于列的排序说明、组合列等。

4.6.3　元组级静态约束

一个元组是由若干个列值组成的，静态元组约束就是规定元组的各个列之间的约束关系。例如，订货关系中包含发货量、订货量，规定发货量不得超过订货量。教师关系中包含职称、工资等列，规定教授的工资不得低于 1000 元。

4.6.4　关系级静态约束

在一个关系的各个元组之间或者若干关系之间常常存在各种联系或约束。常见的静态关系约束有以下几种。

（1）实体完整性约束：关键字不能为空值。其语义是：一个记录所表示的实体应该是确定的，不然毫无意义。

（2）参照完整性约束：从表中的外关键字必须存在，不然就是无意义的记录。例如，学生表和成绩表之间是主/从关系。成绩表中的学号至必须在学生表中存在，表明是哪一个学生的成绩，否则，这个成绩记录没有存在的必要。

（3）函数依赖约束：大部分函数依赖约束都在关系模式中定义。

（4）统计约束：字段值与关系中多个元组的统计值之间的约束关系。例如，部门经理的工资不得高于本部门职工平均工资的 5 倍。

4.6.5　列级动态约束

列级动态约束是修改列定义或列值时应满足的约束条件，包括下面两方面。

（1）修改列定义时的约束：原来允许空值现在改为不允许空值，如果表中有记录而且该字段的值为空，则不允许修改。

例如，将允许空值的列改为不允许空值时，如果该列目前已存在空值，则拒绝这种修改。

（2）修改列值时的约束：修改列值有时需要参照其旧值，并且新旧值之间需要满足某种约束条件。

例如，职工工资调整不得低于其原来工资，学生年龄只能增长等。

当然，这种约束应该与具体的应用需求相匹配。例如，如果一个单位的职工的工资有可能降级，此时就不能增加这种约束。

4.6.6　元组级动态约束

动态元组约束是指修改元组的值时元组中各个字段间需要满足某种约束条件。例如，职工工资调整时新工资不得低于（原工资＋工龄＊1.5）等。

4.6.7　关系级动态约束

动态关系约束是加在关系变化前后状态上的限制条件。例如，事务一致性、原子性等约束条件。

■ 4.7　触发器控制

触发器（trigger）是一种特殊的存储过程，它不能被显式地调用，而是在向表中插入记录、更改记录或者删除记录时自动地激活触发执行，它比数据库本身标准的功能有更精细和更复杂的数据控制能力。触发器可以在 INSERT/UP-DATE/DELETE 三种操作后触发。

触发器可以用来对表实施复杂的完整性约束，保持数据的一致性，当触发器所保护的数据发生改变时，触发器会自动被激活，响应同时执行一定的操作（对其他相关表的操作），从而保证对数据的不完整性约束或不正确的修改。

触发器可以查询其他表，同时也可以执行复杂的 T-SQL 语句。触发器和引发触发器执行的命令被当做一次事务处理，因此就具备了事务的所有特征。

如果发现引起触发器执行的 T-SQL 语句执行了一个非法操作，例如关于其他表的相关性操作，发现数据丢失或需调用的数据不存在，那么就回滚到该事件执行前的 SQL SERVER 数据库状态。

4.7.1　触发器的作用

数据库触发器有以下的作用。

1. 安全性

可以基于数据库的值使用户具有操作数据库的某种权利。

可以基于时间限制用户的操作。例如，不允许下班后和节假日修改数据库数据。

可以基于数据库中的数据限制用户的操作。例如，不允许股票的价格的升幅一次超过 10%。

2. 审计

可以跟踪用户对数据库的操作。

审计用户操作数据库的语句。

把用户对数据库的更新写入审计表。

3. 实现复杂的数据完整性规则

实现非标准的数据完整性检查和约束，触发器可产生比规则更为复杂的限制。与规则不同，触发器可以引用列或数据库对象。例如，触发器可回退任何企图吃进超过自己保证金的期货。

4. 提供可变的缺省值

触发器可以对数据库中相关的表进行连环更新，实现复杂的非标准的数据库相关完整性规则。例如，在 flower 表 flowerid 列上的删除触发器可导致相应删除在其他表中的与之匹配的行。

在修改或删除时级联修改或删除其他表中的与之匹配的行。

在修改或删除时把其他表中的与之匹配的行设成 NULL 值。

在修改或删除时把其他表中的与之匹配的行级联设成缺省值。

触发器能够拒绝或回退那些破坏相关完整性的变化，取消试图进行数据更新的事务。当插入一个与其主健不匹配的外部键时，这种触发器会起作用。例如，可以在 indent. flowerid 列上生成一个插入触发器，如果新值与 flower. flowerid 列中的某值不匹配时，插入被回退。

5. 同步实时地复制表中的数据

自动计算数据值，如果数据的值达到了一定的要求，则进行特定的处理。例如，如果公司的账号上的资金低于 5 万元则立即给财务人员发送警告数据。

触发器和约束都可以对数据库进行级联修改，下面总结一下触发器和约束的联系和区别。

联系：

(1) 一般来说，使用约束比使用触发器效率更高。

(2) 触发器可以完成比 CHECK 约束更复杂的限制。

区别：

(1) 与 CHECK 约束不同，在触发器中可以引用其他的表。

(2) 触发器可以发现改变前后表中数据的不一致，并根据这些不同来进行相应的操作。

(3) 对于一个表不同的操作（INSERT、UPDATE、DELETE）可以采用不同的触发器，即使是对相同的语句也可以调用不同的触发器来完成不同的操作。

4.7.2　创建和删除触发器

1. 创建触发器

创建触发器语句：CREATE TRIGGER

语句格式：

CREATE TRIGGER trigger_name

ON {table | view}

[WITH ENCRYPTION]

{ {FOR | AFTER | INSTEAD OF} { [DELETE] [,] [INSERT] [,] [UPDATE]}

[WITH APPEND]

[NOT FOR REPLICATION]

AS

T-SQL 语句

参数说明：

（1）trigger_name：是触发器的名称。触发器名称必须符合标识符规则，并且在数据库中必须唯一。可以选择是否指定触发器所有者名称。

（2）{Table | view}：是在其上执行触发器的表或视图，有时称为触发器表或触发器视图。可以选择是否指定表或视图的所有者名称。

（3）WITH ENCRYPTION：加密 syscomments 表中包含 CREATE TRIGGER 语句文本的条目。使用 WITH ENCRYPTION 可防止将触发器作为 SQL Server 复制的一部分发布。

（4）AFTER：指定触发器只有在触发 SQL 语句中指定的所有操作都已成功执行后才激发。所有的引用级联操作和约束检查也必须成功完成后，才能执行此触发器。

如果仅指定 FOR 关键字，则 AFTER 是默认设置。不能在视图上定义 AFTER 触发器。

INSTEAD OF：指定执行触发器而不是执行触发 SQL 语句，从而替代触发语句的操作。在表或视图上，每个 INSERT、UPDATE 或 DELETE 语句最多可以定义一个 INSTEAD OF 触发器。然而，可以在每个具有 INSTEAD OF 触发器的视图上定义视图。

需要说明的是，INSTEAD OF 触发器不能在 WITH CHECK OPTION 的可更新视图上定义。如果向指定了 WITH CHECK OPTION 选项的可更新视图添加 INSTEAD OF 触发器，SQL Server 将产生一个错误。用户必须用 ALTER VIEW 删除该选项后才能定义 INSTEAD OF 触发器。

（5）{ [DELETE] [,] [INSERT] [,] [UPDATE]}：是指定在表或视图上执行哪些数据修改语句时将激活触发器的关键字，必须至少指定一个选项。在触发器定义中允许使用以任意顺序组合的这些关键字，如果指定的选项多于一个，需用逗号分隔这些选项。

对于 INSTEAD OF 触发器，不允许在具有 ON DELETE 级联操作引用关系的表上使用 DELETE 选项。同样，也不允许在具有 ON UPDATE 级联操作引用关系的表上使用 UPDATE 选项。

（6）WITH APPEND：指定应该添加现有类型的其他触发器。WITH AP-PEND 不能与 INSTEAD OF 触发器一起使用，如果显式声明 AFTER 触发器，也不能使用该子句。只有当出于向后兼容而指定 FOR 时（没有 INSTEAD OF 或 AFTER），才能使用 WITH APPEND。

（7）NOT FOR REPLICATION：表示当复制进程更改触发器所涉及的表时，不应执行该触发器。

（8）AS：是触发器要执行的操作。

【例 4.15】　当在 customer 表上更改记录时，发送邮件通知 MaryM。

CREATE TRIGGER reminder

ON customer

FOR INSERT，UPDATE，DELETE

AS

EXEC master…xp _ sendmail 'MaryM'，

'Dont forget to print a report for the distributors. '

2. 删除触发器

语句格式：DROP TRIGGER trigger _ name

【例 4.16】　删除触发器 reminder。

DROP TRIGGER reminder

3. 重命名触发器

语句格式：exec sp _ rename 原名称，新名称

4. 禁用、启用触发器

禁用触发器语句格式：alter table 表名 disable trigger 触发器名称

启用触发器语句格式：alter table 表名 enable trigger 触发器名称

如果有多个触发器，则各个触发器名称之间用英文逗号隔开。

如果把"触发器名称"换成"ALL"，则表示禁用或启用该表的全部触发器。

4.7.3　触发器应用

1. INSTEAD OF

INSTEAD OF 是一种功能强大的触发器。执行触发器语句，但不执行触发器的 SQL 语句，例如试图删除一条记录时，将执行触发器指定的语句，此时不再执行 DELETE 语句。

例如：CREATR trigger f

ON tbl

INSTEAD OF DELETE

AS

　　insert into Logs...

2. IF UPDATE（列名）

检查是否更新了某一列，用于 INSERT 或 UPDATE，不能用于 DELETE。

例如：create trigger f

on tbl

for update

as

　　if update（status）or update（title）

　　　　sql_statement——更新了 status 或 title 列

3. inserted、deleted

这是两个虚拟表，inserted 保存的是 INSERT 或 UPDATE 之后所影响的记录形成的表，deleted 保存的是 DELETE 或 UPDATE 之前所影响的记录形成的表。

例如：create trigger tbl_delete

on tbl

for delete

as

　　declare @title varchar（200）

　　select @title＝title from deleted

insert into Logs（logContent）values（'删除了 title 为：' ＋ title＋'的记录'）

说明：如果向 inserted 或 deleted 虚拟表中取字段类型为 text、image 的字段值时，所取得的值将会是 null。

4. 查看数据库中所有的触发器

例如在查询分析器中运行：

use 数据库名

go

select ＊ from sysobjects where xtype＝'TR'

sysobjects 保存着数据库的对象，其中 xtype 为 TR 的记录即为触发器对象。在 name 一列，我们可以看到触发器名称。

5. sp＿helptext 查看触发器内容

例如用查询分析器查看：

use 数据库名

go

exec sp＿helptext '触发器名称'

将会以表的样式显示触发器内容。

除了触发器外，sp＿helptext 还可以显示规则、默认值、未加密的存储过程、用户定义函数、视图的文本。

6. sp＿helptrigger 用于查看触发器的属性

sp＿helptrigger 有两个参数：第一个参数为表名；第二个为触发器类型，为char（6）类型，可以是 INSERT、UPDATE、DELETE，如果省略则显示指定表中所有类型触发器的属性。

例如：use 数据库名

Go

exec sp＿helptrigger tbl

7. 递归、嵌套触发器

1）递归触发器

递归分两种，间接递归和直接递归。我们举例解释如下，假如有表 1、表 2 名称分别为 T1、T2，在 T1、T2 上分别有触发器 G1、G2。

（1）间接递归：对 T1 操作从而触发 G1，G1 对 T2 操作从而触发 G2，G2 对 T1 操作从而再次触发 G1……

（2）直接递归：对 T1 操作从而触发 G1，G1 对 T1 操作从而再次触发 G1……

2）嵌套触发器

类似于间接递归，间接递归必然要形成一个环，而嵌套触发器不一定要形成一个环，它可以 T1→T2→T3…这样一直触发下去，最多允许嵌套 32 层。

（1）设置直接递归。默认情况下是禁止直接递归的，要设置为允许有两种方法：

① T-SQL：exec sp＿dboption 'dbName'，'recursive triggers'，true。

② EM：数据库上单击右键→属性→选项。

（2）设置间接递归、嵌套。默认情况下是允许间接递归、嵌套的，要设置为禁止有两种方法：

① T-SQL：exec sp＿configure 'nested triggers'，0。其中，第二个参数为 1 则为允许。

② EM：注册上单击右键→属性→服务器设置。

8. 触发器回滚

我们看到许多注册系统在注册后都不能更改用户名，但这多半是由应用程序决定的，如果直接打开数据库表进行更改，同样可以更改其用户名，在触发器中利用回滚就可以巧妙地实现无法更改用户名。

例如：use 数据库名

go

create trigger tr

on 表名

for update

as

　　if update（username）

　　　　rollback tran

关键在最后两句，表示如果更新了 username 列，就回滚事务。

本 章 小 结

本章主要讲述了数据库安全性和数据库完整性的有关内容。

数据库安全性主要介绍了数据库和计算机系统安全性的含义和评测标准和存取控制机制。存取控制机制中包括自主存取控制、强制存取控制和其他常用的控制方法。自主存取控制可以预先定义各个用户对不同数据对象的存取权限，通过检查用户的存取权限，防止不合法用户对数据库的存取。强制存取控制能够为系统提供更高程度的安全性保证，是对存取操作所采取的系统存取检查手段。

数据库完整性主要介绍了完整性的含义、分类和控制方法。完整性控制方法中包括表盒列级完整性约束和触发器控制。触发器是一种特殊的存储过程，不能被显式地调用，比数据库本身标准的功能有更精细和更复杂的数据控制能力。

➢ **思考练习题**

1. 试述数据库安全性与数据库完整性的含义。

2. 自主存取控制与强制存取控制的联系和区别是什么?

3. 用自主存取控制的授权方法，把对表 indent 中列 amount 的查询和修改权限授予用户 user1 和用户 user2，并给用户 user2 有再授予的权限。

4. 用自主存取控制的撤权方法，将 user2 对 indent 中列 amount 的修改权限撤销。

5. 简述数据库完整性的分类。

6. 数据库完整性静态约束和动态约束有什么不同?

7. 创建关系 flower（flowerid, fname, fprice, discount, stockdate, fcount），其中完整

性约束条件如下：

(1) flowerid（花品编号）是主关键字；

(2) fname（花品名称）不能为空值；

(3) 任何 discount（折扣）不得超过 1；

(4) fcount（库存数量）不能小于 0。

8. 试述触发器的含义和作用。

第二部分

设 计 篇

第 **5** 章

关系数据库规范化理论

　　数据库设计是数据库应用领域的主要研究课题。数据库设计的一个最基本的问题是怎样建立一个合理的数据库模式，使数据库系统无论是在数据存储方面，还是在数据操作方面都具有较好的性能。数据库模式的设计需要理论指导，关系数据库规范化理论就是它的理论指南。规范化理论研究的是关系模式中各属性之间的依赖关系及其对关系模式性能的影响，探讨"好"的关系模式应具备的性质，以及达到"好"的关系模式的方法。规范化理论提供了判断关系模式好坏的理论标准，帮助预测可能出现的问题，是数据库设计人员的有力工具，同时也使数据库设计工作有了严格的理论基础。

　　本章首先进行规范化问题的导入，接下来说明函数依赖和范式等基本概念，然后介绍关系模式分解的方法及规范化步骤，最后简要介绍函数依赖的公理系统。

■ 5.1　规范化问题的提出

　　数据库逻辑设计为什么要遵循一定的规范化理论？讨论属性间关系和函数依赖有什么必要？什么是好的关系模式？某些不好的关系模式会导致哪些问题？让

我们看一下例子。

【例 5.1】　设有一个教学管理数据库，其关系模式如下：

S-C（Sno，Sname，Ssex，Sdept，Mname，Cno，Grade）

其中，Sno 的含义为学生学号；Sname 为学生姓名；Ssex 为学生性别；Sdept 为学生所在系别；Mname 为系主任姓名；Cno 为学生所选课程的课程号；Grade 为学生选修该门课程的成绩。

现实世界已知事实：一个学号对应一名学生；一个学生属于一个系；一个系有一名系主任；一个学生可选多门课；一门课可有若干学生选修；每名学生所选的每门课只有一个成绩。

根据语义规定并分析以上关系中数据可知，此关系的主键为（Sno，Cno）。由该关系的部分数据（表 5.1），我们不难看出，该关系存在着如下问题。

表 5.1　教学关系部分数据

Sno	Sname	Ssex	Sdept	Mname	Cno	Grade
0450301	张晓宇	男	计算机系	李刚	C01	83
0450301	张晓宇	男	计算机系	李刚	C02	71
0430102	王萌	女	信息管理系	林寒雨	C01	79
0430102	王萌	女	信息管理系	林寒雨	C03	68
...	...	...	...	...	...	...
0420131	李林	男	园林系	张扬	C01	97
0420131	李林	男	园林系	张扬	C12	93
0420131	李林	男	园林系	张扬	C13	88

（1）数据冗余（data redundancy）。数据冗余是指数据的重复存储。该关系中每一个系名重复存储次数为该系的学生人数乘以每个学生选修的课程门数；每一个课程号均对选修该门课程的学生重复存储；系主任对系名重复存储等，这将造成存储空间的浪费。

（2）插入异常（insert anomalies）。由于主键中元素的属性值不能取空值，如果新成立一个系，则新系名就无法插入；同样，没被学生选修的课程信息也无法插入；没有选课的学生信息也无法存入数据库。

（3）修改异常（modification anomalies）。如果更改某系的系主任，则需要修改多个元组。如果仅部分修改，部分不修改，就会造成数据的不一致性。同样的情形，如果一个学生转系，则对应此学生的所有元组都必须修改，否则，也出现数据的不一致性。

（4）删除异常（deletion anomalies）。如果某系的所有学生全部毕业，又没有在读及新生，当从表中删除毕业学生的选课信息时，则连同此系的信息将全部丢失。同样地，如果所有学生都退选一门课程，则该课程的相关信息也同样丢失了。

由此可知，上述的教学管理关系尽管看起来能满足一定的需求，但存在的问题太多，从而它并不是一个合理的关系模式。

那么，关系模式 SC 中为什么会出现以上异常问题呢？原因在于该关系模式中，属性之间存在过多的"数据依赖"。一个好的关系模式应该可以通过分解来消除其中不合适的数据依赖。

【例 5.2】 将关系模式 S-C 分解为如下三个新的关系模式：

S-C1 (Sno, Sname, Ssex, Sdept)；S-C2 (Sdept，Mname)；S-C3 (Sno, Cno, Grade)

相应的关系实例如表 5.2、表 5.3 和表 5.4 所示。

表 5.2 学生信息

Sno	Sname	Ssex	Sdept
0450301	张晓宇	男	计算机系
0430102	王萌	女	信息管理系
…	…	…	…
0420131	李林	男	园林系

表 5.3 系别信息

Sdept	Mname
计算机系	李刚
信息管理系	林寒雨
…	…
园林系	张扬

表 5.4 学生成绩信息

Sno	Cno	Grade
0450301	C01	83
0450301	C02	71
0430102	C01	79
0430102	C03	68
…	…	…
0420131	C01	97
0420131	C12	93
0420131	C13	88

分解之后，三个关系模式都不会发生插入异常和删除异常问题，数据冗余也得到控制。

此外，必须说明的是，不是任何分解都是有效的。若将表 5.1 分解为 (Sno, Sname, Ssex, Sdept)、(Sno, Mname) 及 (Sname, Cno, Grade)，不但解决不了实际问题，反而会带来更多的问题。

那么，什么样的关系模式需要分解？如何确定关系的分解是否有益？分解后是否仍然存在数据冗余和更新异常等问题？什么样的关系模式才算比较好的关系模式？这些是下面几节中函数依赖、关系模式规范化等将加以讨论的问题。

5.2　函数依赖

关系模式中各属性之间相互依赖、相互制约的联系称为数据依赖。数据依赖一般分为函数依赖、多值依赖和连接依赖。其中函数依赖是最重要的数据依赖，它反映了同一关系中属性间一一对应的约束。函数依赖是关系规范化的理论基础。

5.2.1　函数依赖的定义

定义 5.1　设 R（U）是一个关系模式，U 是 R 的属性集合，X 和 Y 是 U 的子集。对于 R（U）的任意一个可能的关系 r，如果 r 中不存在两个元组，它们在 X 上的属性值相同，而在 Y 上的属性值不同，则称"X 函数确定 Y"或"Y 函数依赖于 X"，记作 $X {\rightarrow} Y$。

函数依赖和其他数据依赖一样，是语义范畴的概念。我们只能根据数据的语义来确定函数依赖。例如，知道了学生的学号，可以唯一地查询到其对应的姓名、性别等，因而，可以说"学号函数确定了姓名或性别"，记作"学号→姓名"、"性别"等。这里的唯一性并非只有一个元组，而是指任何元组，只要它在 X（学号）上相同，则在 Y（姓名或性别）上的值也相同。如果满足不了这个条件，就不能说它们是函数依赖了。例如，学生姓名与年龄的关系，当只有在没有同名人的情况下可以说函数依赖"姓名→年龄"成立，如果允许有相同的名字，则"年龄"就不再依赖于"姓名"了。

当 $X {\rightarrow} Y$ 成立时，则称 X 为决定因素（determinant），称 Y 为依赖因素（dependent）。当 Y 不函数依赖于 X 时，记为 $X {\nrightarrow} Y$。如果 $X {\rightarrow} Y$，且 $Y {\rightarrow} X$，则记其为 $X {\leftrightarrow} Y$。

特别需要注意的是，函数依赖不是指关系模式 R 中某个或某些关系满足的约束条件，而是指 R 的一切关系均要满足的约束条件。

函数依赖概念实际是候选键概念的推广，事实上，每个关系模式 R 都存在候选键，每个候选键 K 都是一个属性子集，由候选键定义，对于 R 的任何一个属性子集 Y，在 R 上都有函数依赖 $K {\rightarrow} Y$ 成立。一般而言，给定 R 的一个属性子集 X，在 R 上另取一个属性子集 Y，不一定有 $X {\rightarrow} Y$ 成立，但是对于 R 中候选键 K，R 的任何一个属性子集都与 K 有函数依赖关系，K 是 R 中任意属性子集的决定因素。

【例 5.3】　教学管理数据库关系模式为：S-C（Sno，Sname，Ssex，Sdept，Mname，Cno，Grade），此关系中的函数依赖为：

（Sno，Cno）→Grade；Sno→Sname；Sno→Ssex；

Sno→Sdept；Sdept→Mname；Sno→Mname

【例 5.4】　有关系模式：学生成绩（学生号，课程号，成绩，教师，教师办公室），此关系中包含的四种函数依赖为：

（学生号，课程号）→成绩；课程号→教师；课程号→教师办公室；教师→教师办公室

5.2.2　函数依赖的基本情形

函数依赖可以分为三种基本情形。

1. 平凡函数依赖与非平凡函数依赖

定义 5.2　在关系模式 $R(U)$ 中，对于 U 的子集 X 和 Y，如果 $X \to Y$，但 Y 不是 X 的子集，则称 $X \to Y$ 是非平凡函数依赖（nontrivial function dependency）。若 Y 是 X 的子集，则称 $X \to Y$ 是平凡函数依赖（trivial function dependency）。

对于任一关系模式，平凡函数依赖都是必然成立的。它不反映新的语义，因此，若不特别声明，本书总是讨论非平凡函数依赖。

2. 完全函数依赖与部分函数依赖

定义 5.3　在关系模式 $R(U)$ 中，如果 $X \to Y$，并且对于 X 的任何一个真子集 X'，都有 $X' \nrightarrow Y$，则称 Y 完全函数依赖（full functional dependency）于 X，记作 $X \xrightarrow{F} Y$。若 $X \to Y$，但 Y 不完全函数依赖于 X，则称 Y 部分函数依赖（partial functional dependency）于 X，记作 $X \xrightarrow{P} Y$。

如果 Y 对 X 部分函数依赖，X 中的"部分"就可以确定对 Y 的关联，从数据依赖的观点来看，X 中存在"冗余"属性。

3. 传递函数依赖

定义 5.4　在关系模式 $R(U)$ 中，如果 $X \to Y$，$Y \to Z$，且 $Y \nrightarrow X$，则称 Z 传递函数依赖（transitive functional dependency）于 X，记作 $Z \xrightarrow{T} X$。

传递函数依赖定义中之所以要加上条件 $Y \nrightarrow X$，是因为如果 $Y \to X$，则 $X \leftrightarrow Y$，这实际上是 Z 直接依赖于 X，而不是传递函数了。

按照函数依赖的定义，可以知道，如果 Z 传递依赖于 X，则 Z 必然函数依赖于 X，如果 Z 传递依赖于 X，说明 Z 是"间接"依赖于 X，从而表明 X 和 Z 之间的关联较弱，表现出间接的弱数据依赖。因而亦是产生数据冗余的原因之一。

例如，在关系模式：S-C（Sno，Sname，Ssex，Sdept，Mname，Cno，Grade）中，存在如下函数依赖：（Sno，Cno）$\xrightarrow{F}$ Grade；（Sno，Cno）$\xrightarrow{P}$ Sname；Sno $\xrightarrow{T}$ Mname。

5.2.3 码的函数依赖表示

本小节我们将使用函数依赖的概念来严格定义关系模式的码。

关系模式的完整表示是一个五元组：R（U，D，Dom，F），其中：R 为关系名；U 为关系的属性集合；D 为属性集 U 中属性的数据域；Dom 为属性到域的映射；F 为属性集 U 的数据依赖集。由于 D 和 Dom 对设计关系模式的作用不大，在讨论关系规范化理论时可以把它们简化掉，从而关系模式可以用三元组来表示为：R（U，F）。

定义 5.5 设 K 为关系模式 R（U，F）中的属性或属性集合。若 $K \xrightarrow{F} U$，则 K 称为 R 的一个候选码（candidate key）。其中，K 为决定 R 中全部属性值的最小属性组。

若关系模式 R 有多个候选码，则选定其中一个作为主码（primary key）。

组成候选码的属性称为主属性（primary attribute），不参加任何候选码的属性称为非主属性（nonprimary attribute）。

在关系模式中，最简单的情况，单个属性是码，称为单码（Single Key）；最极端的情况，整个属性组都是码，称为全码（all key）。

例如，关系模式：S-C（Sno，Sname，Ssex，Sdept，Mname，Cno，Grade）。

其候选码为：（Sno，Cno），也为主码，则主属性为：Sno，Cno；非主属性为：Sname，Ssex，Sdept，Mname，Grade。

定义 5.6 关系模式 R 中属性或属性组 X 并非 R 的码，但 X 是另一个关系模式的码，则称 X 是 R 的外部码（foreign key），也称为外码。

码是关系模式中的一个重要概念。候选码能够唯一地标识关系的元组，是关系模式中一组最重要的属性。另一方面，主码又和外部码一起提供了一个表示关系间联系的手段。

5.3 关系规范化

关系规范化是指导将有"不良"函数依赖的关系模式转换为良好的关系模式的理论。这里涉及范式的概念，不同的范式表示关系模式遵守的不同规则。规范化过程实际是通过把范式程度低的关系模式分解为若干个范式程度高的关系模式来实现的。规范化的方法是进行模式分解，并保证不破坏原来的语义且不丢失原来的函数依赖关系。

本节将主要介绍几种常用范式，并讨论模式分解的准则。

5.3.1　关系模式的范式

之前已经介绍了"不好"的关系模式带来的问题，接下来将讨论"好"的关系模式应具备的性质，即关系规范化问题。

关系数据库中的关系必须满足一定的规范化要求，对于不同的规范化程度可用范式来衡量。范式是符合某一种级别的关系模式的集合，是衡量关系模式规范化程度的标准，达到的关系才是规范化的。目前主要有六种范式：第一范式、第二范式、第三范式、BC 范式、第四范式和第五范式。满足最低要求的叫第一范式，简称为 1NF。在第一范式基础上进一步满足一些要求的为第二范式，简称为 2NF。其余以此类推。显然各种范式之间存在联系：1NF＞2NF＞3NF＞BCNF＞4NF＞5NF，通常把某一关系模式 R 为第 n 范式简记为 $R \in n$NF。

范式的概念最早是由 E. F. Codd 提出的。1971～1972 年，他先后提出了 1NF、2NF、3NF 的概念，1974 年他又和 Boyee 共同提出了 BCNF 的概念，1976 年 Fagin 提出了 4NF 的概念，后来又有人提出了 5NF 的概念。在这些范式中，最重要的是 3NF 和 BCNF，它们是进行规范化的主要目标。一个低一级范式的关系模式，通过模式分解可以转换为若干个高一级范式的关系模式的集合，这个过程称为规范化。

1. 第一范式（1NF）

定义 5.7　如果关系模式 R 中每个属性值都是一个不可分解的数据项，则称该关系模式满足第一范式（first normal form），简称 1NF，记为 $R \in 1$NF。

第一范式规定了一个关系中的属性值必须是"原子"的，它排斥了属性值为元组、数组或某种复合数据的可能性，使得关系数据库中所有关系的属性值都是"最简形式"，这样要求的意义在于可能做到起始结构简单，为以后复杂情形讨论带来方便。一般而言，每一个关系模式都必须满足第一范式，1NF 是对关系模式的起码要求。

非规范化关系转化为 1NF 的方法很简单，表 5.5 所示的表就不是 1NF 的关系，因为表中"工资"不是基本的数据项，将表展开，即可转化为如表 5.6 所示的符合 1NF 的关系。

表 5.5　非第一范式的表

职工号	姓名	工资		
		基本工资	职务工资	工龄工资

表 5.6　第一范式的表

职工号	姓名	基本工资	职务工资	工龄工资

2. 第二范式（2NF）

定义 5.8　如果一个关系模式 $R \in 1NF$，且它的所有非主属性都完全函数依赖于主码，则 $R \in 2NF$。

从定义可以看出，若某个 1NF 的关系的主码只由一个列组成，那么这个关系就是 2NF 关系。但如果主码是由多个属性列共同构成的复合主码，并且存在非主属性对主属性的部分函数依赖，则这个关系就不是 2NF 关系。

例如，S-C（Sno，Sname，Ssex，Sdept，Mname，Cno，Grade）就不是 2NF。因为（Sno，Cno）为主码，而又有 Sno→Sname，因此有（Sno，Cno）$\xrightarrow{P}$ Sname，即存在非主码属性对主码的部分函数依赖关系，所以关系 S-C 不是 2NF 的。前面已经介绍过这个关系存在操作异常，而这些操作异常就是因为它存在部分函数依赖造成的。

可以用模式分解的方法将非 2NF 的关系模式分解为多个 2NF 的关系模式。去掉部分函数依赖关系的分解过程为：

（1）用组成主码的属性集合的每一个子集作为主码构成一个表；

（2）将依赖于这些主码的属性放置到相应的表中；

（3）去掉只由主码的子集构成的表。

例如，对 S-C（Sno，Sname，Ssex，Sdept，Mname，Cno，Grade），首先分解为

S-C1（Sno，…）；S-C2（Cno，…）；S-C3（Sno，Cno，…）

然后将依赖于这些主码的属性放置到相应的表中，形成如下三张表：

S-C1（Sno，Sname，Ssex，Sdept，Mname）；S-C2（Cno）；S-C3（Sno，Cno，Grade）

最后去掉只由主码的子集构成的表，也就是 S-C2（Cno）表。S-C 关系模式最终分解的形式为 S-C1（Sno，Sname，Ssex，Sdept，Mname）；S-C3（Sno，Cno，Grade）。

现在对分解后的表再进行分析。S-C1 关系的主码为 Sno，只由一列组成，所以为 2NF。S-C3 关系的主码为（Sno，Cno），并且有（Sno，Cno）$\xrightarrow{F}$ Grade，因此 S-C3 也是 2NF 的。

显然，在分解后的关系模式中，非主属性都完全函数依赖于码了。从而使关系的操作异常在一定程度上得到部分的解决。

（1）在 S-C1 关系中可以插入尚未选课的学生。

（2）删除学生选课情况涉及的是 S-C3 关系，如果一个学生所有的选课记录全部删除了，只是 S-C3 关系中没有关于该学生的记录了，不会牵涉 S-C1 关系中关于该学生的记录。

（3）由于学生选修课程的情况与学生的基本情况是分开存储在两个关系中的，因此不论该学生选多少门课程，他的 Sdept 和 Mname 值都只存储了 1 次。这就大大降低了数据冗余程度。

（4）学生从计算机系转到信息管理系，只需修改 S-C1 关系中该学生元组的 Sdept 和 Mname 值，由于 Sdept 和 Mname 并未重复存储，因此简化了修改操作。

S-C1 关系和 S-C3 关系都属于 2NF。可见，将一个 1NF 的关系分解为多个 2NF 的关系，可以在一定程度上减轻原 1NF 关系中存在的部分操作异常问题。

但是将一个 1NF 关系分解为多个 2NF 的关系，并不能完全消除关系模式中的各种异常情况和数据冗余。也就是说，属于 2NF 的关系模式并不一定是一个好的关系模式。

通过对关系模式 S-C1 的分析不难发现：首先，如果某个系的学生全部毕业了，在删除该系学生信息的同时，把这个系的信息也丢掉了；其次，每一个系的学生都有同一个系主任，系主任重复次数与该系学生人数相同；最后，当学校更换某系主任时，由于关于每个系的系主任信息是重复存储的，修改时必须同时更新该系所有学生的 Mname 属性值。

所以 S-C1 仍然存在操作异常问题，因此需要对此关系模式进行进一步的分解。

3. 第三范式（3NF）

定义 5.9 如果一个关系模式 $R \in 2NF$，且所有非主属性都不传递函数依赖于主码，则 $R \in 3NF$。

从定义可以看出，如果存在非主属性对主码的传递依赖，相应的关系模式不属于 3NF。

例如，2NF 关系模式 S-C1（Sno，Sname，Ssex，Sdept，Mname）中有下列函数依赖：

Sno→Sdept；Sdept→Mname；Sno→Mname。即 Mname 传递函数依赖于 Sno，也就是说 S-C1 中存在非主属性对码的传递函数依赖，从前面的分析可知，当关系模式中存在传递依赖时，这个关系模式仍然有操作异常，因此需对其进一步分解。去掉传递函数依赖关系的分解过程如下：

（1）对于不是候选码的决定因子，从表中删去依赖于该决定因子的属性；

（2）新建一个表，新表中包含在原表中所有依赖于该决定因子的属性；

（3）将决定因子作为新表的主码。

例如，S-C1 分解后的关系模式为

S-C11（Sno，Sname，Ssex，Sdept）；S-C12（Sdept，Mname）

对 S-C11，S-C11 $\in$ 2NF，主码为 Sno（由一列组成），因此 S-C11 $\in$ 3NF。

对 S-C12，S-C12∈2NF，主码为 Sdept（由一列组成），因此 S-C12∈3NF。

显然，在关系模式中既没有非主属性对码的部分函数依赖，也没有非主属性对码的传递函数依赖，很大程度上消除了操作异常，因此，通常的数据库设计中一般要求达到 3NF。

（1）S-C12 关系中可以插入无在校学生的信息。

（2）某个系的学生全部毕业了，只是删除 S-C11 关系中的相应元组，S-C12 关系中关于该系的信息仍然存在。

（3）关于系主任的信息只在 S-C12 关系中存储一次。

（4）当学校更换某系主任时，只需修改 S-C12 关系中一个相应元组的 Mname 属性值。

3NF 就是不允许关系模式的属性之间有这样的非平凡函数依赖 $X \rightarrow Y$，其中 X 不包含码，Y 是非主属性。X 不包含码有两种情况，一种情况 X 是码的真子集，这也是 2NF 不允许的，另一种情况 X 含有非主属性，这是 3NF 进一步限制的。

上例中的 S-C11 关系和 S-C12 关系都属于 3NF。在一定程度上解决原 2NF 关系中存在的插入异常、删除异常、数据冗余度大、修改复杂等问题。

但是将一个 2NF 关系分解为多个 3NF 的关系后，并不能完全消除关系模式中的各种异常情况和数据冗余。也就是说，属于 3NF 的关系模式虽然基本上消除大部分异常问题，但解决得并不彻底，仍然存在不足。

【例 5.5】　模型 SC（Sno，Sname，Cno，Grade）。

如果姓名是唯一的，模型存在两个候选码：（Sno，Cno）和（Sname，Cno）。

模型 SC 只有一个非主属性 Grade，对两个候选码（Sno，Cno）和（Sname，Cno）都是完全函数依赖，并且不存在对两个候选码的传递函数依赖。因此 SC∈3NF。

但是当学生如果退选了课程，元组被删除也失去学生学号与姓名的对应关系，因此仍然存在删除异常的问题；并且由于学生选课很多，姓名也将重复存储，造成数据冗余。因此 3NF 虽然已经是比较好的模型，但仍然存在改进的余地。

4. BC 范式（BCNF）

定义 5.10　关系模式 $R \in$ 1NF，对任何非平凡的函数依赖 $X \rightarrow Y$（$Y \nsubseteq X$），X 均包含 R 的一个候选码，则 $R \in$ BCNF。

从定义可以看出，在 $R \in$ 1NF 基础上，若每一个决定因素都包含有候选码，则 $R \in$ BCNF。并且每个 BCNF 的关系模式都具有如下三个性质。

（1）所有非主属性都完全函数依赖于每个候选码。

(2) 所有主属性都完全函数依赖于每个不包含它的候选码。

(3) 没有任何属性完全函数依赖于非码的任何一组属性。

由以上结论可知，BCNF 既检查非主属性，又检查主属性，显然比 3NF 限制更加严格。当只检查非主属性而不检查主属性时，就成了 3NF。因此，可以说任何满足 BCNF 的关系都必然是 3NF。但是，如果 $R \in$ 3NF，R 未必属于 BC-NF。

3NF 和 BCNF 是以函数依赖为基础的关系模式规范化程度的测度。

如果一个关系数据库中的所有关系模式都属于 BCNF，那么在函数依赖范畴内，它已实现了模式的彻底分解，达到了最高的规范化程度，消除了插入异常和删除异常。

BCNF 是对 3NF 的改进，但是在具体实现时有时是有问题的。

【例 5.6】 模型 SJT(U，F)中：$U = STJ$，$F = \{SJ \rightarrow T, ST \rightarrow J, T \rightarrow J\}$

码是：ST 和 SJ，没有非主属性，所以 STJ $\in$ 3NF。

但是非平凡的函数依赖 $T \rightarrow J$ 中 T 不是码，因此 SJT 不属于 BCNF。

而当用分解的方法提高规范化程度时，将破坏原来模式的函数依赖关系，这对于系统设计来说是有问题的。这个问题涉及模式分解的一系列理论问题，在这里不再作进一步的探讨。

在信息系统的设计中，普遍采用的是"基于 3NF 的系统设计"方法，就是由于 3NF 是无条件可以达到的，并且基本解决了"异常"的问题，因此这种方法目前在信息系统的设计中仍然被广泛地应用。

如果仅考虑函数依赖这一种数据依赖，属于 BCNF 的关系模式已经很完美了。但如果考虑其他数据依赖，例如，多值依赖，属于 BCNF 的关系模式仍存在问题，不能算是一个完美的关系模式。

5. 多值依赖与 4NF

我们先看下述例子：

【例 5.7】 学校中某一门课程由多个教员讲授，他们使用相同的一套参考书，每个教员可以讲授多门课程，每种参考书可以供多门课程使用。

表 5.7 是用一个非规范化的表来表示表 5.8 教员 T、课程 C 和参考书 B 之间的关系。

把表 5.7 变换成一张规范化的二维表 Teaching，如表 5.8 所示。

关系模式 Teaching（C，T，B）的码是（C，T，B），即 All-Key。因而 Teaching $\in$ BCNF。按照上述语义规定，当某门课程增加一名讲课教员时，就要向 Teaching 表中增加与相应参考书等数目的元组。同样，某门课程要去掉一本参考书时，则必须删除相应数目的元组。

表 5.7 课程安排示意图

课程 C	教员 T	参考书 B
物理	李勇	普通物理学
物理	李勇	光学原理
物理	李勇	物理习题集
物理	王军	普通物理学
物理	王军	光学原理
物理	王军	物理习题集
数学	李勇	数学分析
数学	李勇	微分方程
数学	李勇	高等代数
数学	张平	数学分析
数学	张平	微分方程
数学	张平	高等代数
计算数学	张平	数学分析
计算数学	张平	计算数学
计算数学	周峰	数学分析
计算数学	周峰	计算数学

表 5.8 规范化的二维表 Teaching

课程 C	教员 T	参考书 B
物理	李勇王军	普通物理学光学原理物理习题集
数学	李勇张平	数学分析微分方程高等代数
计算数学	张平周峰	数学分析计算数学

对数据的增、删、改很不方便，数据的冗余也十分明显。如果仔细考察这类关系模式，会发现它具有一种称之为多值依赖的数据依赖关系。

定义 5.11 设 $R(U)$ 是属性集 U 上的一个关系模式，X、Y、Z 是 U 的子集，且 $Z=U-X-Y$。如果对 $R(U)$ 的任一关系 r，给定一对 (x, z) 值，都有一组 y 值与之对应，这组 y 值仅仅决定于 x 值而与 z 值无关，则称 Y 多值依赖于 X，或 X 多值决定 Y，记作：$X \twoheadrightarrow Y$。

例如，在关系模式 Teaching 中，对于一个 (C, B) 值（物理，普通物理学），有一组 T 值｛李勇，王军｝，而这组值仅仅决定于课程 C 上的值（物理）。即对于另一个（物理，光学原理），它对应的 T 值仍然是｛李勇，王军｝，所以

T 的值与 B 的值无关，仅决定于 C 的值，即 $C \longrightarrow T$。

多值依赖与函数依赖相比，具有下面两个基本区别：

(1) 多值依赖的有效性与属性集的范围有关。若 $X \longrightarrow\!\!\!\!\longrightarrow Y$ 在 U 上成立，则在 V（$XY \subseteq V \subseteq U$）上一定成立；反之则不然，即 $X \longrightarrow\!\!\!\!\longrightarrow Y$ 在 V（$V \subset U$）上成立，在 U 上并不一定成立。这是因为多值依赖的定义中不仅涉及属性组 X、Y，而且涉及 U 中的其余属性 Z（$Z = U - X - Y$）。

一般地说，在 R（U）上若有 $X \longrightarrow\!\!\!\!\longrightarrow Y$ 在 V（$V \subset U$）上成立，则称 $X \longrightarrow\!\!\!\!\longrightarrow Y$ 为 R（U）的嵌入型多值依赖。

而在关系模式 R（U）中函数依赖 $X \rightarrow Y$ 的有效性，仅决定于 X 和 Y 这两个属性集的值。只要在 R（U）的任何一个关系 r 中，元组在 X 和 Y 上的值使得 $X \rightarrow Y$ 成立，则 $X \rightarrow Y$ 在任何属性集 V（$XY \subseteq V \subseteq U$）上也成立。

(2) 若函数依赖 $X \rightarrow Y$ 在 R（U）上成立，则对于任何 $Y' \subset Y$ 均有 $X \rightarrow Y'$ 成立。而多值依赖 $X \longrightarrow\!\!\!\!\longrightarrow Y$ 若在 R（U）上成立，却不能断言对于任何 $Y' \subset Y$ 有 $X \longrightarrow\!\!\!\!\longrightarrow Y'$ 成立。

多值依赖的约束规则：在具有多值依赖的关系中，如果随便删去一个元组，就会破坏其对称性，那么，为了保持多值依赖关系中的"多值依赖"性，就必须删去另外的相关元组以维持其对称性。这就是多值依赖的约束规则。目前的 RDBMS 尚不具有维护这种约束的能力，需要程序员在编程中实现。

函数依赖可看成是多值依赖的特例，即函数依赖一定是多值依赖。而多值依赖则不一定就有函数依赖。

定义 5.12　如果关系模式 $R \in 1NF$，对于 R 的每个非平凡的多值依赖 $X \longrightarrow\!\!\!\!\longrightarrow Y$（$Y \not\subset X$），$X$ 含有码，则称 R 是第四范式，即 $R \in 4NF$。

关系模式 $R \in 4NF$ 时，R 中所有的非平凡多值依赖实际上就是函数依赖。因为每一个决定因素中都含有码，所以 R 一定属于 BCNF。

4NF 实际上就是限制关系模式的属性间不允许有非平凡，而且非函数依赖的多值依赖存在。反过来说，4NF 所允许的非平凡多值依赖实际上是函数依赖。

【例 5.8】　中的 Teaching 关系属于 BCNF，但它不属于 4NF。因为它的码是（C，T，B），关系中存在非平凡多值依赖 $C \longrightarrow\!\!\!\!\longrightarrow T$，$C \longrightarrow\!\!\!\!\longrightarrow B$，但 C 不包含码，而只是码的一部分。

要使 Teaching 关系符合 4NF，必须将其分解为 CT（C，T）和 CB（C，B）两个关系模式。如表 5.9 所示。

从表中显而易见，符合 BCNF 的关系 Teaching 仍然存在着数据冗余，而分解后的关系 CT 和 CBa 中只有平凡多值依赖，所以符合 4NF，它们已经消除了数据冗余。可以说，BCNF 是在只有函数依赖的关系模式中，规范化程度最高的范式，而 4NF 是在有多值依赖的关系模式中，规范化程度最高的范式。

表 5.9 分解后关系模式

(a) CT 关系

课程 C	教员 T
物理	李勇
物理	王军
数学	李勇
数学	张平
计算数学	张平
计算数学	周峰

(b) CB 关系

课程 C	参考书 B
物理	普通物理学
物理	光学原理
物理	物理习题集
数学	数学分析
数学	微分方程
数学	高等代数
计算数学	数学分析
计算数学	计算数学

如果关系模式中存在连接依赖，即便它符合 4NF，仍有可能遇到数据冗余及更新异常等问题。所以对于达到 4NF 的关系模式，还需要消除其中可能存在的连接依赖，才可以进一步达到 5NF 的关系模式。

关于连接依赖和 5NF 的内容，已超出了本课程教学大纲的要求，在此不再介绍。

5.3.2 关系模式规范化步骤

规范化程度过低的关系不一定能够很好地描述现实世界，可能会存在插入异常、删除异常、修改复杂、数据冗余等问题，解决方法就是对其进行规范化，转换成高级范式。

规范化的基本思想是逐步消除数据依赖中不合适的部分，使模式中的各关系模式达到某种程度的"分离"，即采用"一事一地"的模式设计原则，让一个关系描述一个概念、一个实体或实体间的一种联系。若多于一个概念就把它"分离"出去。因此所谓规范化实质上是概念的单一化。

本书中只涉及了 1NF、2NF、3NF、BCNF 和 4NF 的讲解，针对这几种范式的关系模式规范化步骤如图 5.1 所示。

（1）对 1NF 关系分解，消除原关系中非主属性对码的函数依赖，将 1NF 关系转换成为若干个 2NF 关系。

（2）对 2NF 关系进行分解，消除原关系中非主属性对码的传递函数依赖，从而产生一组 3NF。

（3）对 3NF 关系进行分解，消除原关系中主属性对码的部分函数依赖和传递函数依赖（也就是说，使决定属性都包含一个候选码），得到一组 BCNF 关系。

以上三步也可以合并为一步：对原关系进行分解，消除决定属性不是候选码的任何函数依赖。

(4) 对 BCNF 关系进行投影，消除原关系中非平凡且非函数依赖的多值依赖，从而产生一组 4NF 关系。

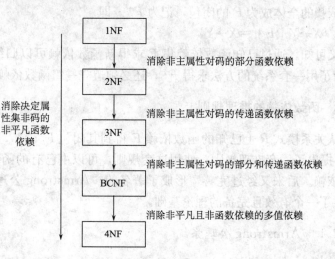

图 5.1 关系模式规范化步骤

规范化程度过低的关系可能会存在插入异常、删除异常、修改复杂、数据冗余等问题，需要对其进行规范化，转换成高级范式。但这并不意味着规范化程度越高的关系模式就越好。在设计数据库模式结构时，必须以现实世界的实际情况和用户应用需求作进一步分析，确定一个合适的、能够反映现实世界的模式。即上面的规范化步骤可以在其中任何一步终止。

5.4 函数依赖的公理系统简介

函数依赖的讨论是解决数据操作异常的基础，为了能设计出合理高效的数据库模式，需要在一个给定的关系模式中，找出其中的各种函数依赖关系。在实际应用中，人们通常也会制定一些语义明显的函数依赖。这样，一般总有一个作为问题展开的初始基础的函数依赖集 F。本节主要讨论如何通过已知的 F 得到其他大量的未知函数依赖。

5.4.1 函数依赖的逻辑蕴含定义

在关系模式 R 中，若函数依赖 $X \rightarrow \{A\}$、$X \rightarrow \{B\}$ 和 $X \rightarrow Z$ 并不直接显现在问题当中，而是按照一定规则（函数依赖和传递函数依赖概念）由已知"推导"出来的,这样的问题就是函数依赖的逻辑蕴含所要讨论的问题。

定义 5.13 设 F 是关系模式 R (U, F) 的一个函数依赖集,X 和 Y 是属性集合 U 的两个子集,$X \to Y$ 是一个函数依赖,如果对于 R 中每个满足 F 的关系 r,函数依赖 $X \to Y$ 都成立,则称 F 逻辑蕴含 $X \to Y$,记为 $F | = X \to Y$。F 所蕴含的函数依赖的全体成为 F 的闭包,记为 F^+。即

$$F^+ = \{X \to Y \mid F | = X \to Y\}$$

由定义可知,通过已知函数依赖集 F 求得新函数依赖可以归结为求 F 的闭包 F^+。为了用一套系统的方法求得 F^+,还必须遵守一组函数依赖的推理规则。

5.4.2 函数依赖的推理规则

为了从关系模式 R 上已知的函数依赖 F 得到其闭包 F^+,W. W. Armstrong 于 1974 年提出了一套推理规则。使用这套规则,可以由已有的函数依赖推导出新的函数依赖。后来又经过完善,形成了著名的"Armstrong 公理系统",为计算 F^+ 提供了一个有效且完备的理论基础。

5.4.2.1 Armstrong 公理系统

(1) Armstrong 公理系统有三条基本公理:

① A1(自反律,reflexivity):如果 $Y \subset X \subset U$,则 $X \to Y$ 在 R 上成立。

② A2(增广律,augmentation):如果 $X \to Y$ 在 R 上成立,且 $Z \subseteq U$,则 $XZ \to YZ$。

③ A3(传递律,transitivity):如果 $X \to Y$ 和 $Y \to Z$ 在 R 上成立,则 $X \to Z$ 在 R 上成立。

基于函数依赖集 F,由 Armstrong 公理系统推出的函数是否一定在 R 上成立呢? 或者说,这个公理系统是否正确呢? 这个问题并不明显,需要进行必要的讨论。

(2) 由于公理是不能证明的,其"正确性"只能按照某种途径进行间接的说明。人们通常是按照这样的思路考虑正确性问题的,即如果 $X \to Y$ 是基于 F 而由 Armstrong 公理系统推出,则 $X \to Y$ 一定属于 F^+,则就可认为 Armstrong 公理系统是正确的。由此可知:

① 自反律是正确的。因为在一个关系中不可能存在两个元组在属性 X 上的值相等,而在 X 的某个子集 Y 上的值不等。

② 增广律是正确的。因为可以使用反证法,如果关系模式 R (U) 中的某个具体关系 r 中存在两个元组 t 和 s 违反了 $XZ \to YZ$,即 t $[XZ] = s$ $[XZ]$,而 t $[YZ] \neq s$ $[YZ]$,则可以知道 t $[Y] \neq s$ $[Y]$ 或 t $[Z] \neq s$ $[Z]$。此时可以分为两种情形:

如果 t $[Y] \neq s$ $[Y]$,就与 $X \to Y$ 成立矛盾。

如果 $t[Z] \neq s[Z]$，则与假设 $t[XZ] = s[XZ]$ 矛盾。

这样假设就不成立，所以增广性公理正确。

③ 传递律是正确的，还是使用反证法。假设 $R(U)$ 的某个具体关系 r 中存在两个存在两个元组 t 和 s 违反了 $X \rightarrow Z$，即 $t[X] = s[X]$，但 $t[Z] \neq s[Z]$。此时分为两种情形讨论：

如果 $t[Y] \neq s[Y]$，就与 $X \rightarrow Y$ 成立矛盾。

如果 $t[Y] = s[Y]$，而 $t[Z] \neq s[Z]$，就与 $Y \rightarrow Z$ 成立矛盾。

由此可以知道传递性公理是正确的。

5.4.2.2　Armstrong 公理推论

由 Armstrong 基本公理 A1、A2 和 A3 为初始点，可以导出下面五条有用的推理规则。

(1) A4 （合并性规则 union）：若 $X \rightarrow Y$，$X \rightarrow Z$，则 $X \rightarrow YZ$。

(2) A5 （分解性规则 decomposition）：若 $X \rightarrow Y$，$Z \subseteq Y$，则 $X \rightarrow Z$。

(3) A6 （伪传递性规则 pseudotransivity）：若 $X \rightarrow Y$，$WY \rightarrow Z$，则 $WX \rightarrow Z$。

(4) A7 （复合性规则 compositon rule）：若 $X \rightarrow Y$，$W \rightarrow Z$，则 $WX \rightarrow YZ$。

(5) A8 （通用一致性规则 general unification rule）：若 $X \rightarrow Y$，$W \rightarrow Z$，则 $X(W-Y) \rightarrow YZ$。

【例 5.9】　设有关系模式 R (U, F)，其中 $U = ABC$，$F = \{A \rightarrow B, B \rightarrow C\}$，则上述关于函数依赖集闭包计算公式，可以得到 F^+ 由 43 个函数依赖组成。例如，由自反性公理 A1 可以知道，$A \rightarrow \Phi$，$B \rightarrow \Phi$，$C \rightarrow \Phi$，$A \rightarrow A$，$B \rightarrow B$，$C \rightarrow C$；由增广性公理 A2 可以推出 $AC \rightarrow BC$，$AB \rightarrow B$，$A \rightarrow AB$ 等；由传递性公理 A3 可以推出 $A \rightarrow C$，… 为了清楚起见，F 的闭包 F^+ 可以列举在表 5.10 中。

可见，一个小的具有两个元素函数依赖集 F 常常会有一个大的具有 43 个元素的闭包 F^+，当然 F^+ 中会有许多平凡函数依赖，例如 $A \rightarrow \Phi$、$AB \rightarrow B$ 等，这些并非都是实际中所需要的。

表 5.10　F 的闭包 F^+

$A \rightarrow \Phi$	$AB \rightarrow \Phi$	$AC \rightarrow \Phi$	$ABC \rightarrow \Phi$	$B \rightarrow \Phi$	$C \rightarrow \Phi$
$A \rightarrow A$	$AB \rightarrow A$	$AC \rightarrow A$	$ABC \rightarrow A$	$B \rightarrow B$	$C \rightarrow C$
$A \rightarrow B$	$AB \rightarrow B$	$AC \rightarrow B$	$ABC \rightarrow B$	$B \rightarrow C$	$\Phi \rightarrow \Phi$
$A \rightarrow C$	$AB \rightarrow C$	$AC \rightarrow C$	$ABC \rightarrow C$	$B \rightarrow BC$	
$A \rightarrow AB$	$AB \rightarrow AB$	$AC \rightarrow AB$	$ABC \rightarrow AB$	$BC \rightarrow \Phi$	
$A \rightarrow AC$	$AB \rightarrow AC$	$AC \rightarrow AC$	$ABC \rightarrow AC$	$BC \rightarrow B$	
$A \rightarrow BC$	$AB \rightarrow BC$	$AC \rightarrow BC$	$ABC \rightarrow BC$	$BC \rightarrow C$	
$A \rightarrow ABC$	$AB \rightarrow ABC$	$AC \rightarrow ABC$	$ABC \rightarrow ABC$	$BC \rightarrow BC$	

5.4.3　属性集闭包及其算法

从理论上讲，对于给定的函数依赖集合 F，只要反复使用 Armstrong 公理系统给出的推理规则，直到不能再产生新的函数依赖为止，就可以算出 F 的闭包 F^+。但在实际应用中，这种方法不仅效率较低，而且还会产生大量"无意义"或者意义不大的函数依赖。由于人们感兴趣可能只是 F^+ 的某个子集。所以许多实际过程几乎没有必要计算 F 的闭包 F^+ 自身。正是为了解决这样的问题，就引入了属性集闭包概念。

1. 属性集闭包

定义 5.14　设有关系模式 $R(U, F)$，属性集合为 U，F 是 R 上的函数依赖集，X 是 U 的子集（$X \subseteq U$），用函数依赖推理规则可从 F 推出的函数依赖 $X \to A$ 中所有 A 的集合，称为属性集 X 关于 F 的闭包，记为 X^+（或 X_F^+），即 $X_F^+ = \{A \mid X \to A$ 在 $F^+\}$。

如果只涉及一个函数依赖集 F，即无须对函数依赖集进行区分，属性集 X 关于 F 的闭包就可简记为 X^+。需要注意的是，上述定义中的 A 是 U 中单属性子集时，总有 $X \subseteq X^+ \subseteq U$。

2. 求属性集闭包算法

设有关系模式 $R(U, F)$，属性集合为 U，F 是 R 上的函数依赖集，X 是 U 的子集（$X.U$），求属性集 X 相对于函数依赖集 F 的闭包 X 属性集 X^+。

设属性集 X 的闭包为 closure，其计算算法如下：

closure = x；
　　do {if　F 中存在函数依赖 $Y \to Z$ 满足　$Y \subseteq$ closure
　　　　then　closure = closure $\bigcup Z$；
　　　　} while（closure 有所改变）；

【例 5.10】　设有关系模式 $R(U, F)$，其中 $U = ABC$，$F = \{A \to B, B \to C\}$，按照属性集闭包概念和上述算法，则有 $A^+ = ABC$，$B^+ = BC$，$C^+ = C$。

【例 5.11】　设有关系模式 $R(U, F)$，其中 $U = XYZW$，$F = \{X \to Y, Y \to Z, W \to Y\}$，按照属性集闭包概念和上述算法，则有 $X^+ = XYZ$，$(XW)^+ = XYZW$，$(YW)^+ = YZW$。

5.4.4　最小函数依赖集 F_{min}

设有函数依赖集 F，F 中可能有些函数依赖是平凡的，有些是"多余的"。如果有两个函数依赖集，它们在某种意义上"等价"，而其中一个"较大"些，另一个"较小些"，人们自然会选用"较小"的一个。这个问题的确切提法是：给定一个函数依赖集 F，怎样求得一个与 F"等价"的"最小"的函数依赖集

$F_{\min}$。显然，这是一个有意义的课题。

1. 函数依赖集的覆盖与等价

设 F 和 G 是关系模式 R 上的两个函数依赖集，如果所有为 F 所蕴含的函数依赖都为 G 所蕴含，即 F^+ 是 G^+ 的子集：$F^+ \subseteq G^+$，则称 G 是 F 的覆盖。

当 G 是 F 的覆盖时，只要实现了 G 中的函数依赖，就自动实现了 F 中的函数依赖。

如果 G 是 F 的函数覆盖，同时 F 又是 G 的函数覆盖，即 $F^+ = G^+$，则称 F 和 G 是相互等价的函数依赖集。

当 F 和 G 等价时，只要实现了其中一个的函数依赖，就自动实现了另一个的函数依赖。

2. 最小函数依赖集

对于一个函数依赖集 F，称函数依赖集 $F_{\min}$ 为 F 的最小函数依赖集，是指 $F_{\min}$ 满足下述条件：

（1）$F_{\min}$ 与 F 等价：$F_{\min}^+ = F^+$。

（2）$F_{\min}$ 中每个函数依赖 $X \rightarrow Y$ 的依赖因素 Y 为单元素集，即 Y 只含有一个属性。

（3）$F_{\min}$ 中每个函数依赖 $X \rightarrow Y$ 的决定因素 X 没有冗余，即只要删除 X 中任何一个属性就会改变 $F_{\min}$ 的闭包 $F_{\min}^+$。

（4）$F_{\min}$ 中每个函数依赖都不是冗余的，即删除 $F_{\min}$ 中任何一个函数依赖，$F_{\min}$ 就将变为了另一个不等价于 $F_{\min}$ 的集合。

最小函数依赖集 $F_{\min}$ 实际上是函数依赖集 F 的一种没有"冗余"的标准或规范形式，条件中的"1"表明 F 和 $F_{\min}$ 具有相同的"功能"；"2"表明 $F_{\min}$ 中每一个函数依赖都是"标准"的，即其中依赖因素都是单属性子集；"3"表明 $F_{\min}$ 中每一个函数依赖的决定因素都没有冗余的属性；"4"表明 $F_{\min}$ 中没有可以从 F 的剩余函数依赖导出的冗余的函数依赖。

3. 最小函数依赖集的算法

任何一个函数依赖集 F 都存在着最小函数依赖集 $F_{\min}$。事实上，对于函数依赖集 F 来说，由 Armstrong 公理系统中的分解性规则 A5，如果其中的函数依赖中的依赖因素不是单属性集，就可以将其分解为单属性集，不失一般性，可以假定 F 中任意一个函数依赖的依赖因素 Y 都是单属性集合。对于任意函数依赖 $X \rightarrow Y$ 决定因素 X 中的每个属性 A，如果将 A 去掉而不改变 F 的闭包，就将 A 从 X 中删除，否则将 A 保留；按照同样方法逐一考察 F 中的其余函数依赖。最后，对所有如此处理过的函数依赖逐一讨论，如果将其删除，函数依赖集是否改变，不改变就真正删除，否则保留，由此就得到函数依赖集 F 的最小函数依赖集 $F_{\min}$。

需要注意的是，虽然任何一个函数依赖集的最小依赖集都是存在的，但并不唯一。

下面给出上述思路的实现算法：

（1）由分解性规则 A5 得到一个与 F 等价的函数依赖集 G，G 中任意函数依赖的依赖因素都是单属性集合。

（2）在 G 的每一个函数依赖中消除决定因素中的冗余属性。

（3）在 G 中消除冗余的函数依赖。

【例 5.12】 设有关系模式 $R(U, F)$，其中 $U=ABC$，$F=\{A\to\{B, C\}, B\to C, A\to B, \{A, B\}\to C\}$，按照上述算法，可以求出 $F_{\min}$。

（1）将 F 中所有函数依赖的依赖因素写成单属性集形式：

$G=\{A\to B, A\to C, B\to C, A\to B, \{A, B\}\to C\}$

这里多出一个 $A\to B$，可以删掉，得

$G=\{A\to B, A\to C, B\to C, \{A, B\}\to C\}$

（2）G 中的 $A\to C$ 可以从 $A\to B$ 和 $B\to C$ 推导出来，$A\to C$ 是冗余的，删掉 $A\to C$ 可得

$G=\{A\to B, B\to C, \{A, B\}\to C\}$

（3）G 中的 $\{A, B\}\to C$ 可以从 $B\to C$ 推导出来，是冗余的，删掉 $\{A, B\}\to C$ 最后得

$G=\{A\to B, B\to C\}$。所以 F 的最小函数依赖集 $F_{\min}=\{A\to B, B\to C\}$

■ 5.5 关系模式的分解

设有关系模式 $R(U)$，取定 U 的一个子集的集合 $\{U_1, U_2, \cdots, U_n\}$，使得 $U=U_1\cup U_2\cup\cdots\cup U_n$，如果用一个关系模式的集合 $\rho=\{R_1(U1), R_2(U_2), \cdots, R_n(U_n)\}$ 代替 $R(U)$，就称 ρ 是关系模式 $R(U)$ 的一个分解。

在 $R(U)$ 分解为 ρ 的过程中，需要考虑两个问题：

（1）分解前的模式 R 和分解后的 ρ 是否表示同样的数据，即 R 和 ρ 是否等价的问题。

（2）分解前的模式 R 和分解的 ρ 是否保持相同了函数依赖，即在模式 R 上有函数依赖集 F，在其上的每一个模式 R_i 上有一个函数依赖集 F_i，则 $\{F_1, F_2, \cdots, F_n\}$ 是否与 F 等价。

可见，关系模式的分解，不仅仅是属性集合的分解，它同时体现了对关系模式上的函数依赖集和关系模式当前值的分解。衡量关系模式的一个分解是否可取，主要有两个标准：分解是否具有无损连接，分解是否保持函数依赖。

5.5.1　无损连接分解

1. 无损分解概念

定义 5.15　设 R 是一个关系模式，F 是 R 上的一个依赖集，R 分解为关系模式的集合 $\rho = \{R_1\ (U_1),\ R_2\ (U_2),\ \cdots,\ R_n\ (U_n)\}$。如果对于 R 中满足 F 的每一个关系 r，都有 $r = \Pi R_1\ (r)\ \bowtie\ \Pi R_2\ (r)\ \bowtie\ \Pi R_n\ (r)$，则称分解相对于 F 是无损连接分解（lossingless join decomposition），简称为无损分解，否则就称为有损分解（lossy decomposition）。

【例 5.13】　设关系模式 $R\ (A,\ B,\ C)$，分解为 $\rho = \{R_1\ \{A,\ B\},\ R_2\ \{A,\ C\}\}$。

（1）图 5.2（a）是 R 上一个关系，图 5.2（b）和图 5.2（c）是 r 在模式 R_1（$\{A,\ B\}$）和 R_2（$\{A,\ C\}$）上的投影 r_1 和 r_2。此时不难得到 $r_1 \bowtie r_2 = r$，也就是说，在 r 投影连接之后仍然能够恢复为 r，即没有丢失任何信息，这种分解就是无损分解。

A	B	C
1	1	1
1	2	1

(a) 关系 r

A	B
1	1
1	2

(b) 关系 r_1

A	C
1	1

(c) 关系 r_2

图 5.2　无损分解

（2）图 5.3（a）是 R 上一个关系 r，图 5.3（b）和图 5.3（c）是 r 在关系模式 R_1（$\{A,\ B\}$）和 R_2（$\{A,\ C\}$）上的投影，图 5.3（d）是 $r_1 \bowtie r_2$，此时，r 在投影和连接之后比原来 r 的元组还要多（增加了噪声），同时将原有的信息丢失了。此时的分解就为有损分解。

A	B	C
1	1	4
1	2	3

(a) $r \bowtie$

A	B
1	1
1	2

(b) $r_1 \bowtie$

A	C
1	4
1	3

(c) $r_2 \bowtie$

A	B	C
1	1	4
1	1	3
1	2	4
1	2	3

(d) $r_1 \bowtie r_2$

图 5.3　有损分解

2. 无损分解测试算法

如果一个关系模式的分解不是无损分解，则分解后的关系通过自然连接运算就无法恢复到分解前的关系。如何保证关系模式分解具有无损分解性呢？人们提出一种"追踪"过程。

输入：关系模式 R $(A_1, A_2, \cdots, A_n)$，F 是函数依赖集，R 的一个分解 $\rho = \{R_1, R_2, \cdots, R_k\}$。

输出：判断 ρ 相对于 F 是否为无损连接分解。

计算步骤：

(1) 构造一个 k 行 n 列的表格，每列对应一个属性 Aj $(j=1, 2, \cdots, n)$，每行对应一个模式 R_i $(i=1, 2, \cdots, k)$。如果 A_j 在 R_i 中，则在表格的第 i 行第 j 列处添上记号 a_j，否则添上 b_{ij}。

(2) 复检查 F 的每一个函数依赖，并且修改表格中的元素，直到表格不能修改为止。

取 F 中函数依赖 $X \rightarrow Y$，如果表格总有两行在 X 上分量相等，在 Y 分量上不相等，则修改 Y 分量的值，使这两行在 Y 分量上相等，实际修改分为两种情况：

① 如果 Y 分量中有一个是 a_j，另一个也修改成 a_j；

② 如果 Y 分量中没有 a_j，就用标号较小的那个 b_{ij} 替换另一个符号。

(3) 修改结束后的表格中有一行全是 a，即 $a_1, a_2, \cdots, a_n$，则 ρ 相对于 F 是无损分解，否则不是无损分解。

【例 5.14】 设有关系模式 R (A, B, C, D)，R 分解成 $\rho = \{AB, BC, CD\}$，如果 R 上成立的函数依赖集 $F = \{B \rightarrow A, C \rightarrow D\}$，那么 ρ 相对于 F 是否为无损连接分解？

(1) 由于关系模式 R 有 4 个属性，ρ 中分解模式为 3 个，所以构造一个 3 行 4 列表格，如图 5.4 所示。

	A	B	C	D
AB	a_1	a_2	b_{13}	b_{14}
BC	b_{21}	a_2	a_3	b_{24}
CD	b_{31}	b_{32}	a_3	a_4

图 5.4 【例 5.13】的初始表格

	A	B	C	D
AB	a_1	a_2	b_{13}	b_{14}
BC	a_1	a_2	a_3	a_4
CD	b_{31}	b_{32}	a_3	a_4

图 5.5 【例 5.13】修改后的表格

(2) 根据 F 中依赖 $B \rightarrow A$，由于属性 B 列上的第 1 行和第 2 行都为 a_2，所以这两行对应属性 A 列符号都改为 a_1，即第 2 行中对应属性 A 列的 b_{21} 改为 a_1；同样，根据 F 中依赖 $C \rightarrow D$，由于属性 C 列上的第 2 行和第 3 行中都为 a_3，所以这

两行对应属性 D 列符号都改为 a_4，即第 2 行中对应属性 D 列的 b_{24} 改为 a_4；修改后的表格如图 5.5 所示。

(3) 由于修改后的表格中第 2 行已全是 a，即 a_1、a_2、a_3、a_4，因此 ρ 相对于 F 是无损连接分解。

当 ρ 中只包含两个关系模式时，存在一个较简单的测试算法。

设 $\rho=\{R_1, R_2\}$ 是关系模式的一个分解，F 是 R 上成立的函数依赖，那么分解 ρ 相对于 F 是否为无损连接分解的充分必要条件是：$(R_1 \bigcap R_2) \rightarrow (R_1 - R_2)$ 或 $(R_1 \bigcap R_2) \rightarrow (R_2 - R_1)$。

其中，$(R_1 \bigcap R_2)$ 表示表示两个模式的交集，即 R_1 和 R_2 公共属性；$(R_1 - R_2)$ 或 $(R_2 - R_1)$ 表示两个模式的差集，就是从 R_1（或 R_2）中去掉 R_1 和 R_2 的公共属性后剩余属性。

【例 5.15】 设有关系模式 $R(X, Y, Z)$，$F=\{X \rightarrow Y\}$。判断以下有关 R 的两个分解是否是为无损连接。

$$\rho 1=\{R_1(X, Y), \quad R_2(X, Z)\}; \quad \rho_2=\{R_3(X, Y), \quad R_4(Y, Z)\}$$

解：(1) 因为 $R_1 \bigcap R_2$ 为 $XY \bigcap XZ=X$，$R_1-R_2=XY-XZ=Y$，已知 $X \rightarrow Y$，所以，$R_1 \bigcap R_2 \rightarrow (R_1-R_2)$，因此，$\rho 1=\{R_1(X, Y), R_2(X, Z)\}$ 是无损分解。

(2) 因为 $R_3 \bigcap R_4$ 为 $XY \bigcap YZ=Y$，$R_3-R_4=XY-YZ=X$，$R_4-R_3=YZ-XY=Z$，已知 $X \rightarrow Y$，所以，$R_3 \bigcap R_4 \nrightarrow (R_3-R_4)$ 且 $R_3 \bigcap R_4 \nrightarrow (R_4-R_3)$，因此，$\rho_2=\{R_3(X, Y), R_4(Y, Z)\}$ 不是无损分解。

5.5.2 保持函数依赖分解

要求关系模式分解具有无损连接性是必要的，它保证了 R 上满足 F 的具体关系 r，分解后都可以通过自然连接恢复原样，还原的信息既不多也不少。保持关系模式分解的另一个重要条件是分解保持函数依赖，以避免数据的语义出现混乱。

定义 5.16 设有关系模式 $R(U)$，F 是属性集 U 上的函数依赖集，Z 是 U 的一个子集，$\rho=\{R_1, R_2, \cdots, R_k\}$ 是 R 的一个分解。

F 在 Z 上的一个投影用 $\Pi_Z(F)$ 表示：$\Pi_Z(F)=\{X \rightarrow Y \mid (X \rightarrow Y) \in F^+$，并且 $XY \subseteq Z\}$；

F 在 R_i 上的一个投影用 $\Pi_{R_i}(F)$ 表示：$\bigcup \Pi_{R_i}(F)=\Pi_{R_1}(r) \bigcup \Pi_{R_2}(r) \bigcup \cdots \bigcup \Pi_{R_k}(r)$；

如果有 $F^+=(\bigcup \Pi_{R_i}(F))^+$，则称分解保持函数依赖集 F，简称 ρ 保持函数依赖。

【例 5.16】 设有关系模式 $R(U, F)$，其中 $U=\{Cno, Cname, Bname\}$，

Cno 表示课程号，Cname 表示课程名称，Bname 表示教科书名称；$F=$ ﹛Cno→Cname，Cname → Bname﹜。将 R 分解为 $\rho=$ ﹛R_1（cno，cname），R_2（cno，bname）﹜。①判断 ρ 是否具有无损连接性。②判断 ρ 是否具有保持函数依赖性。

（1）因为 $R_1 \cap R_2$ 为（Cno，Cname）$\cap$（Cno，Bname）= Cno，$R_1-R_2=$（Cno，Cname）-（Cno，Bname）= Cname，已知 Cno→Cname，所以，$R_1 \cap R_2 \rightarrow (R_1-R_2)$，因此 $\rho=$ ﹛R_1（Cno，Cname），R_2（Cno，Bname）﹜是无损分解。

（2）R_1 上的函数依赖是 Cno→Cname，R_2 上的函数依赖是 Cno→Bname。但通过这两个函数依赖推不出 Cname →Bname，丢失了该依赖，因此分解 ρ 不具有保持函数依赖性。

无损连接性和函数依赖保持性是两个相互独立的标准。一个无损连接分解不一定是保持函数依赖的，同样，一个保持函数依赖的分解也不一定是无损连接的。

规范化理论提供了一套完整的模式分解方法，按照这套算法可以做到：如果要求分解既具有无损连接性，又具有函数依赖保持性，则分解一定能够达到 3NF，但不一定能够达到 BCNF。所以在 3NF 的规范化中，既要检查分解是否具有无损连接性，又要检查分解是否具有函数依赖保持性。只有这两条都满足，才能保证分解的正确性和有效性，才能既不会发生信息丢失，又保证关系中的数据满足完整性约束。

本 章 小 结

本章中，我们首先由关系模式的异常存储问题引出了函数依赖的概念，其中包括完全函数依赖、部分传递依赖和传递函数依赖，这些概念是规范化理论的依据和规范化程度的准则。

接下来讨论了关系规范化问题。一个关系若其分量不可再分，则满足 1NF；消除 1NF 关系中非主属性对码的部分函数依赖得到 2NF；消除 2NF 关系中非主属性对码的传递函数依赖得到 3NF；消除 3NF 关系中主属性对码的部分函数依赖和传递函数依赖可得到 BCNF。

最后对函数依赖的公理系统和关系模式分解准则进行了简要介绍，包括函数依赖的逻辑蕴含和推理规则，属性集闭包和最小函数依赖集的相关理论，以及关系模式在分解时应保持等价，即遵循无损连接性和函数依赖保持性。

➢ **思考练习题**

1. 解释下列术语的含义：函数依赖、非平凡函数依赖、部分函数依赖、完全函数依赖、传递函数依赖、范式、无损连接分解、保持函数依赖分解。

2. 3NF 和 BCNF 之间有什么区别和联系？

3. 什么是关系模式分解？为什么要有关系模式分解？模式分解要遵守什么准则？

4. 判断下列模式属于第几范式，如不是第二范式，请将其转化为第二范式。关系模式 R_1 (A，B，C，D)，具有如下函数依赖：$A \rightarrow B$，$AC \rightarrow D$。

5. 设有关系模式：Student1（学号，姓名，出生日期，所在系，宿舍楼），其语义为：一个学生只在一个系学习，一个系的学生只住在一个宿舍楼里。指出此关系模式的候选码，判断此关系模式是第几范式，若不是第三范式关系模式，请将其规范化为第三范式，并指出分解后每一个关系模式的主码和外码。

6. 判断关系模式 R (A，B，C，D)，函数依赖 $F = \{ A \rightarrow C, D \rightarrow C, BD \rightarrow A \}$，分解 $\rho = \{AB, ACD, BCD\}$ 是否具有无损连接性？

第6章

数据库设计

学习数据库的目的是要使用数据库技术来解决企业大量复杂的数据管理问题。在掌握了数据库的基本概念、关系数据库的理论和操作之后，我们就可以依据企业的业务需求和业务流程为企业设计和建立具体的数据库应用系统了。由于篇幅所限，本章首先介绍了广义的数据库应用系统设计和狭义数据库结构设计的联系和区别，使读者了解实际中数据库设计过程是不能脱离应用系统而独立进行的，然后重点介绍在已有 DBMS 支持下的狭义的数据库设计的方法和技术。

■ 6.1 数据库设计概述

6.1.1 数据库设计的任务、定义和目标

数据库设计的任务就是把企业或组织中要管理的数据，根据各种应用处理的要求，加以合理地组织，选用合适的硬件和操作系统来支持，利用已有的 DBMS 来建立能够实现系统目标的数据库。

数据库设计主要是指根据用户需求研制数据库结构的过程，具体可定义为：对于一个给定的应用环境，构造最优的数据库逻辑模式和物理结构，并据此建立数据库及其应用系统，使之能有效地存储和管理数据，满足用户的信息管理要求。

数据库设计的目标是为用户和各种应用系统提供一个信息基础设施和高效率的运行环境。为此，要研究解决数据如何组织、如何存储、如何存取会更高效等技术问题。

从数据库领域来讲，通常把使用数据库技术为基础实现的各类信息系统（如各类办公自动化系统、地理信息系统、电子商务系统等）称为数据库应用系统或管理信息系统。广义地讲，数据库设计指整个数据库应用系统，包括数据库结构设计和应用设计两部分；狭义地讲，则专指数据库结构的设计。为使学生对数据库设计在应用系统中的核心地位和作用有一个整体的了解，本教材按整个数据库应用系统设计的全过程来简要介绍，但重点介绍狭义的数据库设计。这是因为，实际中数据库设计过程是不能脱离应用系统而独立进行的，数据库结构设计和应用设计也是并行设计、密不可分的。

6.1.2 数据库设计的内容和特点

6.1.2.1 数据库设计的内容

数据库设计包括数据库的结构设计和数据库的行为设计两方面的内容。

1. 数据库的结构设计

数据库的结构（亦称模式）设计是指根据给定的应用环境，进行数据库的模式或子模式的设计。它包括数据库的概念设计、逻辑设计和物理设计。数据库模式是各应用程序共享的结构，是静态的、稳定的，一经形成后通常情况下是不容易改变的，所以结构设计又称为静态模型设计。

2. 数据库的行为设计

数据库的行为（亦称处理或应用）设计是指确定数据库用户的行为和动作。而在数据库系统中，用户的行为和动作指用户对数据库的操作，这些要通过应用程序来实现，所以数据库的行为设计就是应用程序的设计。用户的行为总是使数据库的内容发生变化，所以行为设计是动态的，行为设计又称为动态模型设计。

6.1.2.2 数据库设计的特点

1. 结构设计与业务管理相结合

数据库应用系统的建设成功与否不仅涉及技术，还涉及人和管理方法，是一个人—机系统。企业的业务管理很复杂，也很重要，对数据库结构的设计有直接影响，因为数据库结构是对企业各业务部门数据及部门之间数据联系的描述和抽象，反映了各部门的职能和业务流程，与整个企业的管理模式密切相关。因此，企业要先提出好的管理模式和管理方法，而结构设计必须结合业务管理需求来进行才能建设一个先进实用的数据库应用系统。

2. 结构设计与行为设计相结合

在 20 世纪 80 年代初，人们为了研究数据库设计方法学的便利，曾主张将结构设计和行为设计两者分离，随着数据库设计方法学的成熟和结构化分析设计方法的普遍使用，人们主张将两者作一体化的考虑，这样可以缩短数据库的设计周期，提高数据库的设计效率和应用效果。现代数据库设计的特点是强调结构设计与行为设计相结合，是一种"反复探寻，逐步求精"的过程。

6.1.3　数据库设计的方法

大型数据库设计是涉及多学科的综合性技术，也是一项庞大的工程项目，要求设计人员既要懂相关技术，又要有一定的领域知识才能设计出符合领域需求的好的应用系统。

数据库设计方法目前可分为四类：直观设计法、规范设计法、面向对象设计法和计算机辅助设计法。

1. 直观设计法

直观设计法，试凑法，它是最早使用的数据库设计方法。这种方法依赖于设计者的经验和技巧，缺乏科学理论和工程原则的支持，设计的质量很难保证，常常是数据库运行一段时间后又发现各种问题，这样再重新进行修改，增加了系统维护的代价。因此这种方法越来越不适应信息管理发展的需要。

2. 新奥尔良方法

1978 年 10 月，来自三十多个国家的数据库专家在美国新奥尔良（New Or-leans）市专门讨论了数据库设计问题，他们运用软件工程的思想和方法，提出了数据库设计的规范，这就是著名的新奥尔良法，它是目前公认的比较完整和权威的一种规范设计法。新奥尔良法将数据库设计分成需求分析、概念设计、逻辑设计和物理设计。目前，常用的规范设计方法大多起源于新奥尔良法，并在设计的每一阶段采用一些辅助方法来具体实现。几种常用的规范设计方法如下：

（1）基于 E-R 模型的方法。P. P. S. Chen 于 1976 年提出该方法，其基本思想是在需求分析的基础上，用 E-R 图构造一个反映现实世界实体及实体之间联系的企业模式即概念模型，然后再将此概念模型转换成基于某一特定的 DBMS 的逻辑模型。该方法是数据库概念设计阶段广泛采用的方法。

（2）基于 3NF 的方法。该方法是由 S. Atre 提出的结构化设计方法，其基本思想是在需求分析的基础上，确定数据库模式中的全部属性和属性间的依赖关系，将它们组织在一个单一的关系模式中，然后再分析模式中不符合 3NF 的约束条件，将其进行投影分解，规范成若干个 3NF 关系模式的集合。这种方法是数据库逻辑设计阶段可采用的有效方法。

（3）基于视图的方法。此方法先从分析各个应用的数据出发，其基本思想是为每个应用建立自己的视图，然后再把这些视图汇总起来合并成整个数据库的概念模式。合并过程中要解决以下问题：①消除命名冲突；②消除冗余的实体和联系；③进行模式重构，在消除了命名冲突和冗余后，需要对整个汇总模式进行调整，使其满足全部完整性约束条件。

规范设计法从本质上来说仍然是手工设计方法，其基本思想是过程迭代和逐步求精。

3. 面向对象的设计方法

面向对象的设计该方法研究用面向对象的概念来说明数据库结构，并可以直接转换为面向对象的数据库，目前还在研究发展阶段。

4. 计算机辅助设计法

计算机辅助设计法是指在数据库设计的某些过程中模拟某一规范化设计的方法，并以人的知识或经验为主导，通过人机交互方式实现设计中的某些常规部分。已有许多计算机辅助软件工程（computer aided software engineering，CASE）工具可以自动或辅助设计人员完成数据库设计过程中的任务，如 SYS-BASE 公司的 PowerDesigner 和 Oracle 公司的 Design 2000。

目前，不能说哪一种方法更好，在完成实际设计任务中，以上几种设计方法经常是结合实际情况和经验综合运用。

6.1.4　数据库设计的步骤

数据库的设计过程可以使用软件工程中的生存周期的概念来说明，称为"数据库设计的生存期"，它是指从数据库研制到不再使用它的整个时期。在生存期中，按规范设计法可将数据库设计分为六个阶段：①系统需求分析；②概念结构设计；③逻辑结构设计；④物理设计；⑤数据库实施；⑥数据库运行与维护。

该方法每完成一个设计阶段都产生相应阶段的文档，并与用户交流或组织评审。如果设计不符合要求则进行修改，这种分析和修改可能要重复若干次，以求最后实现的数据库能够比较精确地模拟现实世界，能较准确地反映用户的需求，设计一个完善的数据库应用系统往往是六个阶段的不断反复的过程。

数据库设计中，前两个阶段是面向用户的应用需求和具体的业务问题描述，与选用的 DBMS 无关；中间两个阶段则与选用的 DBMS 密切相关；最后两个阶段是面向具体的实现方法。

数据库设计开始之前，首先要选定一个项目研发团队，分别由不同层次的技术和业务人员负责相应阶段的研发工作。团队成员的水平和素质决定了数据库系统的质量。

六个阶段的主要工作各有不同，简述如下：

(1) 系统需求分析阶段。需求分析是整个数据库设计过程的基础，要收集数据库所有用户的信息和处理要求，并加以整理。这是最费时、最复杂的一步，但也是最重要的一步，相当于待构建的数据库大厦的地基，它决定了以后各阶段设计的速度与质量。需求分析做得不好，可能会导致整个数据库设计返工重做。

(2) 概念结构设计阶段。概念设计是把用户要管理的数据及数据之间的联系抽象到一个整体描述中，概念设计是纯业务的描述，是一个独立于任何 DBMS 软件和硬件的概念模型。

(3) 逻辑结构设计阶段。逻辑设计是将概念模型转换为某个 DBMS 所支持的逻辑数据模型，并对其进行优化。

(4) 物理设计阶段。物理设计是为逻辑数据模型选取一个最适合应用环境的数据库物理结构，包括存储结构和存取方法。

(5) 数据库实施阶段。使用 DBMS 提供的数据库语言，根据逻辑设计和物理设计的结果建立一个具体的数据库，编写和调试应用程序，装入原始数据，并试运行系统。

(6) 数据库运行与维护阶段。这一阶段主要是建立日常运行记录，用来评价数据库系统的性能，进一步调整和完善数据库，或依据新需求对数据库系统进行修改或扩充。

可以看出，以上六个阶段是从数据库应用系统设计和开发的全过程来考察数据库设计的问题。因此，它既是数据库也是应用系统的设计过程。在设计过程中，努力使数据库设计和系统其他部分的设计紧密结合，把数据和处理的需求收集、分析、抽象、设计和实现在各个阶段同时进行，相互参照，相互补充，以完善两方面的设计。按照这个原则，设计过程的各个阶段和设计内容可用图 6.1 描述。

图 6.1 设计描述中有关各阶段处理特性的描述，采用的设计方法与工具属于软件工程和管理信息系统等课程的内容，不在本书中讨论。

需要说明的是，狭义的数据库设计的几个步骤实际上可以归入数据库应用系统或管理信息系统开发的相应阶段，且融为一体，它们的对应关系如图 6.2 所示。

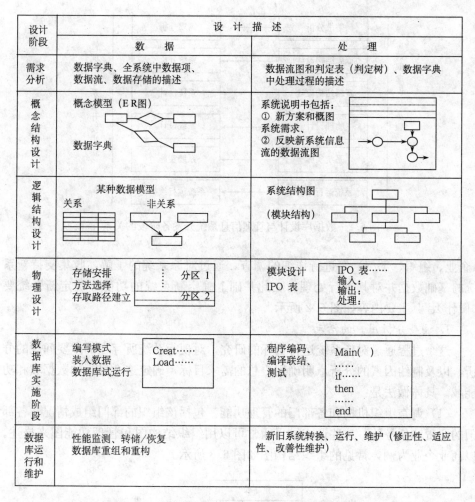

设计阶段	设 计 描 述	
	数据	处理
需求分析	数据字典、全系统中数据项、数据流、数据存储的描述	数据流图和判定表（判定树）、数据字典中处理过程的描述
概念结构设计	概念模型（ER图） 数据字典	系统说明书包括： ① 新方案和概图系统需求、 ② 反映新系统信息流的数据流图
逻辑结构设计	某种数据模型 关系　　　　非关系	系统结构图 （模块结构）
物理设计	存储安排 方法选择 存取路径建立　分区1 分区2	模块设计 IPO表 IPO表…… 输入： 输出： 处理：
数据库实施阶段	编写模式 装入数据 数据库试运行　Creat…… Load……	程序编码、 编译联结、 测试 Main（ ） …… if…… then …… end
数据库运行和维护	性能监测、转储/恢复 数据库重组和重构	新旧系统转换、运行、维护（修正性、适应性、改善性维护）

图 6.1　数据库设计的各个阶段和设计内容描述

6.2　系统需求分析

　　需求分析就是分析用户的要求，是数据库设计的起点，为以后的具体设计作准备。需求分析的结果是否准确反映用户的实际要求，将直接影响后面各个阶段的设计，并影响设计结果是否合理和实用。经验证明，由于设计要求的不正确或误解，直到系统测试阶段才发现许多错误，则纠正起来要付出很大代价。因此，必须高度重视系统的需求分析。

6.2.1　需求分析的任务和内容

　　从数据库设计的角度来看，需求分析的任务是：对现实世界要处理的对象

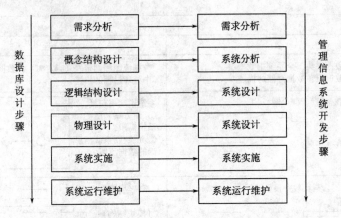

图 6.2　数据库设计与管理信息系统开发各阶段的关系

（企业、组织、部门）等进行详细的调查，通过对原系统的了解，收集支持新系统的基础数据并对其进行处理，在此基础上确定新系统的功能，确定新系统要"做什么"。主要内容如图 6.2 所示。

1. 调查分析用户的活动

这个过程通过对新系统运行目标的研究，对现行系统所存在的主要问题的分析，以及制约因素的分析，明确用户总的需求目标，确定这个目标的数据域和功能域。具体做法是：

（1）调查组织机构和各部门的管理功能。包括该组织的部门组成情况，各部门的职责和任务等。这些调查结果通常可以用组织结构图和管理功能图来描述。以商业企业为例，常见的组织结构图如图 6.3 所示。

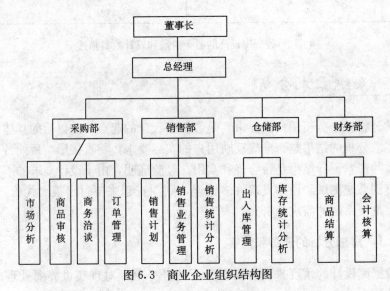

图 6.3　商业企业组织结构图

管理功能图能描述组织中各管理功能及层次关系。例如，图 6.3 中的会计核算部门的管理功能可用会计核算系统管理功能图来表示，如图 6.4 所示。

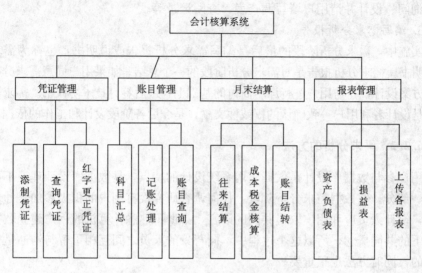

图 6.4　会计核算系统管理功能图

（2）调查各部门的业务活动情况。包括各部门输入和输出的数据与格式、所需的表格与卡片、加工处理这些数据的步骤、输入输出的部门等，用业务流程图或企业惯用的示意图可以描述这些内容（为节省篇幅图略），业务流程图可以作为下一步抽取数据流图的基础，有些情况下，也可省略业务流程图，而直接采用数据流图来描述企业的业务活动情况和数据流程。

2. 收集和分析需求数据，确定系统边界

在熟悉业务活动的基础上，协助用户明确对新系统的各种需求，包括用户的信息需求、处理需求、安全性和完整性的需求等。

（1）信息需求指目标范围内涉及的所有实体、实体的属性以及实体间的联系等数据对象，也就是用户需要从数据库中获得信息的内容与性质。由信息需求可以导出数据要求，即在数据库中需要存储哪些数据。

（2）处理需求指用户为了得到信息需求而对数据进行加工处理的功能要求，包括对某种处理功能的响应时间、处理方式（批处理、联机集中或分布处理）等。

（3）安全性和完整性的需求。

在收集各种需求数据后，对前面调查的结果进行初步分析，确定新系统的边界，确定哪些功能由计算机完成或将来准备让计算机完成，哪些活动由人工完成。由计算机完成的功能就是新系统应该实现的功能（具体分析结果可用数据流图来描述，见下节）。

在需求调查过程中，可以根据不同的问题和条件，在用户的积极参与和配合下，单独或同时采用不同的调查方法，如跟班作业、开调查会、请专人介绍、找专人询问、设计并请用户填写调查表、查阅记录等。

3. 编写需求分析报告

实施中，需求分析阶段的最后是编写需求分析报告或说明书，也称为需求规范说明书。需求分析报告是对需求分析阶段的一个总结。如果用户同意需求分析报告和方案设计，在与用户进行详尽商讨的基础上，最后签订技术协议书。需求分析报告是设计者和用户一致确认的权威性文献，是今后各阶段设计和工作的依据。

6.2.2　需求分析的方法

用户参与数据库设计是数据应用系统设计的特点，是数据库设计理论不可分割的一部分。在数据需求分析阶段，任何调查研究没有用户的积极参加是寸步难行的，设计人员应和用户取得共同的语言，帮助不熟悉计算机的用户建立数据库环境下的共同概念，所以这个过程中不同背景的人员之间互相了解与沟通是至关重要的，同时方法也很重要。

用于需求分析的方法有多种，主要方法有自顶向下和自底向上两种，如图6.5（a）、6.5（b）所示。

其中，自顶向下的结构化分析（structured analysis，SA）方法是最简单实用的方法。SA方法从最上层的系统组织机构入手，采用逐层分解的方式分析系统，用数据流图（data flow diagram，DFD）和数据字典（data dictionary，DD）描述系统。

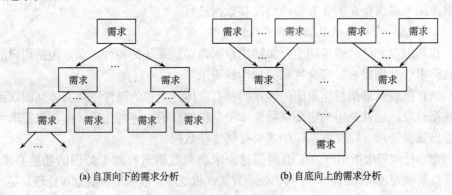

(a) 自顶向下的需求分析　　　　(b) 自底向上的需求分析

图 6.5　需求分析的方法

下面对数据流图和数据字典作些简单的介绍。

1. 数据流图

使用 SA 方法，任何一个系统都可抽象为图 6.6 所示的数据流图。

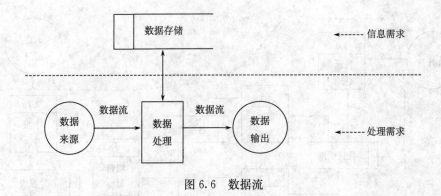

图 6.6　数据流

在数据流图中，用圆圈表示外部项，用命名的箭头表示数据流，用矩形表示处理，这三种图符描述了系统的处理需求部分；用右侧开口的矩形图符表示存储，描述系统的信息需求部分。

一个简单的系统可用一张数据流图来表示，当系统比较复杂时，为了便于理解，控制其复杂性，可以采用分层描述的方法。一般用第一层描述系统的全貌，第二层分别描述各子系统的结构。以会计核算系统为例，会计管理是一项十分严肃认真的工作，它要记录企业财务收支情况并产生向上级主管部门的各种财务报表。首先，把整个系统看成一个功能。它的输入是企业内外部发生的单据，如内部借款、外部发票等，输出是上报主管部门的各种财务报表和税务报表等，其第一层（顶层）数据流图如图 6.7 所示，图 6.8 是会计核算系统的第二层数据流图。如果系统结构还比较复杂，那么可以继续细化出第三层数据流图。例如，各明细账存储还可以细分为现金明细账、银行存款明细账及一般明细账，直到表达清楚为止。

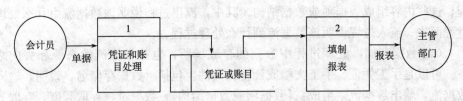

图 6.7　会计核算系统第一层 DFD

在处理功能逐步分解的同时，它们所用的数据也逐级分解，形成若干层次的数据流图。数据流图表达了数据和处理过程的关系。在 SA 方法中，处理过程的处理逻辑常常借助判定表或判定树来描述，而系统中的数据则是借助数据字典来描述。

2. 数据字典

数据字典是对系统中数据的详细描述，是各类数据结构和属性的清单。它与数据流图互为注释。数据字典贯穿于数据库需求分析直到数据库运行的全过程，在不同

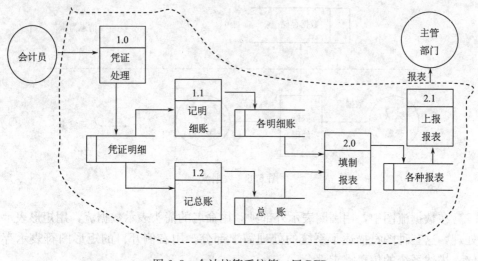

图 6.8　会计核算系统第二层 DFD

的阶段其内容和用途各有区别。在需求分析阶段，它通常包含以下五部分内容。

(1) 数据项。数据项是数据的最小单位，内容包括：数据项名、含义说明、别名、类型、长度、取值范围、与其他数据项的关系。其中，取值范围、与其他数据项的关系这两项内容定义了完整性约束条件，是设计数据检验功能的依据。

(2) 数据结构。数据结构是数据项有意义的集合。内容包括：数据结构名、含义说明，这些内容组成数据项名。

(3) 数据流。数据流可以是数据项，也可以是数据结构，它表示某一处理过程中数据在系统内传输的路径。内容包括：数据流名、说明、流出过程、流入过程，这些内容组成数据项或数据结构。其中，流出过程说明该数据流由什么处理过程而来；流入过程说明该数据流到什么处理过程去。

(4) 数据存储。处理过程中数据的存放场所，也是数据流的来源和去向之一。可以是手工凭证、手工文档或计算机文件。包括｛数据存储名，说明，输入数据流，输出数据流，组成：｛数据项或数据结构｝，数据量，存取频度，存取方式｝。其中，存取频度是指每天（或每小时、或每周）存取几次，每次存取多少数据等信息。存取方式指的是批处理，还是联机处理；是检索还是更新；是顺序检索还是随机检索等。

(5) 处理过程。处理过程的具体处理逻辑通常用判定表或判定树来描述，数据字典只用来描述处理过程的说明性信息。处理过程包括｛处理过程名，说明，输入：｛数据流｝，输出：｛数据流｝，处理，｛简要说明｝｝。其中，简要说明主要说明处理过程的功能及处理要求。功能是指该处理过程用来做什么（不是怎么做），处理要求指该处理频度要求，如单位时间里处理多少事务、多少数据量、响应时间要求等，这些处理要求是后面物理设计的输入及性能评价的标准。

可见，数据字典是关于数据库中数据的描述，即元数据，而不是数据本身。最终形成的数据流图和数据字典为需求分析报告的主要内容，这是下一步进行概念设计的基础。

6.3　系统分析的概念结构设计

概念设计就是将需求分析得到的用户需求抽象为信息结构，即概念模型。在需求分析阶段，设计人员充分调查并描述了用户的需求，但这些需求只是现实世界的具体要求，把这些需求抽象为信息世界的结构，会更好地实现用户的需求、更便与下一步的逻辑设计。

6.3.1　概念结构的作用与特点

1. 概念结构的作用

早期的数据库设计中，概念设计并不是一个独立的设计阶段。当时的设计方式是在需求分析之后直接进行逻辑设计，但这样设计人员在进行逻辑设计时，考虑的因素太多，既要考虑用户的信息，又要考虑具体 DBMS 的限制，使得设计过程复杂化，难以控制。为了改善这种状况，P. P. S. Chen 设计了基于 E-R 模型的数据库设计方法，即在需求分析和逻辑设计之间增加了一个概念设计阶段。在这个阶段，设计人员仅从用户角度看待数据及处理要求和约束，产生一个反映用户观点的概念模型，然后再把概念模型转换成逻辑模型。这样做有三个好处：

（1）从逻辑设计中分离出概念设计以后，各阶段的任务相对单一化，设计复杂程度大大降低，便于组织管理。

（2）概念模型不受特定的 DBMS 的限制，也独立于存储安排和效率方面的考虑，因而比逻辑模型更为稳定。

（3）概念模型不含具体的 DBMS 所附加的技术细节，更容易为用户所理解，因而更有可能准确反映用户的信息需求。

2. 概念结构的特点

概念模型作为概念设计的表达工具，为数据库提供一个说明性结构，是设计数据库逻辑结构的基础。因此，概念模型必须具备以下特点：

（1）语义表达能力丰富。概念模型能表达用户的各种需求，充分反映现实世界，包括事物和事物之间的联系、用户对数据的处理要求，它是现实世界的一个真实模型。

（2）易于交流和理解。概念模型是 DBA、应用开发人员和用户之间的主要界面，因此，概念模型要表达自然、直观和容易理解，以便和不熟悉计算机的用户交换意见，用户的积极参与是保证数据库设计和成功的关键。

（3）易于修改和扩充。概念模型要能灵活地加以改变，反映用户需求和现实环境的变化。

（4）易于向各种数据模型转换。概念模型独立于特定的 DBMS，因而更加稳定，能方便地向关系模型、网状模型或层次模型等各种数据模型转换。

人们提出了许多概念模型，其中最著名、最实用的一种是 E-R 模型，它将现实世界的信息结构统一用属性、实体以及它们之间的联系来描述。

6.3.2　概念结构设计的方法与步骤

设计概念结构的 E-R 模型可采用四种方法：

（1）自顶向下。先定义全局概念结构 E-R 模型的框架，再逐步细化。

（2）自底向上。先定义各局部应用的概念结构 E-R 模型，然后将它们集成，得到全局概念结构 E-R 模型。

（3）逐步扩张。先定义最重要的核心概念 E-R 模型，然后向外扩充，以滚雪球的方式逐步生成其他概念结构 E-R 模型。

（4）混合策略。该方法采用自顶向下和自底向上相结合的方法，先自顶向下定义全局框架，再以它为骨架集成自底向上方法中设计的各个局部概念结构。

这里，只介绍实际中最常用的方法即自底向上方法。该方法先自顶向下地进行需求分析，再自底向上地设计概念结构。如图 6.9 所示。

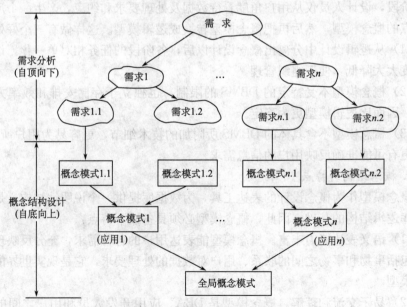

图 6.9　自底向上设计概念结构

自底向上的设计方法可分为两个步骤，如图 6.10 所示：

（1）进行数据抽象，设计各局部 E-R 模型，即局部视图；

（2）整合各局部 E-R 模型，形成全局 E-R 模型，即视图的集成。

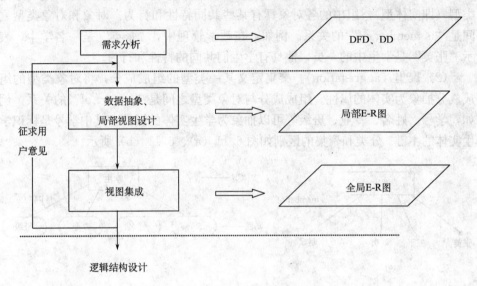

图 6.10 自底向上方法的设计步骤

6.3.3 数据抽象与局部 E-R 模型设计

概念结构设计首先要根据需求分析得到的结果（数据流图、数据字典等）对现实世界进行抽象，设计各个局部 E-R 模型。

1. 数据抽象

概念结构是对现实世界的一种抽象。所谓抽象是对实际的人、物、事和概念进行人为处理，它抽取人们关心的共同特性，忽略非本质的细节，并把这些特性用各种概念精确地加以描述，这些概念组成了某种模型。

在系统需求分析阶段，最后得到了多层数据流图、数据字典和需求分析报告。建立局部 E-R 模型，就是根据系统的具体情况，在多层的数据流图中选择一个适当层次的数据流图，作为设计分 E-R 图的出发点，让这组图中每一部分对应一个局部应用。在前面选好的某一层次的数据流图中，每个局部应用都对应了一组数据流图，局部应用所涉及的数据存储在数据字典中。现在就是要将这些数据从数据字典中抽取出来，参照数据流图，确定每个局部应用包含哪些实体，这些实体又包含哪些属性，以及实体之间的联系及其类型。

设计局部 E-R 模型的关键就是正确划分实体和属性。实体和属性之间在形式上并无可以明显区分的界限，通常是按照现实世界中事物的自然划分来定义实体和属性，将现实世界中的事物进行数据抽象，得到实体和属性。

一般有两种数据抽象：分类和聚集。

（1）分类（classification）。分类定义某一类概念作为现实世界中一组对象的类型（即实体型），组中的各对象具有某些共同特性和行为。对象和对象类型之间是"is member of"的关系。例如，在教学管理中，"张英"是一名学生，表示"张英"是学生中的一员，他具有学生们共同的特性和行为。

（2）聚集（aggregation）。聚集定义某一类型的组成成分，将对象类型的组成成分抽象为实体的属性。组成成分与对象类型之间是"is part of"的关系。例如，学号、姓名、专业、班级等可以抽象为学生实体的属性，其中学号是标识学生实体的主键。分类和聚集的区别如图 6.11（a）、6.11（b）所示。

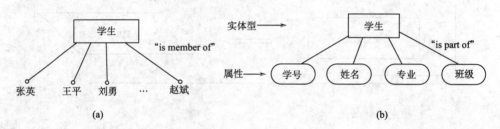

图 6.11　分类和聚集的区别

其他复杂情况不在本书中讨论。

2. 局部 E-R 模型设计

数据抽象后得到了实体和属性，实际上实体和属性是相对而言的，往往要根据实际情况进行必要的调整。在调整中要遵循两条原则：

（1）实体具有描述信息，而属性没有，即属性必须是不可分的数据项，不能再由另一些属性组成。

（2）属性不能与其他实体具有联系，联系只能发生在实体之间。

例如，学生是一个实体，学号、姓名、性别、年龄、系别等是学生实体的属性，系别只表示学生属于哪个系，不涉及系的具体情况，换句话说，没有需要进一步描述的特性，即是不可分的数据项，则根据原则（1）可以作为学生实体的属性。但如果考虑一个系的系主任、学生人数、教师人数、办公地点等，则系别应看做一个实体。如图 6.12 所示。

再如，"职称"为教师实体的属性，但在涉及住房分配时，由于分房与职称有关，即职称与住房实体之间有联系，则根据原则（2），职称应作为一个实体。如图 6.13 所示。

此外，我们可能会遇到这样的情况，同一数据项，可能由于环境和要求的不同，有时作为属性，有时则作为实体，此时必须根据实际情况而定。一般情况

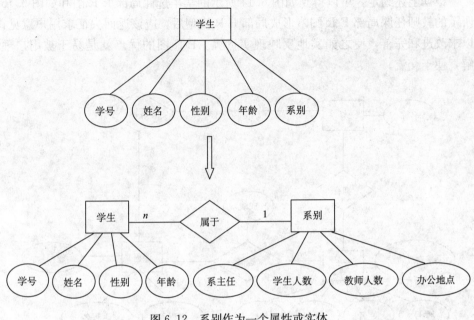

图 6.12 系别作为一个属性或实体

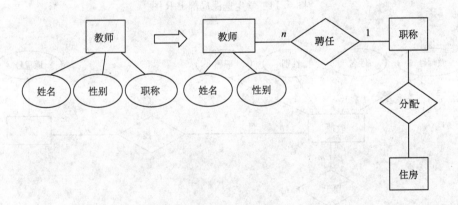

图 6.13 职称作为一个属性或实体

下，凡能作为属性对待的，应尽量作为属性，以简化 E-R 图的处理。

下面举例说明局部 E-R 模型设计。

在简单的教务管理系统中，有如下语义约束：①一个学生可选修多门课程，一门课程可为多个学生选修，因此学生和课程是多对多的联系；②一个教师可讲授多门课程，一门课程可为多个教师讲授，因此教师和课程也是多对多的联系；③一个系可有多个教师，一个教师只能属于一个系，因此系和教师是一对多的联系，同样系和学生也是一对多的联系。

　　根据上述约定，可以得到如图 6.14 所示的学生选课局部 E-R 图和如图 6.15 所示的教师任课局部 E-R 图。形成局部 E-R 模型后，应该返回去征求用户意见，以求改进和完善，使之如实地反映现实世界。E-R 图的优点就是易于被用户理解，便于交流。

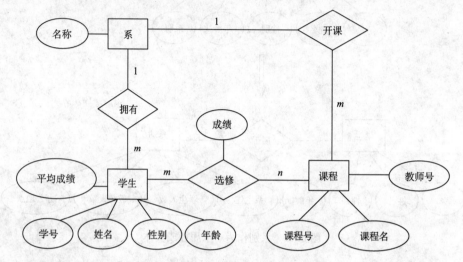

图 6.14　学生选课局部 E-R 图

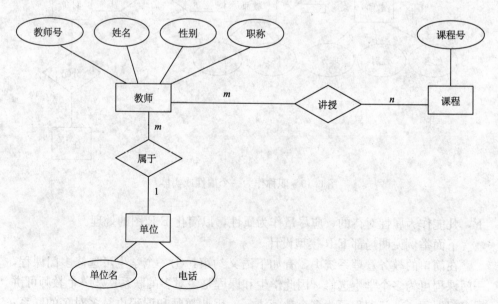

图 6.15　教师任课局部 E-R 图

6.3.4　全局 E-R 模型设计

局部 E-R 模型设计完成之后，下一步就是集成各局部 E-R 模型，形成全局 E-R 模型，即视图的集成。视图集成的方法有两种：

（1）多元集成法。一次性将多个局部 E-R 图合并为一个全局 E-R 图，如图 6.16（a）所示。

（2）二元集成法。首先集成两个重要的局部视图，以后用累加的方法逐步将一个新的视图集成进来，如图 6.16（b）所示。在实际应用中，可以根据系统复杂性选择这两种方案。一般采用逐步集成的方法，如果局部视图比较简单，可以采用多元集成法。一般情况下，采用二元集成法，即每次只综合两个视图，这样可降低难度。

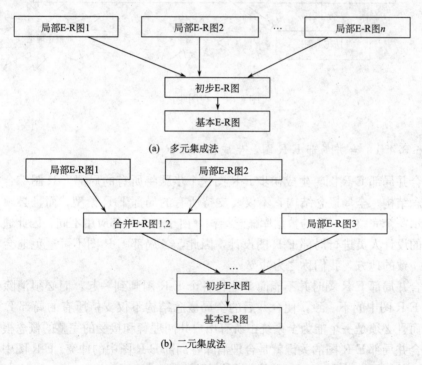

(a)　多元集成法

(b)　二元集成法

图 6.16　局部视图合并成全局视图

无论使用哪一种方法，视图集成均分成两个步骤，如图 6.17 所示。

（1）合并。消除各局部 E-R 图之间的冲突，生成初步 E-R 图。

（2）优化。消除不必要的冗余，生成基本 E-R 图。

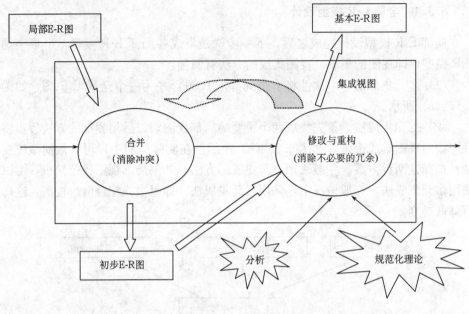

图 6.17 视图集成

6.3.4.1 合并局部 E-R 图，生成初步 E-R 图

合并局部 E-R 图，生成初步 E-R 图这个步骤将所有的局部 E-R 图综合成全局概念结构。全局概念结构它不仅要支持所有的局部 E-R 模型，而且必须合理地表示一个完整、一致的数据库概念结构。由于各个局部应用不同，因此通常由不同的设计人员进行局部 E-R 图设计，因此，各局部 E-R 图不可避免地会有许多不一致的地方，我们称之为冲突。

合并局部 E-R 图时并不能简单地将各个 E-R 图画到一起，而必须消除各个局部 E-R 图中的不一致，使合并后的全局概念结构不仅支持所有的局部 E-R 模型，而且必须是一个能为全系统中所有用户共同理解和接受的完整的概念模型。

合并局部 E-R 图的关键就是合理消除各局部 E-R 图中的冲突。E-R 图中的冲突有三种：属性冲突、命名冲突和结构冲突。

1. 属性冲突

属性冲突又分为属性值域冲突和属性的取值单位冲突。

（1）属性值域冲突。即属性值的类型、取值范围或取值集合不同。例如学号，有些部门将其定义为数值型，而有些部门将其定义为字符型。又如年龄，有的可能用出生年月表示，有的则用整数表示。

（2）属性的取值单位冲突。例如零件的重量，有的以千克为单位，有的以斤为单位，有的则以克为单位。

属性冲突属于用户业务上的约定，必须与用户协商后解决。

2. 命名冲突

命名不一致可能发生在实体名、属性名或联系名之间，其中属性的命名冲突更为常见。一般表现为同名异义或异名同义（实体、属性、联系名）。

（1）同名异义。同名异义，即同一名字的对象在不同的部门中具有不同的意义。例如，"单位"在某些部门表示为人员所在的部门，而在某些部门可能表示物品的重量、长度等属性。

（2）异名同义。异名同义，即同一意义的对象在不同的部门中具有不同的名称。例如，对于"房间"这个名称，在教务管理部门中对应着为教室，而在后勤管理部门对应为学生宿舍。

命名冲突的解决方法同属性冲突，需要与各部门协商、讨论后加以解决。

3. 结构冲突

（1）同一对象在不同应用中有不同的抽象，可能为实体，也可能为属性。例如，教师的职称在某一局部应用中被当做实体，而在另一局部应用中被当做属性。

这类冲突在解决时，就是使同一对象在不同应用中具有相同的抽象，或把实体转换为属性，或把属性转换为实体。但都要符合局部 E-R 模型设计的两条原则。

（2）同一实体在不同应用中属性组成不同，可能是属性个数或属性次序不同。解决办法是，合并后实体的属性组成为各局部 E-R 图中的同名实体属性的并集，然后再适当调整属性的次序。

（3）同一联系在不同应用中呈现不同的类型。例如 E_1 与 E_2 在某一应用中可能是一对一联系，而在另一应用中可能是一对多或多对多联系，也可能是在 E_1、E_2、E_3 三者之间有联系。这种情况应该根据应用的语义对实体联系的类型进行综合或调整。

下面以教务管理系统中的两个局部 E-R 图为例，来说明如何消除各局部 E-R 图之间的冲突，进行局部 E-R 模型的合并，从而生成初步 E-R 图。

首先，这两个局部 E-R 图中存在着命名冲突，学生选课局部 E-R 图中的实体"系"与教师任课局部 E-R 图中的实体"单位"，都是指"系"，即所谓的异名同义，合并后统一改为"系"，这样属性"名称"和"单位"即可统一为"系名"。其次，还存在着结构冲突，实体"系"和实体"课程"在两个不同应用中的属性组成不同，合并后这两个实体的属性组成为原来局部 E-R 图中的同名实体属性的并集。解决上述冲突后，合并两个局部 E-R 图，生成如图 6.18 所示的初步的全局 E-R 图。

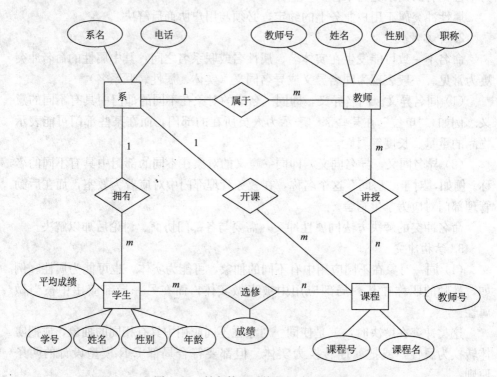

图 6.18　教务管理系统的初步 E-R 图

6.3.4.2　消除不必要的冗余,生成基本 E-R 图

　　所谓冗余,在这里指冗余的数据和实体之间冗余的联系。冗余的数据是指可由基本的数据导出的数据,冗余的联系是由其他的联系导出的联系。在上面消除冲突合并后得到的初步 E-R 图中,可能存在冗余的数据或冗余的联系。冗余的存在容易破坏数据库的完整性,给数据库的维护增加困难,应该消除。我们把消除了冗余的初步 E-R 图称为基本 E-R 图。

　　通常采用分析的方法消除冗余。数据字典是分析冗余数据的依据,还可以通过数据流图分析出冗余的联系。如在图 6.18 所示的初步 E-R 图中,"课程"实体中的属性"教师号"可由"讲授"这个教师与课程之间的联系导出,而学生的平均成绩可由"选修"联系中的属性"成绩"中计算出来,所以"课程"实体中的"教师号"与"学生"实体中的"平均成绩"均属于冗余数据。另外,"系"和"课程"之间的联系"开课",可以由"系"和"教师"之间的"属于"联系与"教师"和"课程"之间的"讲授"联系推导出来,所以"开课"属于冗余联系。这样,图 6.18 的初步 E-R 图在消除冗余数据和冗余联系后,便可得到基本的 E-

R 模型，如图 6.19 所示。

　　最终得到的基本 E-R 模型是企业的概念模型，它代表了用户的数据要求，是沟通"要求"和"设计"的桥梁。它决定数据库的总体逻辑结构，是成功建立数据库的关键。如果设计不好，就不能充分发挥数据库的功能，无法满足用户的处理要求。因此，用户和数据库人员必须对这一模型反复讨论，在用户确认这一模型已正确无误的反映了他们的要求后，才能进入下一阶段的设计工作。

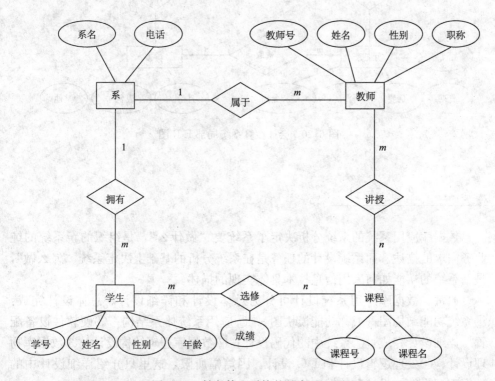

图 6.19　教务管理系统的基本 E-R 图

　　根据上述概念结构设计的方法与步骤，我们也可以依据会计核算系统的数据流图和数据字典，设计会计核算系统的基本 E-R 图，如图 6.20 所示。实际业务中各种会计报表与总账、明细账的联系也可能并非简单的一对一、一对多和多对多三类联系，复杂的联系用 E-R 图是无法描述的，这说明了 E-R 图的局限性。当然，实际中复杂的联系可以用编程语言来实现。

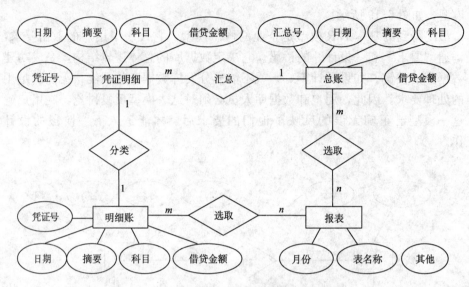

图 6.20 会计核算系统局部 E-R 图

6.4 系统设计

数据库应用系统的系统分析决定了系统要"做什么",是组织的新系统的纯业务需求的描述。而系统设计的任务是在系统分析的基础上决定系统"怎么做",是新系统的功能如何采用信息技术具体实现的描述。

通常,数据库应用系统设计可分为总体设计和详细设计。总体设计完成:①系统功能结构图(或称功能模块图);②应用系统体系结构;③硬软件设备配置. 详细设计完成:①系统中的代码设计;②数据库逻辑结构设计;③数据库物理设计;④处理逻辑设计和 I/O 设计。因篇幅所限,这里只介绍详细设计中的数据库逻辑结构设计和数据库物理设计。

6.4.1 数据库逻辑结构设计

6.4.1.1 逻辑结构设计的任务和步骤

概念结构设计阶段得到的 E-R 模型是反映用户业务数据需求的模型,与具体的数据模型和 DBMS 无关。为了建立用户所要求的数据库,需要把上述概念模型转换为某个具体的 DBMS 所支持的数据模型。数据库逻辑设计的任务就是将概念结构转换成特定 DBMS 所支持的数据模型的过程。这一过程需要考虑到具体的数据模型特点和 DBMS 的性能,例如,同为关系模型的商用 DBMS、Oracle 和 SQL Server 是有差异的。

从 E-R 图所表示的概念模型可以转换成任何一种具体的 DBMS 所支持的数据模型，如网状模型、层次模型和关系模型。这里只讨论关系数据库的逻辑设计问题，所以只介绍 E-R 图如何向关系模型进行转换。

一般的逻辑设计分为以下三个步骤：初始关系模式设计，关系模式规范化，模式的评价与改进。

6.4.1.2 初始关系模式设计

1. 转换原则

概念设计中得到的 E-R 图是由实体、属性和联系组成的，而关系数据库逻辑设计的结果是一组关系模式的集合。所以将 E-R 图转换为关系模型实际上就是将实体、属性和联系转换成关系模式。在转换中要遵循以下原则：

（1）一个实体转换为一个关系模式，实体的属性就是关系的属性，实体的键就是关系的键。

（2）一个联系的转换有以下三种情况：

① 一个 1 : 1 联系可以转换为一个独立的关系模式，也可以与任意一端对应的关系模式合并。如果转换为一个独立的关系模式，则与该联系相连的各实体的键以及联系本身的属性均转换为关系的属性，每个实体的键均是该关系的候选键。如果与某一端实体对应的关系模式合并，则需要在该关系模式的属性中加入另一个关系模式的键和联系本身的属性。

② 个 1 : n 联系可以转换为一个独立的关系模式，也可以与 n 端对应的关系模式合并。如果转换为一个独立的关系模式，则与该联系相连的各实体的键以及联系本身的属性均转换为关系的属性，而关系的键为 n 端实体的键。

③ 一个 $m : n$ 联系转换为一个关系模式。与该联系相连的各实体的键以及联系本身的属性均转换为关系的属性，各实体的键组成关系的键或关系键的一部分。

2. 具体做法

1) 把每一个实体转换为一个关系

首先分析各实体的属性，从中确定其主键，然后分别用关系模式表示。以图 6.19 的 E-R 模型为例，四个实体分别转换成四个关系模式：

学生（<u>学号</u>，姓名，性别，年龄）

课程（<u>课程号</u>，课程名）

教师（<u>教师号</u>，姓名，性别，职称）

系（<u>系名</u>，电话）

其中，有下划线者表示是主键。

2）把每一个联系转换为关系模式

由联系转换得到的关系模式的属性集中，包含两个发生联系的实体中的主键以及联系本身的属性，其关系键的确定与联系的类型有关。还以图 6.19 的 E-R 模型为例，四个联系也分别转换成四个关系模式：

属于（教师号，系名）

讲授（教师号，课程号）

选修（学号，课程号，成绩）

拥有（系名，学号）

3）特殊情况的处理

三个或三个以上实体间的一个多元联系在转换为一个关系模式时，与该多元联系相连的各实体的主键及联系本身的属性均转换成为关系的属性，转换后所得到的关系的主键为各实体键的组合。例如，供应商、项目和零件三个实体之间的多对多联系，如果已知三个实体的主键分别为"供应商号"、"项目号"与"零件号"，则它们之间的联系"供应"可转换为关系模式，其中供应商号、项目号、零件号为此关系的组合关系键。

供应（供应商号，项目号，零件号，数量）

6.4.1.3　关系模式规范化

应用规范化理论对上述产生的关系的逻辑模式进行初步优化，以减少乃至消除关系模式中存在的各种异常，改善完整性、一致性和存储效率。规范化理论是数据库逻辑设计的指南和工具，规范化过程可分为两个步骤：确定规范式级别，实施规范化处理。

1. 确定范式级别

考查关系模式的函数依赖关系，确定范式等级，逐一分析各关系模式，考查是否存在部分函数依赖、传递函数依赖等，确定它们分别属于第几范式。

2. 实施规范化处理

确定范式级别后，利用规范化理论，逐一考察各个关系模式，根据应用要求，判断它们是否满足规范要求，可用已经介绍过的规范化方法和理论将关系模式规范化。

综上可见，规范化理论在数据库设计过程中有如下几方面的应用：

（1）在需求分析阶段，用数据依赖概念分析和表示各个数据项之间的联系。

（2）在概念结构设计阶段，以规范化理论为指导，确定关系键，消除初步 E-R 图中冗余的联系。

（3）在逻辑结构设计阶段，从 E-R 图向数据模型转换过程中，用模式合并与分解方法达到规范化级别。

值得注意的是，并不是规范化程度越高的关系就越优化，对具体应用要权衡响应时间和潜在问题两者的利弊决定。

6.4.1.4　模式评价与改进

1. 模式评价

关系模式的规范化不是目的而是手段，数据库设计的目的是最终满足应用需求。因此，为了进一步提高数据库应用系统的性能，还应该对规范化后产生的关系模式进行评价、改进，经过反复多次的尝试和比较，最后得到优化的关系模式。模式评价的目的是检查所设计的数据库模式是否满足用户的功能要求（功能评价）、效率（性能评价），确定加以改进的部分。

2. 模式改进

根据模式评价的结果，对已生成的模式进行改进。如果因为需求分析、概念设计的疏漏导致某些应用不能得到支持，则应该增加新的关系模式或属性。如果因为性能考虑而要求改进，则可采用合并或分解的方法。

（1）合并。如果有若干个关系模式具有相同的主键，并且对这些关系模式的处理主要是查询操作，而且经常是多关系的查询，那么可对这些关系模式按照组合使用频率进行合并。这样便可以减少连接操作而提高查询效率。

（2）分解。为了提高数据操作的效率和存储空间的利用率，最常用和最重要的模式优化方法就是分解，根据应用的不同要求，可以对关系模式进行垂直分解和水平分解。

水平分解是把关系的元组分为若干子集合，定义每个子集合为一个子关系。对于经常进行大量数据的分类条件查询的关系，可进行水平分解，这样可以减少应用系统每次查询需要访问的记录数，从而提高了查询性能。例如，有学生关系（学号，姓名，类别……），其中类别包括大专生、本科生和研究生。如果多数查询一次只涉及其中的一类学生，就应该把整个学生关系水平分割为大专生、本科生和研究生三个关系。

垂直分解是把关系模式的属性分解为若干子集合，形成若干子关系模式。垂直分解的原则是把经常一起使用的属性分解出来，形成一个子关系模式。例如，有教师关系（教师号，姓名，性别，年龄，职称，工资，岗位津贴，住址，电话），如果经常查询的仅是前六项，而后三项很少使用，则可以将教师关系进行垂直分割，得到两个教师关系：

教师关系 1（教师号，姓名，性别，年龄，职称，工资）
教师关系 2（教师号，岗位津贴，住址，电话）

这样，便减少了查询的数据传递量，提高了查询速度。垂直分解可以提高某些事务的效率，但也有可能使另一些事务不得不执行连接操作，从而降低了效率。因此是否要进行垂直分解要看分解后的所有事务的总效率是否得到了提高。垂直分解要保证分解后的关系具有无损连接性和函数依赖保持性。相关的分解算法已经在前面进行了详细介绍。

经过多次的模式评价和模式改进之后,最终的数据库模式得以确定。逻辑设计阶段的结果是全局逻辑数据库结构。对于关系数据库系统来说,就是一组符合一定规范的关系模式组成的关系数据库模型。对于某些局部用户的复杂查询,可以在全局关系数据库模式的基础上,建立符合局部用户查询要求的若干视图加以实现。逻辑数据库结构确定之后,就可以进行下一步的数据库物理设计。

按上述逻辑设计方法,依据会计核算系统的 E-R 图,实际应用中,可以得到会计核算系统的两类关系模式:基本关系模式和业务关系模式。

(1) 基本关系模式。这类关系模式存放系统中最基本最通用的信息,在业务关系模式中都要使用基本关系模式中的编码、名称等基本信息。因此,基本关系模式通常都建成 3NF 的关系,由于系统中多处都使用其中信息,基本关系模式在 E-R 图中一般可省略不画出,这类关系如:

会计科目目录(<u>科目编码</u>,科目名称,科目类别)

会计子目目录(<u>子目编码</u>,子目名称,子目类别)

职工目录(<u>职工编码</u>,职工名称,性别,职工密码,所属部门)

(2) 业务关系模式。这类关系模式存放系统中主要业务数据,属性较多且属性间联系复杂,实用中一般采用 1NF 即可。在 E-R 图中要突出体现,这类关系如:

凭证明细(<u>凭证号</u>,<u>日期</u>,摘要,科目,借贷金额,…)

明细账(<u>凭证号</u>,<u>日期</u>,摘要,科目,借贷金额,…)

总账(<u>汇总号</u>,<u>日期</u>,摘要,科目,借贷金额,…)

6.4.2　数据库物理设计

数据库最终要存储在物理设备上。对于给定的逻辑数据模型,选取一个最适合应用环境的物理结构的过程,称为数据库物理设计。物理设计的任务是为了有效地实现逻辑模式,确定所采取的存储策略。此阶段是以逻辑设计的结果作为输入,结合具体 DBMS 的特点与存储设备特性进行设计,选定数据库在物理设备上的存储结构和存取方法。

数据库的物理设计可分为两步:

(1) 确定物理结构,在关系数据库中主要指存储结构和存取方法;

(2) 评价物理结构,评价的重点是时间和空间效率。

6.4.2.1 确定物理结构

设计人员必须深入了解给定的 DBMS 的功能，DBMS 提供的环境和工具、硬件环境，特别是存储设备的特征。另外也要了解应用环境的具体要求，如各种应用的数据量、处理频率和响应时间等。只有"知己知彼"才能设计出较好的物理结构。

1. 存储记录结构的设计

在物理结构中，数据的基本存取单位是存储记录。有了逻辑记录结构以后，就可以设计存储记录结构，一个存储记录可以和一个或多个逻辑记录相对应。存储记录结构包括记录的组成、数据项的类型和长度，以及逻辑记录到存储记录的映射。某一类型的所有存储记录的集合称为"文件"，文件的存储记录可以是定长的，也可以是变长的。

文件组织或文件结构是组成文件的存储记录的表示法。文件结构应该表示文件格式、逻辑次序、物理次序、访问路径、物理设备的分配。物理数据库就是指数据库中实际存储记录的格式、逻辑次序和物理次序、访问路径、物理设备的分配。

决定存储结构的主要因素包括存取时间、存储空间和维护代价三个方面。设计时应当根据实际情况对这三个方面进行综合权衡。一般 DBMS 也提供一定的灵活性可供选择，包括聚簇和索引。

1) 聚簇（cluster）

聚簇就是为了提高查询速度，把在一个（或一组）属性上具有相同值的元组集中地存放在一个物理块中。如果存放不下，可以存放在相邻的物理块中。其中，这个（或这组）属性称为聚簇码。为什么要使用聚簇呢？聚簇有两个作用：

（1）使用聚簇以后，聚簇码相同的元组集中在一起了，因而聚簇值不必在每个元组中重复存储，只要在一组中存储一次即可，因此可以节省存储空间。

（2）聚簇功能可以大大提高按聚簇码进行查询的效率。例如，假设要查询学生关系中计算机系的学生名单，设计算机系有 300 名学生。在极端情况下，这些学生的记录会分布在 300 个不同的物理块中，这时如果要查询计算机系的学生，就需要做 300 次的 I/O 操作，这将影响系统查询的性能。如果按照系别建立聚簇，使同一个系的学生记录集中存放，则每做一次 I/O 操作，就可以获得多个满足查询条件和记录，从而显著地减少了访问磁盘的次数。

2) 索引

存储记录是属性值的集合，关系的主键可以唯一确定一个记录，而其他属性的一个具体值不能唯一确定是哪个记录。因此，在主键上建立唯一索引文件，不但可以提高查询速度，还能避免主键重复值的录入，确保数据的完整性。

在数据库中，用户访问的最小单位是属性。如果对某些非主属性的检索很频繁，可以考虑建立这些属性（也称辅助键）的索引文件。索引文件对存储记录重新进行内部链接，从逻辑上改变了记录的存储位置，从而改变了访问数据的入口点。关系中数据越多，索引的优越性也就越明显。建立多个索引文件可以缩短存取时间，但是增加了索引文件所占用的存储空间以及维护的开销。因此，应该根据实际需要综合考虑。

2. 访问方法的设计

访问方法是为存储在物理设备（通常指外存）上的数据提供存储和检索能力的方法。一个访问方法包括存储结构和检索机构两个部分。存储结构限定了可能访问的路径和存储记录；检索机构定义了每个应用的访问路径，但不涉及存储结构的设计和设备分配。

访问路径的设计分成主访问路径与辅访问路径的设计。主访问路径与初始记录的装入有关，通常是用主键来检索的。首先利用这种方法设计各个文件，使其能最有效地处理主要的应用。一个物理数据库很可能有几套主访问路径。辅访问路径是通过辅助键的索引对存储记录重新进行内部链接，从而改变访问数据的入口点。

3. 数据存放位置的设计

为了提高系统性能，应该根据应用情况将数据的易变部分、稳定部分、经常存取部分和存取频率较低部分分开存放。例如，目前许多计算机都有多个磁盘，因此可以将表和索引分别存放在不同的磁盘上，在查询时，由于两个磁盘驱动器并行工作，可以提高物理读写的速度。在多用户环境下，可能将日志文件和数据库对象（表、索引等）放在不同的磁盘上，以加快存取速度。另外，数据库的数据备份、日志文件备份等，只在数据库发生故障进行恢复时才使用，而且数据量很大，可以存放在磁带上，以改进整个系统的性能。

4. 系统配置的设计

DBMS 产品一般都提供了一些系统配置变量、存储分配参数，供设计人员和 DBA 对数据库进行物理优化。系统为这些变量设定了初始值，但是这些值不一定适合每一种应用环境，在物理设计阶段，要根据实际情况重新对这些变量赋值，以满足新的要求。

系统配置变量和参数很多。例如，同时使用数据库的用户数、同时打开的数据库对象数、内存分配参数、缓冲区分配参数（使用的缓冲区长度、个数）、存储分配参数、数据库的大小、时间片的大小、锁的数目等，这些参数值影响存取时间和存储空间的分配，在物理设计时要根据应用环境确定这些参数值，以使系统的性能达到最优。

6.4.2.2 评价物理结构

和前面几个设计阶段一样，在确定了数据库的物理结构之后，要进行评价，其方法是依赖于选用的 DBMS，重点估算时间和空间的效率以及维护代价。如果评价结果满足设计要求，则可进行数据库实施。实际上，往往需要经过反复测试才能优化物理设计。

6.5 数据库实施

数据库实施是指根据逻辑设计和物理设计的结果，在计算机上建立起实际的数据库结构、装入数据、进行测试和试运行的过程。数据库实施主要包括以下工作：建立实际数据库结构；装入数据；应用程序编码与调试；数据库试运行；整理文档。

6.5.1 建立实际数据库结构

DBMS 提供的数据定义语言（DDL）可以定义数据库结构。可使用 SQL 定义语句中的 CREATE　TABLE 语句定义所需的基本表，使用 CREATE VIEW 语句定义视图。

6.5.2 装入数据

装入数据又称为数据库加载（loading）。在数据库结构建立好之后，就可以向数据库中加载数据了。由于数据库的数据量一般都很大，必须把这些数据收集起来加以整理，去掉冗余并转换成数据库所规定的格式，这样处理之后才能装入数据库。因此，需要耗费大量的人力、物力，是比较繁杂而又重要的工作。

对于一般的小型系统，装入数据量较少，可以采用人工方法来完成。但人工方法不仅效率低，而且容易产生差错。对于数据量较大的系统，应该由计算机来完成这一工作。通常是设计一个数据输入子系统，其主要功能是从大量的原始数据文件中筛选、分类、综合和转换数据库所需的数据，把它们加工成数据库所要求的结构形式，最后装入数据库中，同时还要采用多种检验技术检查输入数据的正确性。

如果在数据库设计时，原来的数据库系统仍在使用，则数据的转换工作是将原来老系统中的数据转换成新系统中的数据，需要编写临时的小程序来实现数据转换和装入。

6.5.3　应用程序编码与调试

数据库应用程序的设计属于一般的程序设计范畴，但也有自己的一些特点。例如，形式多样的输出报表、重视数据的有效性和完整性检查、有灵活的交互功能等。

为了加快应用系统的开发速度，一般选择第四代语言开发环境，利用自动生成技术和软件复用技术，在编程中可采用工具（CASE）软件来帮助编写程序和文档。C/S结构常用开发工具有 PowerBuilder、Developer 以及 Delphi 等，B/S结构常用开发工具有 ASP、JSP 等。

数据库结构建立好之后，就可以开始编制与调试数据库的应用程序，这时由于数据入库尚未完成，调试程序时可以先使用模拟数据。

6.5.4　数据库试运行

应用程序编写完成，并有了一小部分数据装入后，应该按照系统支持的各种应用分别试验应用程序在数据库上的操作情况，这就是数据库的试运行阶段，或者称为联合调试阶段。在这一阶段要完成以下两方面的工作：

（1）功能测试。实际运行应用程序，测试它们能否完成各种预定的功能。

（2）性能测试。测量系统的性能指标，分析系统是否符合设计目标。

系统的试运行对于系统设计的性能检验和评价是很重要的，因为有些参数的最佳值只有在试运行后才能找到。如果测试的结果不符合设计目标，则应返回到设计阶段，重新修改设计和编写程序，有时甚至需要返回到逻辑设计阶段，调整逻辑结构。

若重新设计物理结构甚至逻辑结构，会导致数据重新入库。由于数据装入的工作量很大，所以可分期分批地组织数据装入，先输入小批量数据做调试用，待试运行基本合格后，再大批量输入数据，逐步增加数据量，逐步完成运行评价。

数据库的实施和调试不是几天就能完成的，需要有一定的时间。在此期间由于系统还不稳定，随时可能发生硬件或软件故障，加之数据库刚刚建立，操作人员对系统还不熟悉，对其规律缺乏了解，容易发生操作错误，这些故障和错误很可能破坏数据库中的数据。因此必须做好数据库的转储和恢复工作，要求设计人员熟悉 DBMS 的转储和恢复功能，并根据调试方式和特点首先加以实施，尽量减少对数据库的破坏，并简化故障恢复。

6.5.5　整理文档

在程序的编码调试和试运行中，应该将发现的问题和解决方法记录下来，将它们整理存档作为资料，供以后正式运行和改进时参考。全部的调试工作完成之后，应该编写应用系统的技术说明书和使用说明书，在正式运行时随系统一起交给用户。完整的文件资料是应用系统的重要组成部分，但这一点常被忽视，因此必须强调这一工作的重要性，引起用户与设计人员的充分注意。

6.6　数据库运行和维护

数据库试运行结果符合设计目标后，数据库就投入正式运行，进入运行和维护阶段。数据库系统投入正式运行，标志着数据库应用开发工作的基本结束，但并不意味着设计过程已经结束。由于应用环境不断发生变化，用户的需求和处理方法不断发展，数据库在运行过程中的存储结构也会不断变化，从而必须修改和扩充相应的应用程序。

数据库运行和维护阶段的主要任务由 DBA 完成，包括以下三项内容。

6.6.1　维护数据库的安全性与完整性

按照设计阶段提供的安全规范和故障恢复规范，DBA 要经常检查系统的安全是否受到侵犯，根据用户的实际需要授予用户不同的操作权限。数据库在运行过程中，由于应用环境发生变化，对安全性的要求可能发生变化，DBA 要根据实际情况及时调整相应的授权和密码，以保证数据库的安全性。同样数据库的完整性约束条件也可能会随应用环境的改变而改变，这时 DBA 也要对其进行调整，以满足用户的要求。另外，为了确保系统在发生故障时，能够及时地进行恢复，DBA 要针对不同的应用要求制订不同的转储计划，定期对数据库和日志文件进行备份，以使数据库在发生故障后恢复到某种一致性状态，保证数据库的完整性。

6.6.2　监测并改善数据库性能

目前许多 DBMS 产品都提供了监测系统性能参数的工具，DBA 可以利用系统提供的这些工具，经常对数据库的存储空间状况及响应时间进行分析评价，结合用户的反应情况确定改进措施。

6.6.3　重新组织和构造数据库

数据库建立后，除了数据本身是动态变化以外，随着应用环境的变化，数据库本身也必须变化以适应应用要求。数据库运行一段时间后，由于记录的不断增加、删除和修改，会改变数据库的物理存储结构，使数据库的物理特性受到破坏，从而降低数据库存储空间的利用率和数据的存取效率，使数据库的性能下降。因此，需要对数据库进行重新组织，即重新安排数据的存储位置，回收垃圾，减少指针链，改进数据库的响应时间和空间利用率，提高系统性能。这与操作系统对"磁盘碎片"的处理的概念相类似。数据库的重组只是使数据库的物理存储结构发生变化，而数据库的逻辑结构不变，所以根据数据库的三级模式，可以知道数据库重组对系统功能没有影响，只是为了提高系统的性能。

数据库应用环境的变化可能导致数据库的逻辑结构发生变化，比如要增加新的实体，增加某些实体的属性，这样实体之间的联系发生了变化，这样使原有的数据库设计不能满足新的要求，必须对原来的数据库重新构造，适当调整数据库的模式和内模式，比如要增加新的数据项、增加或删除索引、修改完整性约束条件等。

DBMS 一般都提供了重新组织和构造数据库的应用程序，以帮助 DBA 完成数据库的重组和重构工作。只要数据库系统在运行，就需要不断地进行修改、调整和维护。一旦应用变化太大，数据库重新组织也无济于事，这就表明数据库应用系统的生命周期结束，应该建立新系统，重新设计数据库。从头开始数据库设计工作，标志着一个新的数据库应用系统生命周期的开始。

本 章 小 结

广义地讲，数据库设计指整个数据库应用系统包括数据库结构设计和应用设计两部分；狭义地讲，则专指数据库结构的设计。为使学生对数据库设计在应用系统中的核心地位和作用有一个整体的了解，本章按整个数据库应用系统设计的全过程来简要介绍，但重点介绍狭义的数据库设计。

数据库设计的六个阶段中，系统需求分析、概念结构设计是对用户业务需求的描述，与系统的硬软件和 DBMS 无关，而从逻辑结构设计之后的设计阶段则与计算机和具体 DBMS 密切相关。本章应重点掌握数据库设计的六个阶段的任务、方法、步骤和成果，掌握数据库概念结构设计（E-R 图）和逻辑结构设计的原则和方法，对给定中小型数据库应用系统的需求，能进行全过程的分析与设计。

➤ **思考练习题**

1. 简述数据库设计的任务、定义、目标、内容、特点和方法。
2. 简述广义和狭义数据库设计的内容、联系与区别。
3. 总结归纳数据库设计的六个阶段的任务、方法、步骤和成果。
4. 数据库设计中，为什么在数据流图和逻辑结构设计之间要有概念结构设计阶段？
5. 规范化设计理论在数据库设计的哪些阶段有作用，有什么作用？

6. 给出一个实例，说明 E-R 模型设计中调整实体和属性时两条原则的相对性。

7. E-R 模型的实体和联系转换成关系模式时分别应遵循什么原则？

8. 现有一个局部应用，包括两个实体："出版社"和"作者"，这两个实体是多对多的联系，请设计实体和联系的适当的属性，画出 E-R 图，再将其转换为关系模型（包括关系名、属性名、码和完整性约束条件）。

9. 图 6.21 给出（a）、（b）和（c）三个不同的局部 E-R 模型，将其合并成一个全局概念结构，并设置联系实体中的属性（允许增加认为必要的属性，也可将有关基本实体的属性选作联系实体的属性）。

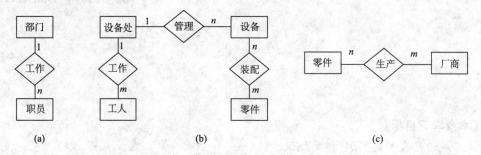

图 6.21　三个不同的局部 E-R 模型

10. 设有如下实体：

学生：学号、单位、姓名、性别、年龄、选修课程名

课程：编号、课程名、开课单位、任课教师号

教师：教师号、姓名、性别、职称、讲授课程编号

单位：单位名称、电话、教师号、教师名

上述实体中存在如下联系：

（1）一个学生可选修多门课程，一门课程可为多个学生选修；

（2）一个教师可讲授多门课程，一门课程可为多个教师讲授；

（3）一个单位可有多个教师，一个教师只能属于一个单位。

试完成如下工作：

（1）分别设计学生选课和教师任课两个局部信息的结构 E-R 图；

（2）将上述设计完成的 E-R 图合并成一个全局 E-R 图；

（3）将该全局 E-R 图转换为等价的关系模型表示的数据库逻辑结构。

第7章

数据库编程

建立数据库后就要开发应用系统了。本章讲解应用系统中如何使用编程方法对数据库进行操纵的技术。

标准 SQL 是非过程化的查询语言，具有操作统一、面向集合、功能丰富、使用简单等多项优点。但和程序设计语言相比，高度非过程的优点同时也造成了它的一个弱点：缺少流程控制能力，难以实现应用业务中的逻辑控制，SQL 编程技术可以有效克服 SQL 语言实现复杂应用方面的不足，提高应用系统和 RDBMS 间的互操作性。

应用系统中使用 SQL 编程来访问和管理数据库中数据的方式主要有：嵌入式 SQL（embedded SQL，ESQL）、PL/SQL（procedural language/SQL）、ODBC（open data base connectivity）编程、JDBC（java data base connectivity）编程和 OLEDB（object linking and embedding DB）编程等方式。本章中将讲解这些编程技术的概念和方法。本章介绍嵌入式 SQL、PL/SQL 和 ODBC 编程，JDBC 和 OLEDB 编程与 ODBC 编程思路基本相同，限于篇幅本章就不予讲解了。

7.1　嵌入式 SQL

嵌入式 SQL 语言是把 SQL 语言嵌入到某种高级语言中使用，利用高级语言的过程性结构来弥补 SQL 语言实现复杂应用方面的不足。这种方式下使用的 SQL 语言称为嵌入式 SQL（Embedded SQL），而嵌入 SQL 的高级语言称为主语言或宿主语言。

7.1.1　嵌入式 SQL 的一般形式

对宿主型数据库语言 SQL，DBMS 可采用两种方法处理，一种是预编译，另一种是修改和扩充主语言使之能处理 SQL 语句。目前采用较多的是预编译的方法。即由 DBMS 的预处理程序对源程序进行扫描，识别出 SQL 语句。把它们转换成主语言调用语句，以使主语言编译程序能识别它，最后由主语言的编译程序将整个源程序编译成目标码。

在嵌入式 SQL 中，为了能够区分 SQL 语句与主语言语句，所有 SQL 语句都必须加前缀 EXEC SQL。SQL 语句的结束标志则随主语言的不同而不同。

例如在 PL/1 和 C 中以分号（;）结束：

EXEC SQL ＜SQL 语句＞；

在 COBOL 中以 END-EXEC 结束：

EXEC SQL ＜ SQL 语句＞ END-EXEC

例如，一条交互形式的 SQL 语句：DROP TABLE Customer ；

嵌入到 C 程序中，应写成：EXEC SQL DROP TABLE Customer ；

嵌入 SQL 语句根据其作用的不同，可分为可执行语句和说明性语句两种。可执行语句又分为数据定义、数据控制、数据操纵三种。

在宿主程序中，任何允许出现可执行的高级语言语句的地方，都可以写可执行 SQL 语句；任何允许出现说明性高级语言语句的地方，都可以写说明性 SQL 语句。

7.1.2　嵌入式 SQL 语句与主语言之间的通信

将 SQL 嵌入到高级语言中混合编程，SQL 语句负责操纵数据库，高级语言语句负责控制程序流程。这时程序中会含有两种不同计算模型的语句，一种是描述性的面向集合的 SQL 语句，一种是过程性的高级语言语句，它们之间应该如何通信呢？

数据库工作单元与源程序工作单元之间的通信主要包括：

（1）向主语言传递 SQL 语句的执行状态信息，使主语言能够据此信息控制程序流程，主要用 SQL 通信区（SQL communication area，SQLCA）实现；

（2）主语言向 SQL 语句提供参数，主要用主变量实现；

（3）将 SQL 语句查询数据库的结果交主语言进一步处理，主要用主变量和游标（cursor）实现。

1. SQL 通信区

SQL 语句执行后，系统要反馈给应用程序若干信息，主要包括描述系统当前工作状态和运行环境的各种数据。这些信息将送到 SQL 通信区 SQLCA 种。应用程序从 SQLCA 中取出这些状态信息，据此决定接下来执行的语句。

SQLCA 是一个数据结构，在应用程序中用 EXEC SQL INCLUDE SQLCA 加以定义。SQLCA 中有一个存放每次执行 SQL 语句后返回代码的变量 SQL-CODE。应用程序每执行完一条 SQL 语句之后都应该测试一下 SQLCODE 的值，以了解 SQL 语句执行情况并作相应处理。如果 SQLCODE 等于预定义的常量 SUCCESS，则表示 SQL 语句成功，否则在 SQLCODE 中存放错误代码。

例如，在执行删除语句 DELETE 后，不同的执行情况 SQLCA 中有下列不同的信息：

（1）成功删除，并有删除的行数（SQLCODE＝SUCCESS）；

（2）无条件删除警告信息；

（3）违反数据保护规则，拒绝操作；

（4）没有满足条件的行，一行也没有删除；

（5）由于各种原因，执行出错。

2. 主变量

嵌入式 SQL 语句中可以使用主语言的程序变量来输入或输出数据。我们把 SQL 语句中使用的主语言程序变量简称为主变量。

主变量根据其作用的不同，分为输入主变量和输出主变量。输入主变量由应用程序对其赋值，SQL 语句引用；输出主变量由 SQL 语句对其赋值或设置状态信息，返回给应用程序。一个主变量有可能既是输入主变量又是输出主变量。利用输入主变量，可以指定向数据库中插入的数据，可以将数据库中的数据修改为指定值，可以指定执行的操作，可以指定 WHERE 子句或 HAVING 子句中的条件。利用输出主变量，可以得到 SQL 语句的结果数据和状态。

所有主变量和指示变量（指示变量是一个整形变量，用来"指示"所指主变量的值或条件）必须在 SQL 语句 BEGIN DECLARE SECTION 与 END DE-CLARE SECTION 之间进行说明。说明之后，主变量可以在 SQL 语句中任何一个能够使用表达式的地方出现，为了与数据库对象名（表名、视图名、列名等）区别，SQL 语句中的主变量名前要加冒号（:）作为标志。同样，SQL 语句中的指示变量前也必须加冒号，并且要紧跟在所指主变量之后。而在 SQL 语句之外，主变量和指示变量均可以直接引用，不必加冒号。

3. 游标

SQL 语言与主语言具有不同的数据处理方式。SQL 语言是面向集合的，一条 SQL 语句原则上可以产生或处理多条纪录。而主语言是面向纪录的，一组主变量一次只能存放一条纪录。所以仅使用主变量并不能完全满足 SQL 语句向应用程序输出数据的要求，为此嵌入式 SQL 引入了游标的概念，用游标来协调这两种不同的处理方式。游标是系统为用户可设的一个数据缓冲区，存放 SQL 语句的执行结果，每个游标区都有一个名字。用户可以通过游标逐一获取纪录，并赋给主变量，交由主语言进一步处理。

EXEC SQL INCLUDE SQLCA END-EXEC. //定义 SQL 通信区

01 ORA-WORKING-ITEMS.

EXEC SQL BEGIN DECLARE SECTION END-EXEC. //主变量说明开始

05 ORA-USER PIC X（01）VALUE '/'.

05 TBL-WSGTMMPE.

EXEC SQL INCLUDE WSGTMMPE. cpy END-EXEC.

05 S-WSGP83I.

EXEC SQL INCLUDE WSGQP83I. cpy END-EXEC.

05 KEY-SEC-CODE.

10 KEY-SEC-CODE1 PIC X（04）.

10 KEY-SEC-CODE2 PIC X（01）.

05 KEY-SEC-CD PIC X（14）.

EXEC SQL END DECLARE SECTION END-EXEC. //主变量说明结束

EXEC SQL DECLARE SEL _ PLACE CURSOR FOR S END-EXEC. //游标操作（定义游标）

EXEC SQL OPEN SEL _ PLACE END-EXEC. //游标操作（打开游标）

EXEC SQL FETCH SEL _ PLACE INTO ·····. // 游标操作（推进游标指针并将当前数据放入主变量）

EXEC SQL CLOSE SEL _ PLACE END-EXEC. 游标操作（关闭游标）

7.1.3 不用游标的 SQL 语句

不用游标的 SQL 语句有：

（1）说明性语句；

（2）数据定义语句；

（3）数据控制语句；

（4）查询结果为单纪录的 SELECT 语句；

(5) 非 CURRENT 形式的 UPDATE 语句；

(6) 非 CURRENT 形式的 DELETE 语句；

(7) INSERT 语句。

所有的说明性语句及数据定义与控制语句都不需要使用游标。它们是嵌入式 SQL 中最简单的一类语句，不需要返回结果数据，也不需要使用主变量。在主语言中嵌入说明性语句及数据定义与控制语句，只要给语句加上前缀 EXEC SQL 和语句结束符即可。

INSERT 语句也不需要使用游标，但通常需要使用主变量。

SELECT 语句，UPDATE 语句，DELETE 语句则要复杂些。

1. 说明性语句

说明性语句是专为在嵌入 SQL 中说明主变量等而设置的，主要有两条语句：

EXEC SQL BEGIN DECLARE SECTION；

和

EXEC SQL END DECLARE SECTION；

两条语句必须配对出现，相当于一个括号，两条语句中间是主变量的说明。

2. 数据定义语句

【例 7.1】 建立一个"顾客"表 Customer。

EXEC SQL CREATE TABLE Customer（

Userid CHAR（20）NOT NULL UNIQUE，

Password CHAR（20）NOT NULL，

Username CHAR（20），

Usersex CHAR（1），

Userage INT，

Useraddress CHAR（40），

Usercount INT，

Usercredit INT，

Regdata INT）；

EXEC SQL DROP TABLE Customer；

数据定义语句中不允许使用主变量。例如下列语句是错误的：

EXEC SQL DROP TABLE ：table_name；

3. 数据控制语句

【例 7.2】 把查询 Customer 查询表权限授给用户 U1。

EXEC SQL GRANT SELECT ON TABLE Customer TO U1；

4. 查询结果为单纪录的 SELECT 语句

在嵌入式 SQL 中，查询结果为单纪录的 SELECT 语句需要用 INTO 子句指

定查询结果的存放地点。该语句的一般格式为

EXEC SQL SELECT［ALL｜DISTINCT］＜目标列表达式＞［，＜目标列表达式＞］……

INTO ＜主变量＞［＜指示变量＞］［，＜主变量＞［＜指示变量＞］］……

FROM ＜表名或视图名＞［，＜表名或视图名＞］……

［WHERE ＜条件表达式＞］

［GROUP BY ＜列名 1＞［HAVING＜条件表达式＞］］

［ORDER BY ＜列名 2＞［ASC｜DESC］］；

该语句对交互式 SELECT 语句的扩充就是多了一个 INTO 子句。把从数据库中找到的符合条件的纪录，放到 INTO 子句指出的主变量中去。其他子句的含义不变。使用该语句需要注意以下几点：

（1）INTO 子句，WHERE 子句的条件表达式，HAVING 短语的条件表达式中均可以使用主变量。

（2）查询返回的纪录中，可能某些列为空值 NULL。如果 INTO 子句中主变量后面跟有指示变量，则当查询得出的某个数据项为空值时，系统会自动将相应主变量后面的指示变量置为负值，而不再向该主变量赋值，即主变量值仍为执行 SQL 语句之前的值。所以当指示变量值为负值时，不管主变量为何值，均应认为主变量值为 NULL。指示变量只能用于 INTO 子句中。

（3）如果数据库中没有满足条件的纪录，则 DBMS 将 SQLCODE 的值置为 100。

（4）如果查询结果实际上并不是单条纪录，而是多条纪录，则程序出错，DBMS 会在 SQLCA 中返回错误信息。

【例 7.3】　查询某个顾客账户余额。假设已将要查询的顾客账号赋给了主变量 givenid。

EXEC SQL SELECT Userid，Usercount

INTO ：Huserid，：Husercount

FROM Customer

WHERE Userid ＝：givenid；

（5）非 CURRENT 形式的 UPDATE 语句。

在 UPDATE 语句中，SET 子句和 WHERE 子句中均可以使用主变量，其中 SET 子句中还可以使用指示变量。

【例 7.4】　将全体女顾客信用值加若干分。假设增加的分数已赋给主变量 Raise。

EXEC SQL UPDATE Customer

SET Usercredit＝Usercredit＋：Raise

WHERE Usersex ＝'女';

（6）非 CURRENT 形式的 DELETE 语句。

DELETE 语句的 WHERE 子句中可以使用主变量指定删除条件。

【例 7.5】　某个顾客注销了，现要将有关他的所有购买记录删除掉。假设该顾客姓名（无重名）已赋给主变量 Hname。

EXEC SQL DELETE

FROM Corder

WHERE Userid＝

（SELECT Userid

FROM Customer

WHERE Username=：Hname）;

另一种等价实现方法为:

EXEC SQL DELETE

FROM SC

WHERE：Hname＝

（ SELECT Username

FROM Customer

WHERE Customer. Userid ＝Corder. Userid ）;

第 1 种方法更直接，从而也更高效些。

（7） INSERT 语句。

INSERT 语句的 VALUES 子句中可以使用主变量和指示变量。

7.1.4　使用游标的 SQL 语句

必须使用游标的 SQL 语句有:①查询结果为多条记录的 SELECT 语句;②CURRENT 形式的 UPDATE 语句;③CURRENT 形式的 DELETE 语句。

1. 查询结果为多条记录的 SELECT 语句

一般情况下，SELECT 语句查询结果都是多条记录，而高级语言一次只能处理一条记录，因此需要用游标机制，将多条记录一次一条送至宿主程序处理，从而把对集合的操作转换为对单个记录的处理。

使用游标的步骤如下:

（1）说明游标。用 DECLARE 语句为一条 SELECT 语句定义游标。DE-CLARE 语句的一般形式为

EXEC SQL DECLARE ＜游标名＞ CURSOR FOR ＜SELECT 语句＞;

其中，SELECT 语句可以是简单查询，也可以是复杂的连接查询和嵌套查询。

定义游标仅仅是一条说明性语句，这时 DBMS 并不执行 SELECT 指定的查询操作。

（2）打开游标。用 OPEN 语句将上面定义的游标打开。OPEN 语句的一般形式为：EXEC SQL OPEN <游标名>；

打开游标实际上是执行相应的 SELECT 语句，把所有满足查询条件的记录从指定表取到缓冲区中。这时游标处于活动状态，指针指向查询结果集中第 1 条记录。

（3）推进游标指针并取当前记录。用 FETCH 语句把游标指针向前推进一条记录，同时将缓冲区中的当前记录取出来送至主变量供主语言进一步处理。FETCH 语句的一般形式为

EXEC SQL FETCH <游标名>

INTO <主变量> [<指示变量>] [，<主变量> [<指示变量>]] …；

其中，主变量必须与 SELECT 语句中的目标列表达式具有一一对应关系。

FETCH 语句通常用在一个循环结构中，通过循环执行 FETCH 语句逐条取出结果集中的行进行处理。

为进一步方便用户处理数据，现在许多关系数据库管理系统对 FETCH 语句做了扩充，允许用户向任意方向以任意步长移动游标指针，而不仅仅是把游标指针向前推进一行了。

（4）关闭游标。用 CLOSE 语句关闭游标，释放结果集占用的缓冲区及其他资源。CLOSE 语句的一般形式为

EXEC SQL CLOSE <游标名>；

游标被关闭后，就不再和原来的查询结果集相联系。但被关闭的游标可以再次被打开，与新的查询结果相联系。

【例 7.6】 查询某个系全体学生的信息。要查询的系名由用户在程序运行过程中指定，放在主变量 deptname 中。

……

EXEC SQL BEGIN DECLARE SECTION；

……

/* 说明主变量 deptname, HSno, HSname, HSsex, HSage 等 */

……

EXEC SQL END DECLARE SECTION；

……

gets（deptname）; /* 为主变量 deptname 赋值 */

……

EXEC SQL DECLARE SX CURSOR FOR

SELECT Sno，Sname，Ssex，Sage

FROM Student

WHERE SDept=：deptname；/＊ 说明游标 ＊/

EXEC SQL OPEN SX /＊ 打开游标 ＊/

WHILE（1）/＊ 用循环结构逐条处理结果集中的记录 ＊/

｛ EXEC SQL FETCH SX INTO：HSno，：HSname，：HSsex，：HSage；

/＊ 游标指针向前推进一行，然后从结果集中取当前行，送相应主变量 ＊/

if（sqlca. sqlcode ＜＞ SUCCESS）

break；

/＊ 若所有查询结果均已处理完或出现 SQL 语句错误，则退出循环 ＊/

/＊ 由主语言语句进行进一步处理 ＊/……｝；

EXEC SQL CLOSE SX；/＊ 关闭游标 ＊/……

被关闭的游标 SX 实际上可以再次被打开，与新的查询结果相联系。例如，可以在例 7.6 中再加上一层外循环，每次对 deptname 赋新的值，这样 SX 就每次和不同的系的学生集合相联系。如例 7.7 所示。

【例 7.7】 查询某些系全体学生的选课信息。

……

EXEC SQL BEGIN DECLARE SECTION；

……/＊ 说明主变量 deptname，HSno，HSname，HSsex，HSage 等＊/

……

EXEC SQL END DECLARE SECTION；

……

EXEC SQL DECLARE SX CURSOR FOR

SELECT Sno，Sname，Ssex，Sage

FROM Student

WHERE SDept=：deptname；/＊ 说明游标 ＊/

WHILE（gets（deptname）！ ＝ NULL）/＊ 接收主变量 deptname 的值＊/｛

/＊ 下面开始处理 deptname 指定系的学生信息，每次循环中 deptname 可具有不同的值 ＊/

EXEC SQL OPEN SX /＊ 打开游标 ＊/

WHILE（1）｛/＊ 用循环结构逐条处理结果集中的记录 ＊/

EXEC SQL FETCH SX INTO：HSno，：HSname，：HSsex，：HSage；

/＊ 游标指针向前推进一行，然后从结果集中取当前行，送相应主变量 ＊/

if（sqlca. sqlcode ＜＞ SUCCESS）

break；

/* 若所有查询结果均已处理完或出现 SQL 语句错误，则退出循环 */

/* 由主语言语句进行进一步处理 */

……}；/* 内循环结束 */

EXEC SQL CLOSE SX；/* 关闭游标 */}；/* 外循环结束 */

2. CURRENT 形式的 UPDATE 语句和 DELETE 语句

UPDATE 语句和 DELETE 语句都是集合操作，如果只想修改或删除其中某个记录，则需要用带游标的 SELECT 语句查出所有满足条件的记录，从中进一步找出要修改或删除的记录，然后用 CURRENT 形式的 UPDATE 和 DELETE 语句修改或删除之。具体步骤是：

（1）用 DECLARE 语句说明游标。如果是为 CURRENT 形式的 UPDATE 语句作准备，则 SELECT 语句中要用"FOR UPDATE OF ＜列名＞"用来指明检索出的数据在指定列是可修改的。如果是为 CURRENT 形式的 DELETE 语句作准备，则不必使用上述子句。

（2）用 OPEN 语句打开游标，把所有满足查询条件的记录从指定表取到缓冲区中。

（3）用 FETCH 语句推进游标指针，并把当前记录从缓冲区中取出来送至主变量。

（4）检查该记录是否是要修改或删除的记录。如果是，则用 UPDATE 语句或 DELETE 语句修改或删除该记录。这时 UPDATE 语句和 DELETE 语句中要用子句"WHERE CURRENT OF ＜游标名＞"来表示修改或删除的是该游标中最近一次取出的记录，即游标指针指向的记录。

第（3）和第（4）步通常用在一个循环结构中，通过循环执行 FETCH 语句，逐条取出结果集中的行进行判断和处理。

（5）处理完毕用 CLOSE 语句关闭游标，释放结果集占用的缓冲区和其他资源。

【例 7.8】　查询某个系全体学生的信息（要查询的系名由主变量 deptname 指定），然后根据用户的要求修改其中某些记录的年龄字段。

……

EXEC SQL BEGIN DECLARE SECTION；

……

/* 说明主变量 deptname，HSno，HSname，HSsex，HSage，NEWAge 等 */

……

EXEC SQL END DECLARE SECTION；

……

gets (deptname); /＊ 为主变量 deptname 赋值 ＊/

……

EXEC SQL DECLARE SX CURSOR FOR

SELECT Sno, Sname, Ssex, Sage

FROM Student

WHERE SDept＝: deptname

FOR UPDATE OF Sage; /＊ 说明游标 ＊/

EXEC SQL OPEN SX /＊ 打开游标 ＊/

WHILE (1) { /＊ 用循环结构逐条处理结果集中的记录 ＊/

EXEC SQL FETCH SX INTO : HSno, : HSname, : HSsex, : HSage;

/＊ 游标指针向前推进一行，然后从结果集中取当前行，送相应主变量 ＊/

if (sqlca. sqlcode <> SUCCESS)

break;

/＊ 若所有查询结果均已处理完或出现 SQL 语句错误，则退出循环 ＊/

printf ("%s, %s, %s, %d", Sno, Sname, Ssex, Sage); /＊ 显示该记录 ＊/

printf ("UPDATE AGE？"); /＊ 问用户是否要修改 ＊/

scanf ("%c", &yn);

if (yn＝'y' or yn＝'Y') /＊ 需要修改 ＊/

{

printf ("INPUT NEW AGE: ");

scanf ("%d", &NEWAge); /＊ 输入新的年龄值 ＊/

EXEC SQL UPDATE Student

SET Sage＝: NEWAge

WHERE CURRENT OF SX; /＊ 修改当前记录的年龄字段 ＊/};

……};

EXEC SQL CLOSE SX; /＊ 关闭游标 ＊/

……

【例 7.9】 查询某个系全体学生的信息（要查询的系名由主变量 deptname 指定），然后根据用户的要求修改删除其中某些记录。

……

EXEC SQL BEGIN DECLARE SECTION;

……/＊ 说明主变量 deptname, HSno, HSname, HSsex, HSage 等＊/

EXEC SQL END DECLARE SECTION;

……

gets（deptname）；/ * 为主变量 deptname 赋值 */

……

EXEC SQL DECLARE SX CURSOR FOR

SELECT Sno，Sname，Ssex，Sage

FROM Student

WHERE SDept＝：deptname；/ * 说明游标 */

EXEC SQL OPEN SX / * 打开游标 */

WHILE（1）{ / * 用循环结构逐条处理结果集中的记录 */

EXEC SQL FETCH SX INTO：HSno，：HSname，：HSsex，：HSage；

/ * 游标指针向前推进一行，然后从结果集中取当前行，送相应主变量 */

if（sqlca. sqlcode ＜＞ SUCCESS）

break；/ * 若所有查询结果均已处理完或出现 SQL 语句错误，则退出循环 */

printf（"％s，％s，％s，％d"，Sno，Sname，Ssex，Sage）；/ * 显示该记录 */

printf（"DELETE ?"）；/ * 问用户是否要删除 */

scanf（"％c"，＆yn）；

if（yn＝'y' or yn＝'Y'）/ * 需要删除 */

EXEC SQL DELETE

FROM Student

WHERE CURRENT OF SX；/ * 删除当前记录 */

……}；

EXEC SQL CLOSE SX；/ * 关闭游标 */

……

注意，当游标定义中的 SELECT 语句带有 UNION 或 ORDER BY 子句时，或者该 SELECT 语句相当于定义了一个不可更新的视图时，不能使用 CURRENT 形式的 UPDATE 语句和 DELETE 语句。

7.1.5 动态 SQL 简介

嵌入式 SQL 语句为编程提供了一定的灵活性，使用户可以在程序运行过程中根据实际需要输入 WHERE 子句或 HAVING 子句中某些变量的值。这些 SQL 语句的共同特点是，语句中主变量的个数与数据类型在预编译时都是确定的，只有主变量的值是程序运行过程中动态输入的，称这类嵌入式 SQL 语句为静态 SQL 语句。

动态 SQL 方法允许在程序运行过程中临时"组装"SQL 语句，主要有三种形式：

（1）语句可变。允许用户在程序运行时临时输入完整的 SQL 语句。

（2）条件可变。对于非查询语句，条件子具有一定的可变性。对于查询语句，SELECT 子句是确定的，即语句的输出是确定的，其他子句（如 WHERE 子句，HAVING 短语）有一定的可变性，如查询学生人数，可以是查询某个系的学生总人数，查询某个年龄段的学生人数等，这时 SELECT 子句的目标列表达式是确定的（COUNT（*）），但 WHERE 子句的条件是不确定的。

（3）数据库对象，查询条件均可变。对于查询语句，SELECT 子句中的列名，FROM 子句中的表名或视图名，WHERE 子句和 HAVING 短语中的条件等均可由用户临时构造，即语句的输入和输出可能都是不确定的。

这几种动态形式几乎可覆盖所有的可变要求。为了实现上述三种可变形式，SQL 提供了相应的语句，如 EXECUTE IMMEDIATE、PREPARE、EXECUTE、DESCRIBE 等。使用动态 SQL 技术更多的是涉及程序设计方面的知识，而不是 SQL 语言本身。

■ 7.2　存储过程

SQL99 标准中给出了 SQL-invoked routines 的概念。SQL-invoked routines 可以分为存储过程（SQL-invoked procedure）和函数（SQL-invoked function）两类。下面介绍存储过程。

建立存储过程可以指定所使用的程序设计语言。PL/SQL（procedural language/SQL，PL/SQL）是编写数据库过程的一种过程语言。它结合了 SQL 的数据操作能力和过程化语言的流程控制能力，是 SQL 的过程化扩展。下面首先介绍 PL/SQL，然后介绍存储过程。

7.2.1　PL/SQL 的块结构

基本的 SQL 是高度非过程化的语言。ESQL 将 SQL 语句嵌入程序设计语言，借助高级语言的控制功能实现过程化。PL/SQL 是对 SQL 的扩展，使其增加了过程化语句功能。

PL/SQL 程序的基本结构是块。所有的 PL/SQL 程序都是有块组成的。这些块之间可以互相嵌套，每个块完成一个逻辑操作。图 7.1 是 PL/SQL 块的基本结构。

```
        DECLARE                          /*定义的变量、常量等只能在该基本块中使用*/

定义部分 {
        变量、常量、游标、异常等          /*当基本模块执行结束时，定义就不在纯在*/

        BEGIN
        SQL语句、PL/SQL的流程控制语句      /*遇到不能继续执行的情况称为异常*/

执行部分 { EXCEPTION

        异常处理部分                      /*在出现异常时，采取措施来纠正错误或报告错误*/
        END
```

图 7.1　PL/SQL 块的基本结构

7.2.2　变量常量的定义

1. PL/SQL 中定义变量的语法形式

　　　　变量名 数据类型 [{NOT NULL}]：＝初值表达式] 或

　　　　　变量名 数据类型 [{NOT NULL}] 初值表达式

2. 常量的定义类似于变量的定义

常量名 数据类型 CONSTANT：常量表达式

常量必须要给一个值，并且该值在存在期间或常量的作用域内不能改变。如果试图修改它，PL/SQL 将返回一个异常。

3. 赋值语句

　　　　　　　　变量名称：＝表达式

7.2.3　控制结构

PL/SQL 提供了流程控制语句，主要有条件控制语句和循环控制语句。这些语句的语法、语义和一般的高级语言（如 C 语言）类似，这里只作概要的介绍。读者使用时要参考具体的产品手册的语法规则。

1. 条件控制语句

一般有三种形式的 IF 语句：IF-THEN、IF-THEN-ELSE 和嵌套的 IF 语句。

(1) IF condition THEN。

Sequence _ of _ statements；　　　/ * 条件为真时语句序列才被执行 * /

END IF 　　　　　　　　　　　　/＊条件为假或 NULL 时什么也不做，控制
　　　　　　　　　　　　　　　　转移至下一个语句＊/

（2）IF *condition* THEN。

Sequence＿of＿statements1；　/＊条件为真时执行语句序列 1＊/

ELSE

Sequence＿of＿statements2；　/＊条件为假或 NULL 时执行语句序列 2＊/

END IF；

（3）在 THEN 和 ELSE 子句中还可以再包括 IF 语句可以嵌套。

2. 循环控制语句

PL/SQL 有三种循环结构：LOOP、WHILE-LOOP 和 FOOP。

（1）最简单的循环语句 LOOP。

LOOP

Sequence＿of＿statements；　　　/＊循环体，一组 PL/SQL 语句＊/

END　LOOP

多数数据库服务器的 PL/SQI 都提供 EXIT、BREAK 或 LEAVE 等循环结束语句，以保证 LOOP 语句块能够在适当的条件下结束。

（2）WHILE-LOOP。

WHILE *condition* LOOP

　　　　Sequence＿of＿statements

END LOOP；

每次执行循环体语句之前，首先对条件进行求值。如果条件为真，则执行循环体内的语句序列。如果条件为假，则跳过循环并把控制传递给下一个语句。

（3）FOR-LOOP。

FOR *count* IN ［REVERSE］*bound1... bound2* LOOP

　　Sequence＿of＿statements

　　END LOOP；

FOR 循环的基本执行过程是：将 count 设置为循环的下界 bound1，检查它是否小于上界 bound 2。当指定 REVERSE 时则将 count 设置为循环的上界 bound 2，检查 count 是否大于下界 bound 10 如果越界则执行跳出循环，否则执行循环体，然后按照步长（＋1 或−1）更新 count 的值，重新判断条件。

3. 错误处理

如果 PL/SQL 在执行时出现异常，则应该让程序在产生异常的语句处停下来，根据异常的类型去执行异常处理语句。

SQL 标准对数据库服务器提供什么样的异常处理作出了建议，要求 PL/SQL 管理器提供完善的异常处理机制。相对于 ESQL 简单地提供执行状态信息

SQLCODE，这里的异常处理就复杂多了。读者要根据具体系统的支持情况来进行错误处理。

7.2.4　存储过程

PL/SQL 块主要有两种类型，即命名块和匿名块。前面介绍的是匿名块。匿名块每次执行时都要进行编译，它不能被存储到数据库中，也不能在其他的 PL/SQL 块中调用。存储过程和函数是命名块，它们被编译后保存在数据库中，可以被反复调用，运行速度较快。

1. 存储过程的优点

存储过程是由 PL/SQL 语句书写的过程，这个过程经编译和优化后存储在数据库服务器中，因此称它为存储过程，使用时只要调用即可。

使用存储过程具有以下优点：

（1）由于存储过程不像解释执行的 SQL 语句那样在提出操作请求时才进行语法分析和优化工作，因而运行效率高，它提供了在服务器端快速执行 SQL 语句的有效途径。

（2）存储过程降低了客户机和服务器之间的通信量。客户机上的应用程序只要通过网络向服务器发出存储过程的名字和参数，就可以让 RDBMS 执行许多条的 SQI. 语句，并执行数据处理。只有最终处理结果才返回客户端。

（3）方便实施企业规则。可以把企业规则的运算程序写成存储过程放入数据库服务器中，由 RDBMS 管理，既有利于集中控制，又能够方便地进行维护。当用户规则发生变化时只要修改存储过程，无须修改其他应用程序。

2. 存储过程的用户接口

用户通过下面的 SQL 语句创建、重新命名、执行和删除存储过程：

（1）创建存储过程。

GREATE Procedure 过程名（［参数 1，参数 2，…］）/＊存储过程首部＊/
AS

＜PL/SQL 块＞；　　　　/＊存储过程体，描述该存储过程的操作＊/

存储过程包括过程首部和过程体。

过程名：是数据库服务器合法的对象标识。

参数列表：用名字来标识调用时给出的参数值，必须指定值的数据类型。存储过程的参数也可以定义输入参数、输出参数或输入/输出参数。默认为输入参数。

过程体：是一个＜PL/SQL 块＞。包括声明部分和可执行语句部分。

【例 7.10】　利用存储过程来实现下面的应用：从一个账户转指定数额的款项到另一个账户中。

CREATE PROCEDURE TRANSFER (inAccount INT, outAccount INT, amount FLOAT)
AS DECLARE
        totalDeposit FLOAT;
BEGIN   /* 检查转出账户的余额 */
SELECT total INTO totalDeposit FROM ACCOUNT WHERE ACCOU-NTNUM= outAccount;
IF totalDeposit IS NULL THEN   /* 账户不存在或账户中没有存款 */
        ROLLBACK;
        RETURN '
END IF;
IF totalDeposit<amount THEN   /* 账户账户存款不足 */
    ROLLBACK;
    RETURN;
END IF;
UPDATE account SET total=total−amount WHERE ACCOUNTNUM=outAccount;
                    /* 修改转出账户，减去转出额 */
UPDATE account SET total= total+amount WHERE ACCOUNTNUM=inAccount;
                    /* 修改转入账户，增加转出额 */
        COMMIT：/* 提交转账事务 */
    END;
可以使用 ALTER Procedure 重命名一个存储过程：
ALTER Procedure 过程名 I RENAME TO 过程名 2;
（2）执行存储过程。
    CALL/PERFORM Procedure 过程名（［参数 1，参数 2，…］）；
使用 CALL 或者 PERFORM 等方式激活存储过程的执行。在 PL/SQL 中，数据库服务器支持在过程体中调用其他存储过程。
【例 7.11】   从账户 01003815868 转 1 万元到 01003813828 账户中。
CALL Procedure TRANSFER（01003815858，01003813828，10000）；
（3）删除存储过程。
DROP PROCEDURE 过程名（）；
3. 游标
和嵌入式 SQL 一样，在 PL/SQL 中如果 SELECT 语句只返回一条记录，可以将该结果存放到变量中。当查询返回多条记录时，就要使用游标对结果集进行处理。一个游标与一个 SQL 语句相关联。

7.3 ODBC 编程

这一节介绍如何使用 ODBC 来进行数据库应用程序的设计，使用 ODBC 编写的应用程序可移植性好，能同时访问不同的数据库，共享多个数据资源。

7.3.1 数据库互连概述

提出和产生 ODBC 的原因是不同的数据库管理系统的存在。目前广泛使用的 RDBMS 有多种，尽管这些系统都属于关系数据库，也都遵循 SQL 标准，但是不同的系统有许多差异。因此，在某个 RDBMS 下编写的应用程序就不能在另一个 RDBMS 下运行，适应性和可移植性较差。例如，运行在 Sybase 上的应用系统想在 Oracle 上运行就必须进行修改移植。这种修改移植是费事的，开发人员必须清楚了解不同 RDBMS 的确切区别，细心地一一进行修改、测试。更加重要的是，许多应用程序需要共享多个部门的数据资源。访问不同的 RDBMS，为此，人们开始研究和开发连接不同 RDBMS 的方法、技术和软件，使数据库系统"开放"，能够"数据库互连"。其中 ODBC，就是为了解决这样的问题而由微软公司推出的产品。ODBC 是微软公司开放服务体系（Windows open services architecture，WOSA）中有关数据库的一个组成部分，它建立了一组规范，并提供一组访问数据库的标准 API。作为规范，它具有两重功效或约束力：一方面规范应用开发；另一方面规范 RDBMS 应用接口。

7.3.2 ODBC 工作原理概述

使用 ODBC 开发应用系统，体系结构如图 7.2 所示，它由四部分构成：用户应用程序、驱动程序管理器（ODBC Driver Manager）、数据库驱动程序（ODBC Driver）、数据源（如 RDBMS 和数据库）。

1. 应用程序

应用程序提供用户界面、应用逻辑和事务逻辑。使用 ODBC 开发数据库应用程序时，应用程序调用的是标准的 ODBC 函数和 SQL 语句。应用层使用 ODBC API 调用接口与数据库进行交互。使用 ODBC 来开发应用系统的程序简称为 ODBC 应用程序，包括的内容有：

（1）请求连接数据库；

（2）向数据源发送 SQL 语句；

（3）为 SQL 语句执行结果分配存储空间，定义所读取的数据格式；

（4）获取数据库操作结果，或处理错误；

（5）进行数据处理并向用户提交处理结果；

（6）请求事务的提交和回滚操作；

（7）断开与数据源的连接。

2. 驱动程序管理器

驱动程序管理器是用来管理各种驱动程序的。驱动程序管理器由微软公司提供，它包含在 ODBC32. DLL 中，对用户是透明的。它管理应用程序和驱动程序之间的通信。驱动程序管理器的主要功能包括装载 ODBC 驱动程序、选择和连接正确的驱动程序、管理数据源、检查 ODBC 调用参数的合法性及记录 ODBC 函数的调用等，当应用层需要时返回驱动程序的有关信息。

ODBC 驱动程序管理器可以建立、配置或删除数据源，并查看系统当前所安装的数据库 ODBC 驱动程序。如图 7.2 所示。

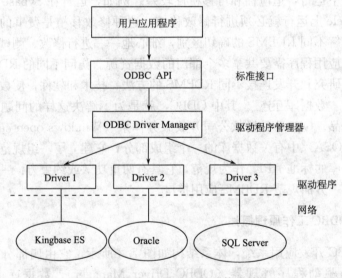

图 7.2　ODBC 应用系统的体系结构

3. 数据库驱动程序

ODBC 通过驱动程序来提供应用系统与数据库平台的独立性。ODBC 应用程序不能直接存取数据库，其各种操作请求由驱动程序管理器提交给某个 RDBMS 的 ODBC 驱动程序，通过调用驱动程序所支持的函数来存取数据库。数据库的操作结果也通过驱动程序返回应用程序。如果应用程序要操纵不同的数据库，就要动态地连接到不同的驱动程序上。

目前的 ODBC 驱动程序主要有单束和多束两类。单束一般是数据源和应用程序在同一台机器上，驱动程序直接完成对数据文件的 I/O 操作，这时驱动程序相当于数据管理器。多束驱动程序支持客户机/服务器、客户机/应用服务器/数据库服务器等网络环境下的数据访问，这时由驱动程序完成数据库访问请求的提交和结果集接收，应用程序使用驱动程序提供的结果集管理接口操纵执行后的结果数据。

4. ODBC 数据源管理

数据源是最终用户需要访问的数据，包含了数据库位置和数据库类型等信息，实际上是一种数据连接的抽象。

ODBC 给每个被访问的数据源指定唯一的数据源名（data source name，DSN），并映射到所有必要的、用来存取数据的底层软件。在连接中，用数据源名来代表用户名、服务器名、所连接的数据库名等。最终用户无须知道 DBMS 或其他数据管理软件、网络以及有关 ODBC 驱动程序的细节，数据源对最终用户是透明的。

例如，假设某个学校在 MSSQLServer 和 KingbaseES 上创建了两个数据库：学校人事数据库和教学科研数据库。学校的信息系统要从这两个数据库中存取数据。为了方便地与两个数据库连接，为学校人事数据库创建一个数据源名 PERSON，PERSON 就是一个 DSN。同样，为教学科研数据库创建一个名为 EDU 的数据源。此后，当要访问每一个数据库时，只要与 PERSON 和 EDU 连接即可，不需要记住使用的驱动程序、服务器名称、数据库等。所以在开发 ODBC 数据库应用程序时首先要建立数据源并给它命名。

7.3.3 ODBC API 基础

各个数据库厂商的 ODBC 应用程序接口（DDBC Application Intertace，ODBC API）都要符合两方面的一致性：①API 一致性。API 一致性级别有核心级、扩展 1 级、扩展 2 级。②语法一致性。语法一致性别有最低限度 SQL 语法级、核心 SQL 语法级、扩展 SQL 语法级。

1. 函数概述

ODBC 3.0 标准提供了 76 个函数接口，大致可以分为：

（1）分配和释放环境句柄、连接句柄、语句句柄；

（2）连接函数（SQLDriverconnect 等）；

（3）与信息相关的函数（如获取描述信息函数 SQLGetinfo、SQLGetFuction）；

（4）事务处理函数（如 SQLEndTran）；

（5）执行相关函数（SQLExecdirect、SQLExecute 等）；

（6）编目函数，ODBC3.0 提供了 11 个编目函数，如 SQLTables、SQLColumn 等。应用程序可以通过对编目函数的调用来获取数据字典的信息,如权限、表结构等。

注意:ODBC1.0 和 ODBC2.x、ODBC3.x 函数使用上的差异,很多函数在 3.x 上已经被替换或丢弃了。因此,必须注意使用的版本带来的不同之处。

也可以使用 MFC 的 ODBC 类。因为 MFC ODBC 对较复杂的 ODBC APL 进行了封装,提供了简化的调用接口,大大方便了数据库应用程序的开发。不必了解 ODBC APL 和 SQL 的具体细节,利用 ODBC 类即可完成对数据库的大部分操作。

2. 句柄及其属性

句柄是 32 位整数值,代表一个指针。ODBC 3.0 中句柄可以分为环境句柄、连接句柄、语句句柄或描述符句柄四类,对于每种句柄不同的驱动程序有不同的数据结构。

(1) 每个 ODBC 应用程序需要建立一个 ODBC 环境,分配一个环境句柄,存取数据的全局性背景,如环境状态、当前环境状态诊断、当前在环境上分配的连接句柄等;

(2) 一个环境句柄可以建立多个连接句柄,每一个连接句柄实现与一个数据源之间的连接;

(3) 在一个连接中可以建立多个语句句柄,它不只是一个 SQL 语句,还包括 SQL 语句产生的结果集以及相关的信息等;

(4) 在 ODBC 3.0 中又提出了描述符句柄的概念,它是描述 SQL 语句的参数、结果集列的元数据集合。

3. 数据类型

ODBC 定义了两套数据类型,即 SQL 数据类型和 C 数据类型用于数据源,而 C 数据类型用于应用程序的 C 代码。它们之间的转换情况如表 7.1 所示。应用程序可以通过 SQLGetTypeInfo 来获取不同的驱动程序对于数据类型的支持情况。

表 7.1　SQL 数据类型和 C 数据类型之间的转换规则

	SQL 数据类型	C 数据类型
SQL 数据类型	数据源之间转换	应用程序变量传送到语句参数(SQLBindparameter)
C 数据类型	从结果集列中返回到应用程序变量(SQLBingcol)	应用程序变量之间转换

7.3.4　ODBC 的工作流程

使用 ODBC 的应用系统大致的工作流程，从开始配置数据源到回收各种句柄，如图 7.3 所示。下面将结合具体的应用实例来介绍如何使用 ODBC 开发应用系统。

【例 7.12】　将 KingbaseES 数据库中 Student 表的数据备份到 SQL SERVER 数据库中。

该应用涉及两个不同的 RDBMS 中的数据源，因此使用 ODBC 来开发应用程序，只要改变应用程序中连接函数（SQLConnect）的参数，就可以连接不同 RDBMS 的驱动程序连接两个数据源。在应用程序运行前，已经在 KingbaseES 和 SQL SERVER 中分别建立了 STUDENT 关系表：

CREATE TABLE Student

（Sno　CHAR（9）PRIMARY KEY. 　/∗ 列级完整性约束条件，Sno 是主码 ∗/

Sname CHAR（20）UNQUE

/∗ Sname 取唯一值 ∗/ Ssex CHAR（2），

Sage SMALLINT，

Sdept CHAR（20）

）；

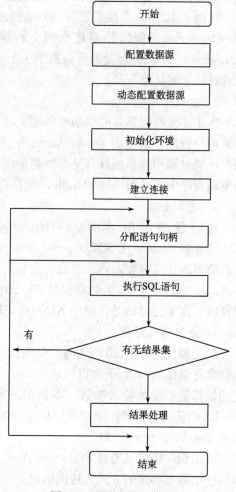

图 7.3　ODBC 的工作流程

应用程序要执行的操作是：在 KingbaseES 上执行 SELECT ∗ FROM STUDENT；把获取的结果集，通过多次执行 INSERT INTO STUDENT（Sno，Sname，Ssex，Sddept）VALUES（∗，∗，∗，∗，∗）；插入到 SQL SERVER 的 STUDENT 表中。

1. 配置数据源

配置数据源有两种方法：①运行数据源管理工具来进行配置；②使用 Driver Manager 提供的 ConfigDsn 函数来增加、修改或删除数据源。这种方法特别使用于在应用程序中创建的临时使用的数据源。

在例 7.12 中，采用了第一种方法创建数据源。因为要同时用到 KingbaseES 和 SQL Server，所以分别建立两个数据源，将其取名 KingbaseES ODBC 和 SQLServer。不同的驱动器厂商提供了不同的配置数据源界面，建立这两个数据源的具体步骤从略。

2. 初始化环境

由于还没有和具体的驱动程序相关联，不是有具体的数据库管理系统驱动程序来进行管理，而是由 Driver Manager 来进行控制，并配置环境属性。直到应用程序通过调用连接函数和某个数据源进行连接后，Driver Manager 才调用所连的驱动程序中的 SQLAlocHandle，来真正分配环境句柄的数据结构。

3. 建立连接

应用程序调用 SQLAllocHandle 分配连接句柄，通过 SQLConnect、SQLDriverConnect 或 SQLBrowseConnect 与数据源的连接。其中 SQLConnect 是最简单的连接函数，输入参数为配置好的数据源名称、用户 ID 和口令。本例中 KingbaseES ODBC 为数据源名字，SYSTEM 为用户名，而 MANAGER 为用户密码，需要注意的是，使用 KINGBASE 是用户名和密码必须要求大写。

4. 分配语句句柄

在处理任何 SQL 语句之前，应用程序还需要首先分配一个语句句柄。语句句柄含有具体的 SQL 语句以及输出地结果集等信息。在后面的执行函数中，语句句柄都是必要的输入参数。本例中分配了两个语句句柄，一个用来从 KingbaseES 中读取数据产生结果集（kinghstmt），另一个用来向 SQLSERVER 插入数据（serverhstmt）。

应用程序还可以通过 SQLtStmtAttr 来设置语句属性（也可以使用默认值），本例中结果集绑定的方式为按例绑定。

5. 执行 SQL 语句

应用程序处理 SQL 语句的方式有两种：预处理（SQLPrepaer，SQLExecute 适用于语句的多次执行）或直接执行（SQLExecdirect）。如果 SQL 语句含有参数，应用程序为每个参数调用 SQLBinParameter，并把它们绑定至应用程序变量。这样应用程序可以直接通过改变应用程序缓冲区的内容，从而在程序动态地改变 SQL 语句的具体执行。接下来的操作则会根据语句的类型来进行相应处理。

（1）有结果集的语句（select 或是编目函数），则进行结果集处理。

（2）有没有集的函数，可以直接利用本语句句柄继续执行新的语句或是获取行计数（本次执行所影响的行数）之后继续执行。

在本例中，适用 SQLExecdirect 获取 KingbaseES 中的结果集，并将结果集根据各列不同的数据类型绑定到用户程序缓冲区。

在插入数据时，采用了预编译的方式，首先通过 SQLPrepare 来预处理 SQL 语句，将每一列绑定到用户缓冲区。

可以看到在本例中，结果集的用户缓冲区和要插入数据的缓冲区是一致的，这是为了直接使用结果集中的数据，应用程序也可以直接修改缓冲区的内容，插入需要的数据。在这里需要注意的是应用程序还没有真正地执行插入，而只是填好了要插入的数据，真正的执行是在 SQLExecute 中进行的。这也恰恰是预编译的好处，只要进行一次语法分析，就可以多次执行同一语句。

6. 结果集处理

应用程序可以通过 SQLNumResultCols 来获取结果集的列数；通过 SQLDescribeCol 或是 SQLColAttribute 函数来获取结果集每一列的名称、数据类型、精度和范围。以上两步对于信息明确的函数是可以省略的。

ODBC 中使用游标来处理结果集数据。游标可以分为 forward-only 游标和可滚动（scroll）游标。Forward-only 游标只能在结果集中向前滚动，它是 ODBC 的默认游标类型。可滚动（scrol）游标又可分为静态（static）、动态（dynamic）、码集驱动（keyset-driven）和混合型（mixed）四种。

ODBC 游标的打开方式不同于嵌入式 SQL，不是显式声明而是系统自动产生一个游标（cursor），但结果集刚刚生成时，游标指向第一行数据之前。应用程序通过 SQLBindCol，把查询结果绑定到应用程序缓冲区中，通过 SQLFetch 或是 SQLFetchScroll 来移动游标获取结果集中的每一行数据。对于如图像这样特别的数据类型当一个缓冲区不足以容纳所有的数据时，可以通过 SQLGetdata 分多次获取。最后通过 SQLClosecursor 来关闭游标。在本例中，使用了 SQLFetch 来不断地获取结果集，杜宇结果集中的每行数据，读取到用户缓冲区，这时使用连接到 SQLESERVER 的语句句柄，执行预编译后的 SQL 语句进行插入，当处理到结果集的末尾时，该函数返回 SQL _ NO _ DATA _ FOUND，退出循环。

7. 中止处理

处理结束后，应用程序将首先释放语句句柄，然后释放数据库连接，并与数据库服务器断开，最后释放 ODBC 环境。

7.4　JDBC 编程

7.4.1　基本知识

1. JDBC：Java DataBase Connectivity（Java 数据库连接技术）

JDBC 是将 Java 与 SQL 结合且独立于特定的数据库系统的应用程序编程接

口（API——它是一种可用于执行 SQL 语句的 Java API，即由一组用 Java 语言编写的类与接口所组成）。

有了 JDBC 从而可以使 Java 程序员用 Java 语言来编写完整的数据库方面的应用程序。另外也可以操作保存在多种不同的数据库管理系统中的数据，而与数据库管理系统中数据存储格式无关。同时 Java 语言与平台的无关性，不必在不同的系统平台下编写不同的数据库应用程序。

2. JDBC 设计的目的

（1）ODBC：微软的 ODBC 是用 C 编写的，而且只适用于 Windows 平台，无法实现跨平台地操作数据库。

（2）SQL 语言：SQL 尽管包含有数据定义、数据操作、数据管理等功能，但它并不是一个完整的编程语言，而且不支持流控制，需要与其他编程语言相配合使用。

（3）JDBC 的设计：由于 Java 语言具有健壮性、安全、易使用并自动下载到网络等方面的优点，因此如果采用 Java 语言来连接数据库，将能克服 ODBC 局限于某一系统平台的缺陷；将 SQL 语言与 Java 语言相互结合起来，可以实现连接不同数据库系统，即使用 JDBC 可以很容易地把 SQL 语句传送到任何关系型数据库中。

（4）JDBC 设计的目的：它是一种规范，设计出它的最主要的目的是让各个数据库开发商为 Java 程序员提供标准的数据库访问类和接口，使得独立于 DBMS 的 Java 应用程序的开发成为可能（数据库改变，驱动程序跟着改变，但应用程序不变）。

3. JDBC 的主要功能：①创建与数据库的连接；②发送 SQL 语句到任何关系型数据库中；③处理数据并查询结果。

【例 7.13】　编程实例。

```
try
{ Class. forName ("sun. jdbc. odbc. JdbcOdbcDriver");    // (1) 创建与数
据库的连接
    Connection
        con = DriverManager. getConnection ("jdbc：odbc：DatabaseDSN",
"Login", "Password");
    Statement stmt＝con. createStatement ();
    ResultSet rs = stmt. executeQuery("select  *  from DBTableName");//
(2)发送 SQL 语句到数据库中
    while (rs. next ())
    { String name＝rs. getString ("Name");              // (3) 处理数
```

据并查询结果。

```
        int age＝rs. getInt （"age"）；
        float wage＝rs. getFloat （"wage"）；
    }
    rs. close （）；    // （4）关闭
    stmt. close （）；
    con. close （）；
}
catch （SQLException e)
{    System. out. println （"SQLState："＋ e. getSQLState （））；
    System. out. println （"Message："＋ e. getMessage （））；
    System. out. println （"Vendor："    ＋ e. getErrorCode （））；
}
```

4. JDBC 与 ODBC 的对比，从而体会 JDBC 的特点

（1）ODBC 是用 C 语言编写的，不是面向对象的；而 JDBC 是用 Java 编写的，是面向对象的。

（2）ODBC 难以学习，因为它把简单的功能与高级功能组合在一起，即便是简单的查询也会带有复杂的任选项；而 JDBC 的设计使得简单的事情用简单的做法来完成。

（3）ODBC 是局限于某一系统平台的，而 JDBC 提供 Java 与平台无关的解决方案。

（4）但也可以通过 Java 来操作 ODBC，这可以采用 JDBC-ODBC 桥接方式来实现（因为 Java 不能直接使用 ODBC，即在 Java 中使用本地 C 的代码将带来安全缺陷）。

5. JDBC 驱动程序的类型

目前比较常见的 JDBC 驱动程序可分为以下四个种类。

1）JDBC-ODBC 桥加 ODBC 驱动程序

JavaSoft 桥产品利用 ODBC 驱动程序提供 JDBC 访问。注意，必须将 ODBC 二进制代码（许多情况下还包括数据库客户机代码）加载到使用该驱动程序的每个客户机上。因此，这种类型的驱动程序最适合于企业网（这种网络上客户机的安装不是主要问题），或者是用 Java 编写的三层结构的应用程序服务器代码。

JDBC-ODBC 桥接方式利用微软的开放数据库互连接口（ODBC API）同数据库服务器通信，客户端计算机首先应该安装并配置 ODBC driver 和 JDBC-ODBC bridge 两种驱动程序。

2) 本地 API

这种类型的驱动程序把客户机 API 上的 JDBC 调用转换为 Oracle、Sybase、Informix、DB2 或其他 DBMS 的调用。注意，像桥驱动程序一样，这种类型的驱动程序要求将某些二进制代码加载到每台客户机上。

这种驱动方式将数据库厂商的特殊协议转换成 Java 代码及二进制类码，使 Java 数据库客户方与数据库服务器方通信。例如，Oracle 用 SQLNet 协议，DB2 用 IBM 的数据库协议。数据库厂商的特殊协议也应该被安装在客户机上。

3) JDBC 网络纯 Java 驱动程序

这种驱动程序将 JDBC 转换为与 DBMS 无关的网络协议，之后这种协议又被某个服务器转换为一种 DBMS 协议。这种网络服务器中间件能够将它的纯 Java 客户机连接到多种不同的数据库上。所用的具体协议取决于提供者。通常，这是最为灵活的 JDBC 驱动程序。有可能所有这种解决方案的提供者都提供适合于 Intranet 用的产品。为了使这些产品也支持 Internet 访问，它们必须处理 Web 所提出的安全性、通过防火墙的访问等方面的额外要求。几家提供商正将 JDBC 驱动程序加到它们现有的数据库中间件产品中。

这种方式是纯 Java driver。数据库客户以标准网络协议（如 HTTP、SHTTP）同数据库访问服务器通信，数据库访问服务器然后翻译标准网络协议成为数据库厂商的专有特殊数据库访问协议（也可能用到 ODBC driver）与数据库通信。对 Internet 和 Intranet 用户而言，这是一个理想的解决方案。Java driver 被自动的、以透明的方式随 Applets 自 Web 服务器而下载并安装在用户的计算机上。

4) 本地协议纯 Java 驱动程序

这种类型的驱动程序将 JDBC 调用直接转换为 DBMS 所使用的网络协议。这将允许从客户机机器上直接调用 DBMS 服务器，是 Intranet 访问的一个很实用的解决方法。

这种方式也是纯 Java driver。数据库厂商提供了特殊的 JDBC 协议使 Java 数据库客户与数据库服务器通信。然而，将把代理协议同数据库服务器通信改用数据库厂商的特殊 JDBC driver。这对 Intranet 应用是高效的，可是数据库厂商的协议可能不被防火墙支持，缺乏防火墙支持在 Internet 应用中会存在潜在的安全隐患。

7.4.2　JDBC 的工作原理

JDBC 的设计基于 X/Open SQL CLI（调用级接口）这一模型。它通过定义出一组 API 对象和方法以用于同数据库进行交互。JDBC 的工作原理如图 7.4 所示。

图 7.4　JDBC 的工作原理

在 Java 程序中要操作数据库，一般应该通过如下几步（利用 JDBC 访问数据库的编程步骤）：

（1）加载连接数据库的驱动程序。

Class. forName（"sun. jdbc. odbc. JdbcOdbcDriver"）；

（2）创建与数据源的连接。

String url＝"jdbc：odbc：DatabaseDSN"；

Connection con＝DriverManager. getConnection（url，"Login"，"Password"）；

（3）查询数据库：创建 Statement 对象并执行 SQL 语句以返回一个 ResultSet 对象。

Statement stmt＝con. createStatement（）；

ResultSet rs＝stmt. executeQuery（"select ＊ from DBTableName"）；

（4）获得当前记录集中的某一记录的各个字段的值。

String name＝rs. getString（"Name"）；

int age＝rs. getInt（"age"）；

float wage＝rs. getFloat（"wage"）；

（5）关闭查询语句及与数据库的连接（注意关闭的顺序先 rs 再 stmt 最后为 con）。

rs. close（）；

stmt. close（）；

con. close（）；

7.4.3　JDBC 的结构

JDBC 主要包含两部分：面向 Java 程序员的 JDBC API 及面向数据库厂商的 JDBC Drive API。

1. 面向 Java 程序员的 JDBC API

Java 程序员通过调用此 API 从而实现连接数据库、执行 SQL 语句并返回结果集等编程数据库的能力，它主要是由一系列的接口定义所构成。

java. sql. DriveManager：该接口主要定义了用来处理装载驱动程序并且为创建新的数据库连接提供支持。

java. sql. Connection：该接口主要定义了实现对某一种指定数据库连接的功能。

java. sql. Statement：该接口主要定义了在一个给定的连接中作为 SQL 语句执行声明的容器以实现对数据库的操作。它主要包含有如下的两种子类型：①java. sql. PreparedStatement：该接口主要定义了用于执行带或不带 IN 参数的预编译 SQL 语句。②java. sql. CallableStatement：该接口主要定义了用于执行数据库的存储过程的调用。java. sql. ResultSet：该接口主要定义了用于执行对数据库的操作所返回的结果集。

2. 面向数据库厂商的 JDBC Drive API

数据库厂商必须提供相应的驱动程序并实现 JDBC API 所要求的基本接口（每个数据库系统厂商必须提供对 DriveManager、Connection、Statement、ResultSet 等接口的具体实现），从而最终保证 Java 程序员通过 JDBC 实现对不同的数据库操作。

7.4.4　数据库应用的模型

（1）两层结构（C/S）：在此模型下，客户端的程序直接与数据库服务器相连接并发送 SQL 语句（但这时就需要在客户端安装被访问的数据库的 JDBC 驱动程序），DBMS 服务器向客户返回相应的结果，客户程序负责对数据的格式化。

主要的缺点：受数据库厂商的限制，用户更换数据库时需要改写客户程序；受数据库版本的限制，数据库厂商一旦升级数据库，使用该数据库的客户程序需要重新编译和发布；对数据库的操作与处理都是在客户程序中实现，使客户程序在编程与设计时较为复杂。

（2）三（或多）层结构（B/S）：在此模型下，主要在客户端的程序与数据库服务器之间增加了一个中间服务器（可以采用 C＋＋或 Java 语言来编程实现），隔离客户端的程序与数据库服务器。客户端的程序（可以简单为通用的浏览器）与中间服务器进行通信，然后由中间服务器处理客户端程序的请求，并管理与数据库服务器的连接。

7.4.5　通过 JDBC 实现对数据库的访问

（1）引用必要的包。

import java. sql. ＊；　　//它包含有操作数据库的各个类与接口

（2）加载连接数据库的驱动程序类。

为实现与特定的数据库相连接，JDBC 必须加载相应的驱动程序类。这通常可以采用 Class. forName（）方法显式地加载一个驱动程序类，由驱动程序负责向 DriverManager 登记注册并在与数据库相连接时，DriverManager 将使用此驱动程序。

Class. forName （"sun. jdbc. odbc. JdbcOdbcDriver"）；

注意：这条语句直接加载了 Sun 公司提供的 JDBC-ODBC Bridge 驱动程序类。

（3）创建与数据源的连接。

String url＝"jdbc：odbc：DatabaseDSN"；

Connection con＝DriverManager. getConnection （url， "Login"， "Password"）；

注意：采用 DriverManager 类中的 getConnection （） 方法实现与 URL 所指定的数据源建立连接并返回一个 Connection 类的对象，以后对这个数据源的操作都是基于该 Connection 类对象；但对于 Access 等小型数据库，可以不用给出用户名与密码。

String url＝"jdbc：odbc：DatabaseDSN"；

Connection con＝DriverManager. getConnection （url）；

System. out. println （con. getCatalog （））；//取得数据库的完整路径及文件名

JDBC 借用了 URL 语法来确定全球的数据库（数据库 URL 类似于通用的 URL），对由 URL 所指定的数据源的表示格式为

jdbc：＜subprotocal＞：［database locator］

（jdbc——指出要使用 JDBC；

subprotocal——定义驱动程序类型；

database locator——提供网络数据库的位置和端口号（包括主机名、端口和数据库系统名等））；

jdbc：odbc：//host. domain. com：port/databasefile。

主协议 jdbc 驱动程序类型为 odbc，它指明 JDBC 管理器如何访问数据库，该例指名为采用 JDBC-ODBC 桥接方式；其他为数据库的位置表示。

【例 7. 14】 装载 mySQL JDBC 驱动程序。

Class. forName （"org. gjt. mm. mysql. Driver "）；

String url

＝ " jdbc： mysql：//localhost/softforum? user ＝ soft&password ＝ soft1234&useUnicode＝true&characterEncoding＝8859 _ 1"

//testDB 为你的数据库名

Connection conn＝ DriverManager. getConnection （url）；

【例 7. 15】 装载 Oracle JDBC OCI 驱动程序（用 thin 模式）。

Class. forName（"oracle. jdbc. driver. OracleDriver "）；

String url＝"jdbc：oracle：thin：@localhost：1521：orcl"；

//orcl 为你的数据库的 SID

String user＝"scott"；

String password＝"tiger"；

Connection conn＝ DriverManager. getConnection（url，user，password）；

注意：也可以通过 con. setCatalog（"MyDatabase"）来加载数据库。

【例 7.16】　装载 DB2 驱动程序。

Class. forName（"com. ibm. db2. jdbc. app. DB2Driver "）

String url＝"jdbc：db2：//localhost：5000/sample"；

//sample 为你的数据库名

String user＝"admin"；

String password＝""；

Connection conn＝ DriverManager. getConnection（url，user，password）；

【例 7.17】　装载 MicroSoft SQLServer 驱动程序。

Class. forName（"com. microsoft. jdbc. sqlserver. SQLServerDriver "）；

String url ＝ " jdbc：microsoft：sqlserver：//localhost：1433；DatabaseName＝pubs"；

　　//pubs 为你的数据库的

String user＝"sa"；

String password＝""；

　Connection conn ＝ DriverManager. getConnection（url，user，password）；

（4）查询数据库的一些结构信息。

这主要是获得数据库中的各个表，各个列及数据类型和存储过程等各方面的信息。根据这些信息，从而可以访问一个未知结构的数据库。这主要是通过 DatabaseMetaData 类的对象来实现并调用其中的方法来获得数据库的详细信息（即数据库的基本信息，数据库中的各个表的情况，表中的各个列的信息及索引方面的信息）。

DatabaseMetaData dbms＝con. getMetaData（）；

System. out. println（"数据库的驱动程序为" ＋dbms. getDriverName（））；

（5）查询数据库中的数据。

在 JDBC 中查询数据库中的数据的执行方法可以分为三种类型，分别对应 Statement（用于执行不带参数的简单 SQL 语句字符串）、PreparedStatement（预编译 SQL 语句）和 CallableStatement（主要用于执行存储过程）三个接口。

本 章 小 结

本章在第 7.1 节首先对嵌入式 SQL 知识作出了介绍，使读者了解非过程语言与过程化的高级语言是如何混合编程的。进而在第 7.2 节将这样的过程规则化模块化，这就是存储过程，它是指是由 PL/SQL 语句书写的过程，这个过程经编译和优化后存储在数据库服务器中，因此称它为存储过程，使用时只要调用即可。它可以使程序运行效率提高，也成为在服务器端快速执行 SQL 语句的有效途径。与此同时存储过程还降低了客户机和服务器之间的通信量，并且方便实施企业规则。

在第 7.3 节与第 7.4 节分别介绍了数据库的两种连接方式 它们分别是 ODBC 连接数据库与 JDBC 连接数据库。在介绍 ODBC 连接数据库时了解到它提出的目的是为了提高应用系统与数据库平台的独立性。使用 ODBC 使得应用系统的移植变得容易。当一个应用系统从一个数据库平台一直到另一个数据库平台式只要改换 ODBC 中 RDBMS 驱动程序就行了。使用 ODBC 可以使得应用系统的开发与数据库平台的选择、数据库设计等工作并进行。你可以在现有的数据库平台上开发应用系统，然后方便地移植到选择的数据库平台上，从而大大缩减整个系统的开发时间。

在介绍 JDBC 连接数据库时了解到它是一套协议，是 Java 开发人员和数据库厂商达成的协议，也就是由 Sun 公司定义一组接口，由数据库厂商来实现，并且为 Java 开发人员提供调用接口方法。是 Java 访问数据库的唯一的、统一的、底层的 API。因为不同的数据库对外提供不同的 API 函数，所以写任何基于数据库的产品都要了解对应数据库的 API，所以要统一一个接口，屏蔽掉不同数据库的 API，让同一段代码可以运行在不同的数据库上，便于移植，这也就是我们平时所说的跨数据库平台，这种统一的接口的技术有好多种，像微软的 ODBC、ADONET，而用于 Java 的就是 JDBC。但是 SQL 语句是在代码中的，而不同的数据库的 SQL 又有差别，所以有了 Hebinate 的流行。

➤ 思考练习题

1. 什么是局部变量和全局变量？
2. 在 SQL 程序设计过程中，游标的用途是什么？
3. 什么是存储过程？它的优点是什么？
4. 画出 ODBC 应用系统的体系结构图。
5. 简述 ODBC 的工作流程。
6. 什么是 JDBC？
7. 与 ODBC 相比较，写出 JDBC 的特点。
8. 简述 JDBC-ODBC 桥加 ODBC 驱动程序的过程。

第三部分

系统及新技术篇

第 8 章

数据库恢复

【本章学习目标】
- ➢ 了解事务的基本概念和特性
- ➢ 掌握定义事务的方法
- ➢ 理解故障的种类和恢复方法
- ➢ 掌握故障恢复技术
- ➢ 理解故障恢复策略
- ➢ 了解数据库镜像恢复方法

随着数据库技术在各个行业和各个领域大量广泛的应用，在对数据库应用的过程中，人为误操作、人为恶意破坏、系统的不稳定、存储介质的损坏等原因，都有可能造成重要数据的丢失。一旦数据出现丢失或者损坏，都将给企业和个人带来巨大的损失。尽管数据库系统中采取了各种保护措施来防止数据库的安全性和完整性被破坏，保证并发事务的正确执行，但是计算机系统中硬件的故障、软件的错误、操作员的失误以及恶意的破坏仍是不可避免的，这些故障轻则造成运行事务非正常中断，影响数据库中数据的正确性，重则破坏数据库，使数据库中全部或部分数据丢失，这就需要进行数据库恢复。数据库恢复实际上就是利用技术手段把数据库从错误状态恢复到某一已知的正确状态或亦称为一致状态、完整状态的过程。

■ 8.1 事务的概述

8.1.1 事务的基本概念

事务（transaction）是访问并可能更新数据库中各种数据项的一个程序执行

单元，是用户定义的一个操作序列，这些操作要么全做要么全不做，是一个不可分割的工作单位。事务是恢复和并发控制的基本单位，通常以 BEGIN TRANS-ACTION 开始，以 COMMIT 或 ROLLBACK 结束。

很多业务操作要求多处修改数据库，我们必须考虑如果在两个操作之间机器发生故障会导致什么后果。例如，网上订购系统中，如果用户 user1 订购鲜花，将订购款 1000 元从用户账户转移到支付宝账户中，这个简单的事务包括两个步骤：①从用户账户余额中减去 1000 元；②向支付宝账户中增加 1000 元。创建这个事务的代码要求数据库的两个更新。一个是 UPDATE 命令减少用户账户余额，另一个是 UPDATE 命令增加支付宝账户余额。那么，我们就必须考虑如果在两个操作之间机器发生故障将会导致什么后果。资金已经从用户账余额中减去，但是还没有加入支付宝账户余额，那么资金丢失了。如果先完成增加支付宝账户余额的操作，那么用户会得到多余的资金，卖家要承担损失。所以，问题的关键在于两个操作必须同时成功。

那么，怎样才能知道两个操作属于同一事务呢？这要按照业务规则来确定，而程序开发者必须告诉计算机哪些操作属于一个事务，为了做到这一点，需要标记代码中所有事务的开始点和结束点。当计算机看到开始标记的时候，首先把所有的修改写入日志文件，当执行到结束标记时，才对数据表做实际的修改。如果在执行到结束标记之前发生错误，当 DBMS 重启后，会检查日志文件并完成所有未完成的事务。我们只要标记好事务的开始点和结束点，DBMS 就会自动地处理事务。

8.1.2　事务的特性

事务具有四个特性，即原子性（atomicity）、一致性（consistency）、隔离性（isolation）和持续性（durability）。这四个特性也简称为 ACID 特性。

1. 原子性（atomicity）

事务是数据库的逻辑工作单位，原子性是指一个事务是一个不可分割的程序单元，事务中包括的诸操作要么都做，要么都不做。

2. 一致性（consistency）

事务执行的结果必须是使数据库从一个一致性状态变到另一个一致性状态。因此，当数据库只包含成功事务提交的结果时，就说数据库处于一致性状态。如果数据库系统运行中发生故障，有些事务尚未完成就被迫中断，系统将事务中对数据库的所有已完成的操作全部撤销，滚回到事务开始时的一致状态。一致性与原子性是密切相关的。

3. 隔离性（isolation）

一个事务的执行不能被其他事务干扰，即一个事务内部的操作及使用的数据对其他并发事务是隔离的，并发执行的各个事务之间不能互相干扰。

4. 持续性（durability）

持续性也称永久性（permanence），指一个事务一旦提交，它对数据库中数据的改变就应该是永久性的。接下来的其他操作或故障不应该对其执行结果有任何影响。

事务是恢复和并发控制的基本单位。保证事务 ACID 特性是事务处理的重要任务。事务 ACID 特性可能遭到破坏的因素有：

（1）多个事务并行运行时，不同事务的操作交叉执行。

（2）事务在运行过程中被强行停止。

在第一种情况下，数据库管理系统必须保证多个事务的交叉运行不影响这些事务的原子性。在第二种情况下，数据库管理系统必须保证被强行终止的事务对数据库和其他事务没有任何影响。

这些就是数据库管理系统中恢复机制和并发控制机制的责任。

8.1.3　定义事务的语句

在关系数据库中，一个事务可以是一条 SQL 语句、一组 SQL 语句或整个程序。在 SQL 语言中，定义事务的语句有三条：

BEGIN｛TRANSACTION｜TRAN｜WORK｝［事务名］，用于表示事务开始。

COMMIT｛TRANSACTION｜TRAN｜WORK｝　［事务名］，用于提交事务。

ROLLBACK｛TRANSACTION｜TRAN｜WORK｝［事务名］，用于回退事务。

其中，BEGIN TRANSACTION 表示事务开始，为了便于并发控制，一般定义于 SELECT 语句前。

COMMIT 表示提交，即提交事务的所有操作。具体地说，就是将事务中所有对数据库的更新写回到磁盘上的物理数据库中去，事务正常结束。

ROLLBACK 表示回滚，即在事务运行的过程中发生了某种故障，事务不能继续进行，系统将事务中对数据库的所有已完成的操作全部撤销，滚回到事务开始的状态。

事务的开始与结束可以由用户显式控制。如果用户没有显式地定义事务，则由 DBMS 按缺省规定自动划分事务。DBMS 对事务的控制分为隐式事务控制和显式事务控制。

1. 隐式事务控制

每条单独的 SQL 语句都是一个事务，默认情况下，每一条 SQL 语句后都隐含一个 COMMIT。例如，一条删除多行数据的 SQL 语句，其删除工作被 DBMS 分解为删除各行的步骤，每一行的删除均是一个步骤，只有所有删除的行都执行成功，这条删除语句才算完成，否则，即使前 $n-1$ 行都成功删除，但最后一行在执行时失败，则这条删除语句也是失败的，将自动恢复被删除的 $n-1$ 行，回退到删除前的状态。

2. 显式事务控制

在执行多个操作时，由多条 SQL 语句构成的事务，就需要以 BEGIN TRANSACTION 显式开始，以 COMMIT 或 ROLLBACK 显式结束，DBMS 将开始标记到结束标记之间的多条 SQL 界定为一个事务。

【例 8.1】 银行转账事务，这个事务把一笔金额从一个账户甲转给另一个账户乙。

BEGIN TRANSACTION
读账户甲的余额 BALANCE；
BALANCE＝BALANCE-AMOUNT；（AMOUNT 为转账金额）
IF（BALANCE〈0）THEN
{打印'金额不足，不能转账'；
ROLLBACK；（撤销刚才的修改，恢复事务）}
ELSE
{读账户乙的余额 BALANCE1；
BALANCE1 ＝ BALANCE1＋AMOUNT；
写回 BALANCE1；
COMMIT；}

这个例子所包括的两个更新操作要么全部完成要么全部不做。否则就会使数据库处于不一致状态，例如只把账户甲的余额减少了而没有把账户乙的余额增加。

在这段程序中若产生账户甲余额不足的情况，应用程序可以发现并让事务滚回，撤销已作的修改，恢复数据库到正确状态。

■ 8.2 故障种类和恢复概述

8.2.1 事务内部的故障

事务内部故障是指事务在运行至正常终止点前被中止，意味着事务没有达到预期的终点（COMMIT 或者显式的 ROLLBACK），因此，数据库可能处于不正确状态。事务内部故障有的是可以通过事务程序本身发现的，有的是非预期的，不能由事务程序处理的。例如，运算溢出、并发事务发生死锁而被选中撤销该事务、违反了某些完整性限制等。

恢复程序要在不影响其他事务运行的情况下，强行回滚（ROLLBACK）该事务，利用日志文件撤销（UNDO）此事务已对数据库进行的修改，使得该事务好像根本没有启动一样。事务故障的恢复是由系统自动完成的，对用户是透明的。系统的恢复步骤是：

（1）反向扫描文件日志（即从最后向前扫描日志文件），查找该事务的更新操作。

（2）对该事务的更新操作执行逆操作，即将日志记录中"更新前的值"写入数据库。这样，若记录中是插入操作，则相当于做删除操作（因为此时"更新前的值"为空）；若记录中是删除操作，则做插入操作；若是修改操作，则相当于用修改前值代替修改后值。

（3）继续反向扫描日志文件，查找该事务的其他更新操作，并做同样处理。

（4）如此处理下去，直至读到此事务的开始标记，事务故障恢复就完成了。

8.2.2 系统故障

系统故障是指造成系统停止运转的任何事件，使得系统要重新启动。例如，特定类型的硬件错误（CPU 故障）、操作系统故障、DBMS 代码错误、突然停电等。这类故障影响正在运行的所有事务，但不破坏数据库。这时主存内容，尤其是数据库缓冲区（在内存）中的内容都被丢失，所有运行事务都非正常终止。系统故障造成数据库不一致状态的原因有两个：一是未完成事务对数据库的更新可能已写入数据库；二是已提交事务对数据库的更新可能还留在缓冲区没来得及写入数据库，从而造成数据库可能处于不正确的状态。因此，为保证数据一致性，恢复子系统必须在系统重新启动时让所有非正常终止的事务回滚，强行撤销（UNDO）所有未完成事务。重做（REDO）所有已提交的事务，以将数据库真正恢复到一致状态。

系统故障的恢复步骤是：

（1）正向扫描日志文件（即从头扫描日志文件），找出在故障发生前已经提交事务（这些事务既有 BEGIN TRANSACTION 记录，也有 COMMIT 记录），将其事务标识记入重做（REDO）队列。同时找出故障发生时尚未完成的事务（这些事务只有 BEGIN TRANSACTION 记录，无相应的 COMMIT 记录），将其事务标识记入撤销队列。

（2）对撤销队列中的各个事务进行撤销（UNDO）处理。

进行 UNDO 处理的方法是，反向扫描日志文件，对每个 UNDO 事务的更新操作执行逆操作，即将日志记录中"更新前的值"写入数据库。

（3）对重做队列中的各个事务进行重做（REDO）处理。

进行 REDO 处理的方法是：正向扫描日志文件，对每个 REDO 事务重新执行日志文件登记的操作。即将日志记录中"更新后的值"写入数据库。

系统故障的恢复是由系统在重新启动时自动完成的，不需要用户干预。

8.2.3　介质故障

系统故障常称为软故障（soft crash），介质故障称为硬故障（hard crash）。硬故障指外存故障，如磁盘损坏、磁头碰撞、瞬时强磁场干扰等。这类故障将破坏数据库或部分数据库，并影响正在存取这部分数据的所有事务。这类故障比前两类故障发生的可能性小得多，但破坏性最大。恢复介质故障首先要重装转储的后备副本到新的磁盘，使数据库恢复到转储时的一致状态，然后在日志中找出转储以后所有已提交的事务；对这些已提交的事务进行 REDO 处理，将数据库恢复到故障前某一时刻的一致状态。

发生介质故障后，磁盘上的物理数据和日志文件被破坏，这是最严重的一种故障，恢复方法是重装数据库，然后重做已完成的事务。具体地说就是：

（1）装入最新的数据库后备副本（离故障发生时刻最近的转储副本），使数据库恢复到最近一次转储时的一致性状态。

对于动态转储的数据库副本，还须同时装入转储开始时刻的日志文件副本，利用恢复系统故障的方法（即 REDO＋UNDO），才能将数据库恢复到一致性状态。

（2）装入相应的日志文件副本（转储结束时刻的日志文件副本），重做已完成的事务。即首先扫描日志文件，找出故障发生时已提交的事务的标识，将其记入重做队列。然后正向扫描日志文件，对重做队列中的所有事务进行重做处理，即将日志记录中"更新后的值"写入数据库。这样就可以将数据库恢复至故障前某一时刻的一致状态了。

介质故障的恢复需要 DBA 介入。但 DBA 只需要重装最近转储的数据库副本和有关的各日志文件副本，然后执行系统提供的恢复命令即可，具体的恢复操作仍由 DBMS 完成。

8.2.4　计算机病毒

计算机病毒是具有破坏性、可以自我复制的计算机程序。计算机病毒已成为计算机系统的主要威胁，自然也是数据库系统的主要威胁。因此，数据库一旦被破坏仍要用恢复技术把数据库加以恢复。

总结各类故障，对数据库的影响有两种可能性：一是数据库本身被破坏；二是数据库没有破坏，但数据可能不正确，这是因为事务的运行被非正常终止造成的。

8.3　恢复技术

8.3.1　恢复概述

计算机系统崩溃、硬件损坏、程序故障、编写的程序中的错误以及人为错误，所有这些都会出现在数据库应用程序中。因为数据库是多用户共享的，并且常常是一个组织运作的一个关键因素，所以出现问题后，尽快恢复数据库显得尤为重要。数据库恢复的基本原理十分简单，可以用"冗余"一个词来概括。这就是说，数据库中任何一部分被破坏的或不正确的数据可以根据存储在系统别处的冗余数据来重建。

尽管恢复的基本原理很简单，但实现技术的细节却相当复杂。恢复机制涉及的两个关键问题是：

第一，如何建立冗余数据，包括如何进行数据转储（backup）和登录日志文件（logging）；

第二，如何利用这些冗余数据实施数据库恢复。

下面我们将介绍数据库恢复的实现技术。

8.3.2　数据转储

1. 数据转储的概念

所谓数据转储即 DBA 定期地将整个数据库复制到磁带或另一个磁盘上保存起来的过程。这些备用的数据文本称为后备副本或后援副本。

2. 数据转储分类

1）静态转储

静态转储简单，但转储必须系统中无运行事务时进行转储，转储期间不允许对数据库进行任何存取、修改活动，同样，新的事务也必须等待转储结束才能执行。显然，这会降低数据库的可用性。

当数据库遭到破坏后可以将后备副本重新装入，但重装后备副本只能将数据库恢复到转储时的状态，要想恢复到故障发生时的状态，必须重新运行自转储以后的所有更新事务。例如在图 8.1 中，系统在 T_a 时刻停止运行事务进行静态数据转储，在 T_b 时刻转储完毕，得到 $T_a \sim T_b$ 时刻的数据库一致性副本。重新运行事务，当运行到 T_f 时刻发生故障。为恢复数据库，首先由 DBA 重装数据库后备副本，将数据库恢复至 T_b 时刻的状态。

2）动态转储

动态转储是指转储操作与用户事务并发进行，即转储期间允许对数据库进行

图 8.1　静态转储和数据库恢复

存取或修改。动态转储可克服静态转储的缺点，它不用等待正在运行的用户事务结束，也不会影响新事务的运行。但是，转储结束时后援副本上的数据并不能保证正确有效。

利用动态转储得到的副本进行故障恢复，需要把动态转储期间各事务对数据库的修改活动登记下来，建立日志文件。后备副本加上日志文件才能把数据库恢复到某一时刻的正确状态。

采用动态转储方法备份和恢复数据库的过程如图 8.2 所示，系统在 T_a 时刻停止运行事务进行动态数据库转储，同时登记日志文件，在 T_b 时刻转储完毕，得到 $T_a \sim T_b$ 时刻的数据库副本，在 T_b 时刻继续登记日志文件，当运行到 T_f 时刻发生故障，转储 T_f 时刻前的日志文件。为恢复数据库，首先由 DBA 重装数据库后备副本，将数据库恢复至 T_b 时刻的状态，然后利用转储的日志文件将数据库恢复到 T_f 时刻，这样就把数据库恢复到故障发生前的一致状态。

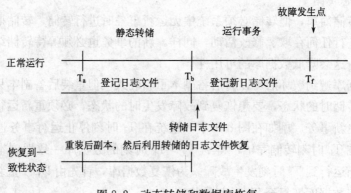

图 8.2　动态转储和数据库恢复

3）海量转储

海量转储是指每次转储全部数据库。从恢复角度看，使用海量转储得到的后备副本进行恢复一般来说会更方便些。

4）增量转储

增量转储是指每次只转储上一次转储后更新过的数据。如果数据库很大，事务处理又十分频繁，则增量转储方式更实用更有效。

数据转储有两种方式，分别可以在两种状态下进行，因此数据转储方法可以分为四类，如表 8.1 所示。

表 8.1 数据转储的分类

转储状态 / 转储方式	静态转储	动态转储
海量转储	静态海量转储	动态海量转储
增量转储	静态增量转储	动态增量转储

转储是十分耗费时间和资源的，不能频繁进行。DBA 应该根据数据库使用情况确定一个适当的转储周期和转储方法。

例如，每天晚上进行动态增量转储；每周进行一次动态海量转储；每月进行一次静态海量转储。

8.3.3 日志文件

日志文件是用来记录事务对数据库的更新操作的文件，存储数据库恢复所必需的数据。

1. 日志文件的内容

数据库系统根据事务处理来记录日志信息。对一个事务的执行，数据库系统需要为它记录以下的日志内容：

（1）事务开始标记。

（2）事务标识：在整个数据库内唯一标识一个事务。

（3）数据项标识：是所操作数据项的唯一标识，通常是数据项在磁盘上的位置。

（4）旧值：数据项的写前值（数据插入操作不包含该项）。

（5）新值：数据项的写后值（数据删除操作不包含该项）。

（6）事务提交或者终止标记。

数据库系统在出现故障、重新启动后，首先要检查日志记录，看哪些事务需要重新执行，哪些事务需要回退。需要重新执行的事务，在日志中包含事务开始和事务提交标记；而仅仅包含事务开始标记的事务，则需要进行回退。

2. 日志文件的作用

日志文件在数据库恢复中起着非常重要的作用。可以用来进行事务故障恢复和系统故障恢复，并协助后备副本进行介质故障恢复。具体地讲，事务故障恢复和系统故障必须用日志文件。

在动态转储方式中必须建立日志文件，后援副本和日志文件综合起来才能有效地恢复数据库。

在静态转储方式中，也可以建立日志文件。当数据库毁坏后可重新装入后援副本把数据库恢复到转储结束时刻的正确状态，然后利用日志文件，把已完成的事务进行重做处理，对故障发生时尚未完成的事务进行撤销处理。这样不必重新运行那些已完成的事务程序就可把数据库恢复到故障前某一时刻的正确状态，如图 8.3 所示。

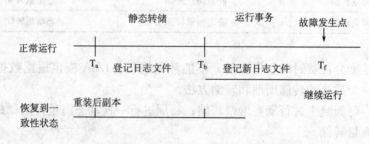

图 8.3　利用日志文件恢复

3. 登记日志文件（logging）

为保证数据库是可恢复的，登记日志文件时必须遵循两条原则：

（1）登记的次序严格按并发事务执行的时间次序。

（2）必须先写日志文件，后写数据库。

把对数据的修改写到数据库中和把写表示这个修改的日志记录写到日志文件中是两个不同的操作。有可能在这两个操作之间发生故障，即这两个写操作只完成了一个。如果先写了数据库修改，而在运行记录中没有登记下这个修改，则以后就无法恢复这个修改了。如果先写日志，但没有修改数据库，按日志文件恢复时只不过是多执行一次不必要的 UNDO 操作，并不会影响数据库的正确性。所以为了安全，一定要先写日志文件，即首先把日志记录写到日志文件中，然后写数据库的修改。这就是"先写日志文件"的原则。

8.4 恢复策略

对损坏的数据库文件进行恢复的最基本策略是从备份中还原已知完好的数据库副本，并使用后续生成的事务日志文件前滚数据库。要使用此策略，必须满足以下三个假设：

（1）有一个完好的数据库备份。

（2）自备份后生成的所有事务日志文件可用且未损坏。

（3）数据库中的问题不是由逻辑损坏或非故意删除引起的。例如，如果病毒扫描程序要损坏或删除邮件，则损坏和删除会记录到事务日志中，并且从备份还原后将被重播到数据库中。

8.4.1 典型的数据库恢复策略

数据库的恢复意味着要把数据库恢复到最近一次故障前的一致性状态，典型的数据库恢复策略如下：

（1）定期对数据库进行静态数据转储，并将转储的数据存放到另一个磁盘或其他存储介质中。

（2）建立日志文件。记录事务的开始、结束标志，记录事务对数据库的每一次插入、删除和修改前后的值，写入"日志"库中。

（3）如果数据库本身被破坏，导致数据库不能使用的情况，就必须装入最近一次转储的数据库备份文件，然后利用日志文件执行 REDO，重做已经提交的事务，把数据库恢复到故障前的状态。

（4）如果数据库没有遭到物理性破坏，但数据库的一致性被破坏，导致数据不正确的情况，则不用导入转储的数据库备份文件，只要利用日志库执行 UNDO 操作，撤销所有不可靠的修改，再利用日志库执行 REDO 操作，重做已经提交的、但对数据库的更新可能仍留在内存缓冲区的事务，就可以把数据库恢复到正确状态。

恢复的策略很简单，实现方法也比较清楚，但做起来相当复杂。

8.4.2 检查点恢复策略

1. 问题的提出

利用日志库进行数据库恢复时，恢复子系统必须搜索日志，确定哪些事务需要 REDO，哪些事务需要 UNDO，这就具有两个问题：

（1）日志文件记录从系统启动以来数据库的状态变化，保存大量的事务及其数据库状态变化前后的值，一般来说是相当大的一个文件，特别对更新（插入、删除、修改操作）频繁的系统更是如此，因此，搜索整个日志将耗费大量的时间。

（2）对那些已完成（提交）的事务，由于不能确定是否真正的永久保存到数据库中，很多需要 REDO 处理的事务实际上已经将它们的更新操作结果写到数据库中了，然而恢复子系统又重新执行了这些操作，这显然浪费了大量时间，也是导致系统恢复效率低的重要原因。

为了解决这些问题，又发展了具有检查点的恢复技术。这种技术在日志文件中增加一类新的记录——检查点记录（checkpoint），增加一个重新开始文件，并让恢复子系统在登录日志文件期间动态地维护日志。

2. 检查点技术

1）检查点记录的内容

（1）建立检查点时刻所有正在执行的事务清单。

（2）这些事务最近一个日志记录的地址。

2）重新开始文件的内容

用来记录各个检查点记录在日志文件中的地址。图 8.4 说明了建立检查点 S_i 时对应的日志文件和重新开始文件。

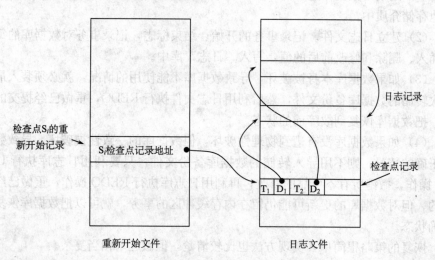

图 8.4   具有检查点的日志文件和重新开始文件

动态维护日志文件的方法是，周期性地执行如下操作：建立检查点，保存数据库状态。具体步骤如下：

（1）将当前日志缓冲中的所有日志记录写入磁盘的日志文件上。

（2）在日志文件中写入一个检查点记录。

（3）将当前数据缓冲的所有数据记录写入磁盘的数据库中。

（4）把检查点记录在日志文件中的地址写入一个重新开始文件。

3. 利用检查点的恢复策略

使用检查点方法可以改善恢复效率。当事务 T 在一个检查点之前提交，T 对数据库所作的修改一定都已写入数据库，写入时间是在这个检查点建立之前或在这个检查点建立之时。这样，在进行恢复处理时，没有必要对事务 T 执行 REDO 操作。

系统出现故障时恢复子系统将根据事务的不同状态采取不同的恢复策略，如图 8.5 所示。

T_1：在检查点之前提交。

T_2：在检查点之前开始执行，在检查点之后故障点之前提交。

T_3：在检查点之前开始执行，在故障点时还未完成。

T_4：在检查点之后开始执行，在故障点之前提交。

T_5：在检查点之后开始执行，在故障点时还未完成。

T_3 和 T_5 在故障发生时还未完成，所以予以撤销；T_2 和 T_4 在检查点之后才提交，它们对数据库所作的修改在故障发生时可能还在缓冲区中，尚未写入数据库，所以要 REDO；T_1 在检查点之前已提交，所以不必执行 REDO 操作。

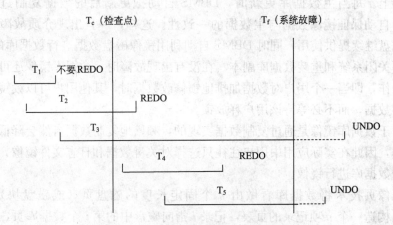

图 8.5　恢复子系统采取的不同策略

采用检查点方法进行恢复可分为两个步骤：

（1）根据日志文件建立事务重做队列和事务撤销队列。

此时，从头正向扫描日志文件，找出在故障发生前已经执行了 COMMIT 提交的事务，将其事务标识记入重做队列。同时，还要找出故障发生时尚未完成的事务，即这些事务还没有执行 COMMIT 提交，将这类事务标识记入撤销队列。

（2）对重做队列中的事务进行 REDO 处理，方法是正向扫描日志文件，根据重做队列的记录对每一个重做事务重新实施对数据库的更新操作。

对撤销队列中的事务进行 UNDO 处理，方法是反向扫描日志文件，根据撤销队列的记录对每一个撤销事务的更新操作执行逆操作，即对插入操作执行删除操作、对删除操作执行插入操作、对修改操作则用修改前的值代替修改后的值。

8.5 其他恢复方法

8.5.1 数据库镜像技术

我们已经看到，介质故障是对系统影响最为严重的一种故障。系统出现介质故障后，用户应用全部中断，恢复起来也比较费时。而且 DBA 必须周期性地转储数据库，这也加重了 DBA 的负担。如果不及时而正确地转储数据库，一旦发生介质故障，会造成较大的损失。

随着磁盘容量越来越大，价格越来越便宜，为避免磁盘介质出现故障影响数据库的可用性，许多数据库管理系统提供了数据库镜像（mirror）功能用于数据库恢复。即根据 DBA 的要求，自动把整个数据库或其中的关键数据复制到另一个磁盘上。每当主数据库更新时，DBMS 自动把更新后的数据复制过去，即 DBMS 自动保证镜像数据与主数据的一致性。这样，一旦出现介质故障，可由镜像磁盘继续提供使用，同时 DBMS 自动利用镜像磁盘数据进行数据库的恢复，不需要关闭系统和重装数据库副本。在没有出现故障时，数据库镜像还可以用于并发操作，即当一个用户对数据加排他锁修改数据时，其他用户可以读镜像数据库上的数据，而不必等待该用户释放锁。

由于数据库镜像是通过复制数据实现的，频繁地复制数据自然会降低系统运行效率，因此在实际应用中用户往往只选择对关键数据和日志文件镜像，而不是对整个数据库进行镜像。

镜像页技术将数据库看做由 n 个固定长度的磁盘页（或磁盘块）组成。DBMS 构造一个 n 项记录的页表，记录 i 指向磁盘中的第 i 个数据库页，事务对数据库的所有引用，包括读操作和写操作，均通过这个页表来进行。当一个事务开始执行时，当前页表被复制到一个镜像页表中，记录内容指向最新的数据库页。

在事务执行过程中，镜像页表永远不会被修改。当事务执行写操作时，被修改的数据库页需要创建一个新的拷贝提供给事务实施操作，而原有的数据库页不会被修改。当前页表的相应表项被改为指向新的拷贝页的指针，而镜像页表的相应表项仍然指向原有数据库页。当 DBMS 实施恢复时，释放事务修改的数据库页并放弃当前的页表。数据库在事务执行之前的状态可以通过镜像页表来恢复。

当事务交付的时候，释放镜像页表和原有数据库页。

数据库镜像技术的优点就是事务操作的 UNDO 过程极其简单，而且不需要任何 REDO 处理。但日志和检查点机制必须保证，此镜像页表能够及时地保存在磁盘中，以防止磁盘空间的丢失。这种技术也存在较大的缺点，由于事务在修改数据项时需要复制原有数据库页，导致数据的分布比较零散，不利于数据的快速查找；此外，如果数据页尺寸太大，会引起数据复制的开销增大；数据页的尺寸太小就会引起镜像页表存储开销的增大。因此，寻找一个合适的管理粒度是数据库镜像恢复技术需要解决的重点问题。

8.5.2　多数据库事务恢复

一般情况下，讨论的事务仅仅是访问单个的数据库，如果在一个事务中需要访问若干个不同的数据库，即多数据库事务，就需要有相应的机制来实现事务的恢复，这种情况多在分布式数据库中出现。

为了维持事务的原子性，必须有一个两级恢复机制。将一个协调器附加在本地恢复机制上，形成一个全局恢复机制。这个协调器使用了一个两段交付协议：

第一段：当多数据库事务 T 涉及的所有参与的数据库都通知协调器已经完成了这个事务的操作，协调器就向所有参与的数据库发送一个"准备交付"的消息，告诉它们准备交付事务 T。每个参与的数据库收到这个消息后都将日志记录写到磁盘中，并回答一个"已经交付"的消息。如果数据库由于某种原因，在写日志时失败或无法交付本地事务，将回答"无法交付"的消息，如果协调器在一个规定的时间间隔内没有收到某个数据库的回答消息，则将默认为接收到"无法交付"消息。

第二段：如果所有参与的数据库均回答"已经交付"的消息，协调器将为事务 T 给所有参与数据库发送一个"交付完成"消息。由于事务对本地数据库的影响都已经记录在数据库日志中，对事务的恢复也就可以实现了。每个参与的数据库，接收到"交付完成"的消息后，将向日志中写入一个"事务 T 提交完成"的记录，如果需要的话，还将永久性的修改本地数据库。但是，只要有一个数据库向协调器回答了"无法交付"消息，协调器将向所有参与的数据库发送一个"回退"消息，告诉其他数据库撤销事务 T 的操作。

使用这种两段交付协议的结果是，要么事务对所有参与的数据库都产生影响，要么没有对任何数据库产生影响。如果参与的数据库和协调器发生了故障，系统都可以正确地进行恢复。如果它们在第一段的过程中或之前发生故障，事务将被回退；如果发生在第二段，事务也可以恢复并交付。

本 章 小 结

　　计算机系统崩溃、硬件损坏、程序故障、应用程序中的错误以及人为错误，所有这些都会出现在数据库应用程序中。因为数据库是多用户共享的，并且常常是一个组织运作的一个关键因素，所以出现问题后，尽快恢复数据库显得尤为重要。

　　本章详细介绍了数据库恢复的有关内容。其中包括事务的基本概念、特性和定义事务的 SQL 语句；数据库故障种类和恢复技术；数据库的恢复策略和恢复方法。着重讲述了对事务内部故障、系统故障、介质故障和计算机病毒的故障产生原理和恢复方法；对数据库的恢复技术中数据转储方法和数据库日志文件进行了详细介绍。并对数据库恢复策略中典型的数据库恢复策略和检查点恢复策略、数据库镜像技术和多数据库事务恢复方法进行了讲述。

➤ **思考练习题**

　　1. 什么是事务？事务有哪些特性？

　　2. 给出一些生活中的例子说明实现并发控制机制的必要性。

　　3. 试述隐式事务控制和显示事务控制的区别。

　　4. 数据库故障可能有哪些？

　　5. 简述事务内部故障的恢复步骤。

　　6. 什么是数据转储？数据转储有几种方式？

　　7. 简述典型的数据库恢复策略。

　　8. 采用检查点方法进行数据库恢复步骤是什么？

　　9. 数据库镜像技术的优点和缺点是什么？

第 9 章

并 发 控 制

【本章学习目标】
➢ 掌握并发控制的概念和作用
➢ 了解封锁技术，理解死锁与活锁的使用
➢ 理解并发调度的可串行性
➢ 掌握两段锁协议的原理
➢ 理解封锁粒度概念，了解常见数据库的封锁粒度大小

当多个用户或信息系统同时对某一个相同数据进行增删改操作时，必须考虑到数据并发问题。采用合理的控制手段，既满足了数据完整性正确性，又是大限度发挥计算机的优势，这是本章要重点阐述的问题。本章首先介绍并发控制的概念及作用，然后介绍了数据库中常用的"锁"机制。其次介绍了两段锁协议及封锁粒度。

■ 9.1 并发控制概述

在实际应用中，数据库系统必须考虑到多个用户同时访问相同数据的问题，即需要共享数据库资源，尤其是多个用户可以同时存取相同数据。前一章我们已经明确了事务的概念，事务是并发控制的基本单位，保证事务的 ACID 特性，即原子性（atomicity）、一致性（consistency）、隔离性（isolation）和持久性（durability）是事务处理的重要任务，而并发操作有可能会破坏其 ACID 特性。为了保证多个事务能正常执行，常见的控制手段有：

1. 事务串行执行

事务串行执行方式的特点是：每个时刻只有一个事务运行，其他事务必须等到这个事务结束以后方能运行。但如果全部采用串行控制，则数据库的效率会极其低下，不能充分利用系统资源，发挥数据库共享资源的特点。

2. 交叉并发方式

单处理机系统中，事务的并发执行实际上是这些并发事务的并发操作轮流交叉运行。这种执行方式的特点是：能够减少处理机的空闲时间，提高系统的效率。

3. 同时并发方式

多处理机系统中，每个处理机可以运行一个事务，多个处理机可以同时运行多个事务，实现多个事务真正的并行运行。这是一种最理想的并发方式，但受制于硬件环境。

9.1.1　并发操作带来的数据不一致性

以下的实例说明由于并发操作而导致的数据不一致的问题。

飞机订票系统中的一个活动序列，甲乙两个售票点在同一时刻准备卖出同一航班的机票：

第一步，甲售票点（事务 T1）读取某航班的机票剩余座位数 A，A＝16；

第二步，乙售票点（事务 T2）读取同一航班机票剩余座位数 A，A＝16；

第三步，甲售票点卖出一张机票，修改 A＝A－1，即 A＝15，写入数据库（事务 T1 执行后，A 为 15）。

第四步，乙售票点也卖出一张机票，修改 A＝A－1，即 A＝15，写入数据库（事务 T2 执行后，A 同样为 15）。

结果：卖出两张票，数据库中机票剩余座位数只减少 1。

很显然，操作结果是错误的。造成数据不一致性的原因是由于并发操作引起的。在并发操作情况下，对 T1、T2 事务的操作序列是随机的。若按上面的调度序列执行，T1 事务的修改被丢失，因为第 4 步中 T2 事务修改 A 并写回后覆盖了 T1 事务的修改。

如果没有锁定且多个用户同时访问同一个数据库，则当他们的事务同时使用相同的数据时可能会发生问题。总结来看，由于并发操作带来的数据不一致性包括：丢失数据修改、读"脏"数据（脏读）、不可重复读。数据不一致性的三种情况如图 9.1 所示。

1. 丢失数据修改

当两个或多个事务选择同一行，然后基于最初选定的值更新该行时，会发生丢失更新问题。每个事务都不知道其他事务的存在。最后的更新将重写由其他事务所做的更新，这将导致数据丢失。

例如，两个编辑人员制作了同一文档的电子复本。每个编辑人员独立地更改

T1	T2	T1	T2	T1	T2
① 读 A=16		① 读A=50		① 读 C=100	
		读B=100		C=C×2	
②	读A=16	求和=150		写回 C	读
			② 读B=100	②	C=200
③ A=A-1			读B=B×2		
写回 A=15			写回B=200		
		③ 读A=50		③ ROLLBACK	
④	A=A-1	读B=200		C恢复为 100	
	写回 A=15	求和=250			
		(验算不对)			
(a) 丢失修改		(b) 不可重复读		(c) 读"脏"数据	

时序

图 9.1　数据不一致性的三种情况

其复本，然后保存更改后的复本，这样就覆盖了原始文档。最后保存其更改复本的编辑人员覆盖了第一个编辑人员所做的更改。如果在第一个编辑人员完成之后第二个编辑人员才能进行更改，则可以避免该问题。

2. 读"脏"数据（脏读）

读"脏"数据是指事务 T1 修改某一数据，并将其写回磁盘，事务 T2 读取同一数据后，T1 由于某种原因被除撤销，而此时 T1 把已修改过的数据又恢复原值，T2 读到的数据与数据库的数据不一致，则 T2 读到的数据就为"脏"数据，即不正确的数据。

例如，一个编辑人员正在更改电子文档。在更改过程中，另一个编辑人员复制了该文档（该复本包含到目前为止所做的全部更改）并将其分发给预期的用户。此后，第一个编辑人员认为目前所做的更改是错误的，于是删除了所做的编辑并保存了文档。分发给用户的文档包含不再存在的编辑内容，并且这些编辑内容应认为从未存在过。如果在第一个编辑人员确定最终更改前任何人都不能读取更改的文档，则可以避免该问题。

3. 不可重复读

不可重复读指事务 T1 读取数据后，事务 T2 执行更新操作，使 T1 无法读取前一次结果。不可重复读包括以下三种情况：

（1）事务 T1 读取某一数据后，事务 T2 对其作了修改，当事务 T1 再次读该数据时，得到与前一次不同的值。

（2）事务 T1 按一定条件从数据库中读取某些数据记录后，事务 T2 删除了其中部分记录，当事务 T1 再次按相同条件读取数据时，发现某些记录神秘地消失了。

（3）事务 T1 按一定条件从数据库中读取某些数据记录后，事务 T2 插入了一些记录，当事务 T1 再次按相同条件读取数据时，发现多了一些记录。

后两种不可重复读有时也称为幻行现象。

产生这些数据的不一致性的主要原因是并发操作破坏了事务的隔离性。

9.1.2　并发控制机制的任务

对多用户并发存取同一数据的操作不加控制可能会读取和存储不正确的数据，破坏数据库的一致性。DBMS 必须提供并发控制机制，并发控制机制是衡量一个 DBMS 性能的重要标志之一。

并发控制机制的主要任务就是对并发操作进行正确调度，以保证事务的隔离性，进而保证数据库的一致性。

■ 9.2　封锁及活锁与死锁

正如前面所述，最简单的实现隔离的方式就是：一次只运行一个事务。如果所有的程序都较短小，如果所有数据可以集中存放在主存中，且如果所有的数据都由一个处理器来存取，这时没必要考虑并发性，只要保证这些程序以顺序方式执行即可。但是，这种情形势必会导致数据库的效率低下。对此，有一个比较经济可行的解决方案——封锁。

9.2.1　封锁的含义

封锁就是事务 T 在对某个数据对象（如数据库、表、记录、数据等）操作之前，向系统发出对其加锁的请求，加锁后事务 T 就对该数据对象有了一定的控制，在事务 T 释放它的锁之前，其他的事务不能更新此数据对象。

例如，在前面的飞机订票例子中，甲事务要修改 A，如果在读出 A 前先锁住 A，其他事务不能再读取和修改 A，直到甲事务修改并写回 A 后，解除了对 A 的封锁为止。这样甲事务就不会丢失修改。

9.2.2　基本封锁类型

封锁是实现并发控制的一个非常重要的技术。DBMS 通常提供了多种类型的封锁。一个事务对某个数据对象加锁后究竟拥有什么样的控制是由封锁的类型决定的。

通常来说，数据库系统中基本的封锁类型包括两种：排他锁（eXclusive lock，简记为 X 锁）和共享锁（Share lock，简记为 S 锁）。

1. 排他锁（X 锁）

排他锁又称为写锁。

若事务 T 对数据对象 A 加上 X 锁，则只允许 T 读取和修改 A，其他任何事务都不能再对 A 加任何类型的锁，那么直到 T 释放 A 上的锁。

排他锁保证了其他事务在 T 释放 A 上的锁之前不能再读取和修改 A。

2. 共享锁（S 锁）

共享锁又称为读锁。

若事务 T 对数据对象 A 加上 S 锁，则其他事务只能再对 A 加 S 锁，而不能加 X 锁，直到 T 释放 A 上的 S 锁。

共享锁保证了其他事务可以读 A，但在 T 释放 A 上的 S 锁之前不能对 A 做任何修改。

如果有两个并发事务 T1 和 T2，每个事务对同一数据加上了 X 锁或 S 锁，其相容矩阵如表 9.1 所示。

表 9.1　X 锁和 S 锁的相容矩阵

T2 ＼ T1	排他锁（X）	共享锁（S）	未加锁
排他锁（X）	不相容	不相容	相容
共享锁（S）	不相容	相容	相容
未加锁	相容	相容	相容

表 9.1 相容的含义是：如果事务 T1 对某一数据加了排他锁，则事务 T2 对该数据不可再加共享锁，也不可再加排他锁。以此类推。

9.2.3　封锁协议

在运用 X 锁和 S 锁对数据对象加锁时，需要遵循的规则（如何时申请 X 锁或 S 锁、持锁时间、何时释放等），这些规则即为封锁协议。

	T1	T2	说明
时序	Xlock A 读 A（读得 16）		T1 事务在对 A 写操作之前先加 X 锁，T2 对 A 写操作前也要先加 X 锁，但 T2 事务被拒绝，因此一直处于等待状态；
		Xlock A	
	A＝A－1 写回 A（此时 A 为 15） 提交本次事务 Unlock A	未加锁成功，等待	
		Xlock A 读 A（读得 15） A＝A－1 写回 A（此时 A 为 14） 提交本次事务 Unlock A	T1 事务释放了对 A 的锁，T2 可以加锁。对 A 进行的操作，防止丢失修改

图 9.2　一级封锁协议

对封锁方式规定不同的规则即形成了各种不同的封锁协议，不同级别的封锁协议分别在不同程度上解决一定程度的一致性问题。

1. 一级封锁协议（图 9.2）

事务 T 在修改数据 R 之前必须先对其加 X 锁，直到事务结束（即通过 commit 或 rollback 结束）才释放。

作用：防止丢失修改，保证事务 T 可恢复。

2. 二级封锁协议（图 9.3）

时序	T1	T2	说明
	Xlock A，读取 A，假设结果为 50，A＝A＊2 写入 A，结果为 100		T1 事务在修改 A 之前，对其加 X 锁，修改 A 的值后写入； T2 事务请求对 A 加 S 锁，由于 T1 已经对 A 加 X 锁，因此 T2 只能等待； T1 事务回滚了 A，撤销了对 A 的修改，因此 A 恢复了原来的值 50，T1 释放了对 A 的 X 锁。T2 事务获得 A 的 S 锁，读 A 为 50。这样，避免了 T2 读"脏"数据
		Slock A 等待	
	回滚 A，恢复为 50 Unlock A		
		获得 A 的 Slock 读 A，结果为 50 Unlock A	

图 9.3　二级封锁协议

3. 三级封锁协议（图 9.4）

时序	T1	T2	说明
	Slock A Slock B 读 A，假设结果为 50 读 B，假设结果为 100 计算 A＋B，结果为 150		T1 事务先对 A、B 加 S 锁，则其他事务只能再对 A、B 加 S 锁，而不能加 X 锁； T2 事务要修改 B，那么需要先对 B 加 X 锁，由于 T1 事务已经对 B 加 S 锁，因此 T2 事务只能等待； T1 事务重复读取 A、B，与前一次结果相同，即可以重复读
		Xlock B 等待	
	读 A，结果为 50 读 B，结果为 100 计算 A＋B，结果为 150 提交 释放 A（Unlock A） 释放 B（Unlock B）		
		获得 Xlock B 读取 B，结果为 100 计算 B＝B＊2 写回 B，B 的结果为 200 提交 释放 B（Unlock B）	

图 9.4　三级封锁协议

在一级封锁协议基础上事务 T 在读取数据 R 之前必须先对其加 S 锁，读完后即可释放 S 锁。

作用：防止丢失修改及读"脏"数据。

在一级封锁协议基础上事务 T 在读取数据 R 之前必须先对其加 S 锁，直到事务结束才释放。

作用：防止丢失修改，防止读"脏"数据以及防止不可重复读。

三个级别的封锁协议的主要区别在于什么操作需要申请封锁，以及何时释放锁（即持锁时间）。三个级别的封锁协议比较如表 9.2 所示。

表 9.2 不同级别封锁协议比较

	X锁		S锁		一致性		
	操作结束释放	事务结束释放	操作结束释放	事务结束释放	不丢失修改	不读"脏"数据	可重复读
一级封锁协议		√			√		
二级封锁协议		√	√		√	√	
三级封锁协议		√		√	√	√	√

9.2.4 死锁与活锁

通过加锁机制可以有效控制数据的并发问题，但加锁后，往往又会带来新的问题，常见的就是死锁与活锁。

1. 活锁

在数据库系统中，如果事务 T1 封锁了数据 R，事务 T2 又请求封锁 R，于是 T2 等待。T3 也请求封锁 R，当 T1 释放了 R 上的封锁之后系统首先批了 T3 的请求，T2 仍然等待。T4 又请求封锁 R，当 T3 释放了 R 上的封锁之后系统又批准了 T4 的请求……T2 有可能永远等待，这就是活锁的情形。

活锁类似于日常生活中的排队夹入问题，例如大家在银行的 ATM 机前排队，如果你的前面没有人夹入队伍，那么很容易预测出第几个轮到自己；但如果总是有人夹入队伍，就不能预测出自己第几个轮到。

要避免活锁出现，可以采用"先来先服务"的策略。当多个事务请求封锁同一数据对象时按请求封锁的先后次序对这些事务排队，该数据对象上的锁一旦释放，首先批准申请队列中第一个事务获得锁。

2. 死锁

事务 T1 封锁了数据 R1，同时 T2 封锁了数据 R2，此时 T1 又请求封锁 R2，因 T2 已封锁了 R2，于是 T1 等待 T2 释放 R2 上的锁，接着 T2 又申请封锁 R1，因 T1 已封锁了 R1，T2 也只能等待 T1 释放 R1 上的锁。这样 T1 在等待 T2，而 T2 又在等待 T1，T1 和 T2 两个事务永远不能结束，形成死锁。

产生死锁的原因是两个或多个事务都已封锁了一些数据对象，然后又都请求对已为其他事务封锁的数据对象加锁，从而出现死等待。

解决死锁的两类方法有：

1）死锁的预防

预防死锁的发生就是要破坏产生死锁的条件。

（1）一次封锁法。一次封锁法要求每个事务必须一次将所有要使用的数据全部加锁，否则就不能继续执行。

数据库中数据是不断变化的，原来不要求封锁的数据，在执行过程中可能会变成封锁对象，所以很难事先精确地确定每个事务所要封锁的数据对象。

解决方法：将事务在执行过程中可能要封锁的数据对象全部加锁，这就进一步降低了并发度。

一次封锁法存在的问题：降低并发度。

（2）顺序封锁法。顺序封锁法是预先对数据对象规定一个封锁顺序，所有事务都按这个顺序实行封锁。

数据库系统中可封锁的数据对象极其众多，并且随数据的插入、删除等操作而不断地变化，要维护这样极多而且变化的资源的封锁顺序非常困难，成本很高。

顺序封锁法存在的问题：维护成本高，难于实现。

事务的封锁请求可以随着事务的执行而动态地决定，很难事先确定每一个事务要封锁哪些对象，因此也就很难按规定的顺序去施加封锁。

在操作系统中广为采用的预防死锁的策略并不很适合数据库的特点，因此 DBMS 在解决死锁的问题上更普遍采用的是诊断并解除死锁的方法。

2）死锁的诊断与解除

由 DBMS 的并发控制子系统定期检测系统中是否存在死锁，一旦检测到死锁，就要设法解除。

常见的死锁诊断方法有：超时法和事务等待图法。

超时法是指：如果一个事务的等待时间超过了规定的时限，就认为发生了死锁。这种方法的优点是实现简单；但其存在的缺点是：有可能误判死锁。另外，时限若设置得太长，死锁发生后不能及时被发现。

等待图法是指：并发控制子系统周期性地（比如每隔 1 min）检测事务等待图，如果发现图中存在回路，则表示系统中出现了死锁。如图 9.5 所示。

图 9.5（a）中的事务 T1 等待事务 T2，事务 T2 又在等待事务 T1，产生了回路，即发生了死锁。图 9.5（b）中的事务 T1 等待事务 T2，事务 T2 在等待事务 T3，而事务 T3 又在等待事务 T1，也产生了回路。

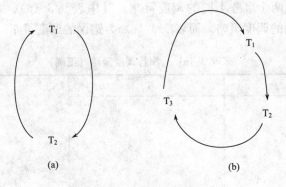

图 9.5 事务等待图

解除死锁常见的做法是：选择一个处理死锁代价最小的事务，将其撤销，释放此事务持有的所有的锁，使其他事务能继续运行下去。

9.3 并发调度的可串行性

9.3.1 串行调度和可串行化调度

1. 调度

数据库系统中的调度是一个或多个事务的重要操作按时间排序的一个序列。

2. 串行调度

如果一个调度的动作首先是一个事务的所有动作，然后是另一个事务的所有动作，以此类推，而没有动作的混合，那么我们说这一调度是串行的。

3. 可串行化调度

通常，不管数据库初态怎样，一个调度对数据库状态的影响都和某个串行调度相同，我们就说这个调度是可串行化的。

9.3.2 可串行化调度

多个事务的并发执行是正确的，当且仅当其结果与按某一次序串行地执行这些事务时的结果相同，这种调度操作我们称之为可串行化调度。

可串行性是并发事务正确调度的准则，一个给定的并发调度，当且仅当它是可串行化的，才认为是正确调度。

【例 9.1】 现在有两个事务，分别包含下列操作：

事务 T1：读 B；A＝B＋1；写回 A。

事务 T2：读 A；B＝A＋1；写回 B。

现给出对这两个事务不同的调度策略。其中表 9.3（a）、表 9.3（b）及表 9.3（d）为正确的调度策略。而表 9.3（c）为错误的调度策略。

表 9.3（a）　串行调度策略（正确）

T1	T2	
Slock B		
Y＝R（B）＝2		
Unlock B		
Xlock A		
A＝Y＋1＝3		
W（A）		假设 A、B 的初值均为 2。按 T1→
Unlock A		T2 次序执行结果为 A＝3，B＝4。
	Slock A	串行调度策略，正确的调度
	X＝R（A）＝3	
	Unlock A	
	Xlock B	
	B＝X＋1＝4	
	W（B）	
	Unlock B	

（b）串行调度策略（正确）

T1	T2	
	Slock A	
	X＝R（A）＝2	
	Unlock A	
	Xlock B	
	B＝X＋1＝3	
	W（B）	假设 A、B 的初值均为 2。
	Unlock B	T2→T1 次序执行结果为 B＝3，
Slock B		A＝4。
Y＝R（B）＝3		串行调度策略，正确的调度
Unlock B		
Xlock A		
A＝Y＋1＝4		
W（A）		
Unlock A		

续表

(c) 串行调度策略（错误）

T1	T2	执行结果与（a）、（b）的结果都不同。 是错误的调度
Slock B Y＝R（B）＝2		
	Slock A X＝R（A）＝2	
Unlock B		
	Unlock A	
Xlock A A＝Y＋1＝3 W（A）		
	Xlock B B＝X＋1＝3 W（B）	
Unlock A		
	Unlock B	

(d) 串行调度策略（正确）

T1	T2	执行结果与串行调度（a）的执行结果相同。 是正确的调度
Slock B Y＝R（B）＝2 Unlock B Xlock A		
	Slock A	
A＝Y＋1＝3 W（A） Unlock A	等待 等待 等待	
	X＝R（A）＝3 Unlock A Xlock B B＝X＋1＝4 W（B） Unlock B	

9.3.3　冲突可串行化调度

冲突操作是指不同的事务对同一个数据的读写操作和写写操作。例如，事务 Ti 读 x，Tj 写 x，事务 Ti 写 x，Tj 写 x，这样的串行化调度才叫冲突可串行化调度，其他操作是不冲突操作。

保证并发操作调度正确性的方法有：封锁方法，即两段锁（two-phase locking，简称 2PL）协议，时标方法，乐观方法等。其中两段锁协议将在下一节描述。

9.4　两段锁协议

可串行性是并发调度正确性的唯一准则，两段锁协议就是为保证并发调度可串行性而提供的封锁协议。注意与前面所讲的封锁协议的区别，两段锁协议的主要目的是为了保证数据并发调度的正确性。而封锁协议是从不同程度上保证数据的一致性问题。

(1) 在对任何数据进行读、写操作之前，事务首先要获得对该数据的封锁。

(2) 在释放一个封锁之后，事务不再获得任何其他封锁。

两段锁协议中的"两段"是指将事务的加锁过程分为两个阶段：第一阶段是获得封锁，也称为扩展阶段。事务可以申请获得任何数据项上的任何类型的锁，但是不能释放任何锁。第二阶段是释放封锁，也称为收缩阶段。事务可以释放任何数据项上的任何类型的锁，但是不能再申请任何锁。

例如，事务 T1 的封锁序列：

Slock A ···Slock B ···Xlock C···Unlock B ···Unlock A ···Unlock C；

事务 T2 的封锁序列：

Slock A···Unlock A···Slock B···Xlock C···Unlock C···Unlock B；

事务 T1 遵守两段锁协议，而事务 T2 不遵守两段协议。

并发执行的所有事务均遵守两段锁协议，则对这些事务的所有并行调度策略都是可串行化的。

所有遵守两段锁协议的事务，其并发执行的结果一定是正确的。

对任何事务，调度中该事务获得其最后加锁的时刻（扩展阶段的结束点）称为事务的封锁点。这样，多个事务可以根据它们的封锁点进行排序。实际上，这个顺序就是事务的一个可串行性次序。表 9.4 列举了两段锁协议操作举例。

表 9.4　两段锁协议操作举例

	T1	T2	
	Slock B Y＝B＝2		
封锁点→	Xlock A		
	A＝Y+1 写入 A（＝3） Unlock B Unlock A	申请 Slock A 等待 等待 等待 获得 Slock A X＝A＝3	
		Xlock B	←封锁点
		B＝X+1 写回 B（＝4） Unlock A Unlock B	

表 9.5　可串行化调度与两段锁协议的关系

T1	T2	T1	T2
Slock B 读 B＝2 Y＝B Xlock A		Slock B 读 B＝2 Y＝B Unlock B Xlock A	
A＝Y+1 写回 A＝3 Unlock B Unlock A	Slock A 等待 等待 等待 等待 Slock A 读 A＝3 Y＝A Xlock B B＝Y+1 写回 B＝4 Unlock B Unlock A	A＝Y+1 写回 A＝3 Unlock A	Slock A 等待 等待 等待 等待 Slock A 读 A＝3 X＝A Unlock A Xlock B B＝X+1 写回 B＝4 Unlock B
(a) 遵守两段锁协议		(b) 不遵守两段锁协议	

两阶段锁保证了：如果 T1 更新某些资源，并且 T2 可以看到其中的任意资源，则 T2 或者在所有的资源被 T1 更新后看到这些资源，或者在 T1 更新所有资源前就看到这些资源。

事务遵守两段锁协议是可串行化调度的充分条件，而不是必要条件。即可串行化的调度中，不一定所有事务都必须符合两段锁协议。表 9.5 给出了可串行化调度与两段锁协议的关系。

9.5　封锁粒度

封锁对象的大小称为封锁粒度。封锁的对象：逻辑单元和物理单元。例如，在关系数据库中，封锁对象就逻辑单元来说，可以是属性值、属性值集合、元组、关系、索引项、整个索引、整个数据库等；就物理单元来说，可以是页（数据页或索引页）、物理记录等。

封锁粒度与系统的并发度和并发控制的开销密切相关。封锁的粒度越大，数据库所能够封锁的数据单元就越少，并发度就越小，系统开销也越小；相反，封锁的粒度越小，并发度较高，但系统开销也就越大。这里所说的封锁开销是指系统用于记录加锁信息的开销，如加锁对象、加锁类型、加锁时间等。选择封锁粒度时必须同时考虑封锁机制和并发度两个因素，对系统开销与并发度进行权衡，以求得最优的效果。

选择封锁粒度的一般原则是：需要处理大量元组的用户事务时，以关系为封锁单元；需要处理多个关系的大量元组的用户事务时，以数据库为封锁单位；只处理少量元组的用户事务时，以元组为封锁单位。

9.5.1　多粒度封锁

首先需要介绍一下多粒度树。所谓多粒度树，就是以树形结构来表示多级封锁粒度。根结点是整个数据库，表示最大的数据粒度；叶结点表示最小的数据粒度。

例如，图 9.6 为一个三级粒度树。根结点为数据库，数据库的子结点为关系，关系的子结点为元组。

多粒度封锁的封锁协议是指：允许多粒度树中的每个结点被独立地加锁，对一个结点加锁意味着这个结点的所有后裔结点也被加以同样类型的锁。在多粒度封锁中一个数据对象可能以两种方式封锁，即显式封锁和隐式封锁。显式封锁是指直接加到数据对象上的封锁。隐式封锁是指由于其上级结点加锁而使该数据对象加上了锁。显式封锁和隐式封锁的效果是一样的。

对某个数据对象加锁，系统要检查：该数据对象上有无显式封锁与之冲突；该数据对象所有上级结点，看本事务的显式封锁是否与该数据对象上的隐式封锁

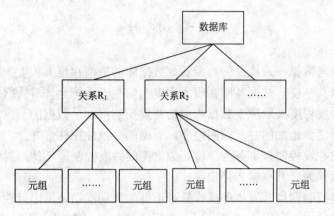

图 9.6 三级粒度树

（即由于上级结点已加的封锁造成的）冲突；该数据对象所有下级结点，看其显式封锁是否与本事务的隐式封锁（将加到下级结点的封锁）冲突。

9.5.2 意向锁

意向锁是指对任一结点加锁，必须先对它的上层结点加意向锁，如果对一个结点加意向锁，则说明该结点的下层结点正在被加锁。

引进意向锁的目的是为了提高对某个数据对象加锁时系统的检查效率。

1. 意向锁的细化

（1）意向共享锁（intent share lock，简称 IS 锁）。如果对一个数据对象加 IS 锁，表示对它的后裔结点拟（意向）加 S 锁。例如，要对某个元组加 S 锁，则要首先对关系和数据库加 IS 锁。

（2）意向排他锁（intent exclusive lock，简称 IX 锁）。如果对一个数据对象加 IX 锁，表示对它的后裔结点拟（意向）加 X 锁。例如，要对某个元组加 X 锁，则要首先对关系和数据库加 IX 锁。

（3）共享意向排他锁（share intent exclusive lock，简称 SIX 锁）。如果对一个数据对象加 SIX 锁，表示对它加 S 锁，再加 IX 锁，即 SIX = S + IX。例如，对某个表加 SIX 锁，则表示该事务要读整个表（所以要对该表加 S 锁），同时会更新个别元组（所以要对该表加 IX 锁）。

2. 锁的强度

锁的强度是指它对其他锁的排斥程度。一个事务在申请封锁时以强锁代替弱锁是安全的，反之则不然。具有意向锁的多粒度封锁方法：申请封锁时应该按自上而下的次序进行；释放封锁时则应该按自下而上的次序进行。例如，事务 T 要对一个数据对象加锁，必须先对它的上层结点加意向锁。

本 章 小 结

数据共享与数据一致性是一对矛盾，数据库的价值在很大程度上取决于它所能提供的数据共享度，数据共享在很大程度上取决于系统允许对数据并发操作的程度。数据并发程度又取决于数据库中的并发控制机制。数据的一致性也取决于并发控制的程度。施加的并发控制愈多，数据的一致性往往愈好。

数据库的并发控制以事务为单位，数据库的并发控制通常使用封锁机制。两类最常用的封锁为：共享锁和排他锁。

并发控制机制调度并发事务操作是否正确的判别准则是可串行性，并发操作的正确性则通常由两段锁协议来保证。两段锁协议是可串行化调度的充分条件，但不是必要条件。解决活锁的策略是先来先服务策略；死锁不可避免，但可以预防，预防方法有：一次封锁法和顺序封锁法。死锁的诊断与解除方法有：超时法和等待图法。

> ➢ 思考练习题

1. 为何需要实现并发控制？假设所有事务都是串行化操作的话，是否需要并发控制？
2. 除了教材上的例子外，针对数据不一致性的三种情况，请各举一例。
3. 活锁和死锁哪一个可以避免？哪一个只能预防？
4. 各个级别的封锁协议分别避免了何种数据不一致的情况？
5. 两段锁协议与封锁协议的区别是什么？
6. 什么是封锁粒度？不同封锁颗粒度的特点是什么？

第 *10* 章

数据库新技术

【本章学习目标】
➢ 掌握数据库发展的历程
➢ 理解并掌握数据仓库与数据挖掘技术
➢ 了解并探讨数据库技术的主要研究方向

了解当前数据库技术的发展，探讨数据库发展的方向，分析各种新型数据库的特点，对数据库技术的应用和研究具有重要的意义。数据库技术从 20 世纪 60 年代中期产生到现在，已从第一代的层次数据库系统和网状数据库系统、第二代的关系数据库系统，发展到第三代以面向对象模型为主要特征的数据库系统。数据库技术与网络技术、人工智能技术、面向对象技术以及并行计算技术等相互渗透、互相结合，成为当前数据库技术发展的主要特征。

本章首先介绍数据库管理系统技术发展的三个主要阶段，然后介绍为满足分析数据需求应运而生的数据仓库和数据挖掘技术，最后介绍数据库技术的主要研究方向。

■ 10.1　数据库技术发展概述

数据模型是数据库系统的核心和基础，数据模型的发展经历了格式化数据模型（层次数据模型和网状数据模型的统称）、关系数据模型和面向对象的数据模型三个阶段。如果按照数据模型发展的阶段划分，数据库技术的发展也经历了三个发展阶段。

10.1.1 第一代数据库系统

层次数据库系统和网状数据库系统的数据模型分别为层次模型和网状模型，但从本质上讲层次模型是网状模型的特例，二者从体系结构、数据库语言到数据存储管理上均具有共同的特征，都是格式化模型，属于第一代数据库系统。

第一代数据库系统具有以下特点：

（1）支持三级模式的体系结构。层次数据模型和网状数据模型均支持三级模式结构，即外模式、模式和内模式，并通过外模式与模式、模式与内模式二级映像，保证了数据的物理独立性和逻辑独立性。

（2）用存取路径来表示数据之间的联系。数据库不仅存储数据并且存储数据之间的联系。数据之间的联系在层次和网状数据库系统中用存取路径来表示和实现。这一特点是数据库系统和文件系统的主要区别之一。

（3）独立的数据定义语言。第一代数据库系统使用独立的数据定义语言来描述数据库的三级模式以及二级映像。格式一经定义就很难修改，这就要求数据库设计时，不仅要充分考虑用户的当前需求，还要了解需求可能的变化和发展。

（4）导航的数据操纵语言。导航的含义就是用户使用某种高级语言编写程序，一步一步地引导程序按照数据库中预先定义的存取路径来访问数据库，最终达到要访问的数据目标。在访问数据库时，每次只能存取一条记录值。若该记录值不满足要求就沿着存取路径查找下一条记录值。

10.1.2 第二代数据库系统

第二代数据库系统是指支持关系模型的关系数据库系统（RDBMS）。

支持关系数据模型的关系数据库系统是第二代数据库系统。1970 年，IBM公司 San Jose 研究室的研究员 E. F. Codd 发表了题为《大型共享数据库数据的关系模型》的论文，提出了数据库的关系模型，开创了数据库关系方法和关系数据理论的研究，为关系数据库技术奠定了理论基础。20 世纪 70 年代是关系数据库理论研究和原型开发的时代，其中以 IBM 公司 San Jose 研究室开发的 System R和 Berkeley 大学研制的 INGRES 为典型代表。它们研究了关系数据语言，攻克了系统实现中查询优化、并发控制、故障恢复等一系列关键技术，奠定了关系模型的理论基础，使关系数据库最终能够从实验室走向社会。20 世纪 80 年代以来，几乎所有新开发的系统均是关系的。这些商用数据库技术的运行，特别是微机 RDBMS 的使用，使数据库技术日益广泛地应用到企业管理、情报检索、辅助决策等各个方面，成为实现和优化信息系统的基本技术。

关系模型建立在严格数学概念的基础上，概念简单、清晰，易于用户理解和使用，大大简化了用户的工作。正因为如此，关系模型提出以后，便迅速发展，并在实际的商用数据库产品中得到了广泛应用，成为深受广大用户欢迎的数据模型。总的来看，关系模型主要具有以下特点：

(1) 关系模型的概念单一，实体以及实体之间的联系都用关系来表示；

(2) 关系模型以关系代数为基础，形式化基础好；

(3) 数据库独立性强，数据的物理存取路径对用户隐蔽；

(4) 关系数据库语言是非过程化的，大大降低了用户编程的难度。

一般来说，将第一代数据库和第二代数据库称为传统数据库。

10. 1. 3　第三代数据库系统

第三代数据库系统是指支持面向对象（object oriented，OO）数据模型的数据库系统。

在数据库面临许多新的应用领域时，1989 年 9 月，一批专门研究面向对象技术的著名学者著文《面向对象的数据库系统宣言》，提出继第一代（层次、网状）和第二代（关系）数据库系统后，新一代 DBS 将是面向对象的数据库系统（OODBS）。1990 年 9 月，一些长期从事关系数据库理论研究的学者组建了高级 DBMS 功能委员会，发表了《第三代数据库系统宣言》的文章，提出了第三代 DBMS 应具有的三个基本特点。

(1) 第三代数据库系统应支持面向对象的数据模型。除提供传统的数据管理服务外，第三代数据库系统应支持数据管理、对象管理和知识管理，支持更加丰富的对象结构和规则，以提供更加强大的管理功能，支持更加复杂的数据类型，以便能够处理非传统的数据元素（如超文本、图片、声音等）。20 世纪 90 年代，成功的 DBMS 都会提供上述服务。

(2) 第三代数据库系统必须保持或继承第二代数据库系统的优点。第三代数据库系统不仅能很好地支持对象管理和规则管理，还要更好地支持原有的数据管理，保持第二代数据库系统的非过程化的数据存取方式和数据独立性。

(3) 第三代数据库系统必须具有开放性。数据库系统的开放性是指必须支持当前普遍承认的计算机技术标准，如支持 SQL 语言，支持多种网络标准协议，使得任何其他系统或程序只要支持同样的计算机技术标准即可使用第三代数据库系统。开放性还包括系统的可移植性、可连接性、可扩展性和可互操作性等。

■ 10. 2　数据仓库与数据挖掘

随着信息技术的发展，数据和数据库的急剧增长，数据库应用的规模、范围和深度不断扩大。一般的事务处理已不能满足应用的需求，企业需要能充分利用已有的数据资源，获得有价值的信息，挖掘企业的竞争优势，提高企业运作效率和指导企业决策。数据仓库（data warehouse，DW）技术的兴起满足了这一要求。

数据仓库是在数据库基础上发展而来的，它通常包括三个部分：数据库技术、联机分析处理技术（online analytical processing，OLAP）及数据挖掘技术（data mining，DM），它们之间具有极强的互补关系。伴随着神奇的"啤酒搭着尿布卖"的故事，数据挖掘走进了人们的视野。"啤酒搭着尿布卖"是一个利用关联规则挖掘方法进行数据挖掘的经典故事，它告诉人们可以利用手中没有规律的数据，找出事物与购买者之间的规律。美国沃尔玛连锁店超市拥有世界上最大的数据仓库系统，为了能够准确了解顾客的购买习惯，沃尔玛利用数据挖掘方法对数据仓库详细原始交易数据进行分析和挖掘。一个意外的发现是：跟尿布一起购买最多的商品竟是啤酒！经过大量实际调查和分析，揭示了一个隐藏在"尿布与啤酒"背后的美国人的一种行为模式：在美国，一些年轻的父亲下班后经常要到超市去买婴儿尿布，而他们中有 30％～40％ 的人同时也为自己买一些啤酒。产生这一现象的原因是：美国的太太们常叮嘱她们的丈夫下班后为小孩买尿布，而丈夫们在买尿布后又随手带回了他们喜欢的啤酒。按常规思维，尿布与啤酒风马牛不相及，若不是借助数据挖掘技术对大量交易数据进行挖掘分析，沃尔玛是不可能发现数据内在这一有价值的规律的。

至今为止，数据仓库的实用化已走过了近 20 年的历程，应用领域遍及通信、零售业、金融以及制造业。数据仓库的规模越来越大，已广泛应用于更高精度的数据分析中，数据挖掘技术也有了新的进展。

10.2.1　数据仓库

数据仓库是进行联机分析处理和数据挖掘的基础，它从数据分析的角度将联机事务中的数据经过清理、转换并加载到数据仓库中，这些数据在数据仓库中被合理地组织和维护，以满足联机分析处理和数据挖掘的要求。

1. 数据仓库的概念及特点

数据仓库（data warehouse）是一个面向主题的、集成的、不可更新的、随时间不断变化的数据集合，主要用来支持企业或组织的决策分析处理。

数据仓库是一个环境，而不是一件产品，提供用户用于决策支持的当前和历史数据，这些数据在传统的操作型数据库中很难或不能得到。数据仓库技术是为了有效地把操作型数据集成到统一的环境中，以提供决策型数据访问的各种技术和模块的总称。所做的一切都是为了让用户更快、更方便查询所需要的信息，提供决策支持。

下面简要讨论数据仓库的四个基本特征：

（1）数据仓库是面向主题的。它是根据最终用户的观点来组织和提供数据，目的是尽量快而全地提供用户需要的信息，很少或几乎不要求做数据更新操作。

因此，数据仓库中的数据是按照各种主题的方式来进行组织的，主题在数据仓库中的物理实现是一系列的相关表，这与面向应用环境有很大的区别。这样就决定了数据仓库将焦点集中在数据建模和数据库设计上，而不像面向应用的环境还需要关心过程设计。另外，数据仓库中细节级的数据还摒弃了仅用于操作而对 DSS 没有用处的数据。

（2）数据仓库是集成的。数据进入数据仓库之前，必须经过加工与集成，摒弃分析处理不需要的数据项，增加一些可能涉及的外部数据。对不同的数据来源必须将这些数据转换成全局统一的定义，消除不一致，确保数据的质量。对源数据进行集成是数据仓库建设中最为关键的，也是最复杂的一步。

（3）数据仓库是稳定的。数据保存到数据仓库中，最终用户只能通过分析工具进行查询和分析，而不能修改，即数据仓库的数据对最终用户而言是只读的。因此对数据操作只有数据载入、数据访问及老化数据清除。

（4）数据仓库是随时间变化的。数据仓库中数据不可更新是针对应用而言的，即用户分析处理时不更新数据。这些数据随时间变化而定期更新，每隔一段固定的时间间隔后，从运行的数据库系统中抽取数据，转换后集成到数据仓库中。数据仓库的每一个主码必须包含反映时间的属性，并且数据仓库内的数据一旦存在，就不能修改。当数据超过数据仓库的存储期限，或对分析无用时，从数据仓库中删除这些数据。

2. 数据仓库的体系结构

整个数据仓库系统是一个包含四个层次的体系结构，具体如图 10.1 所示。

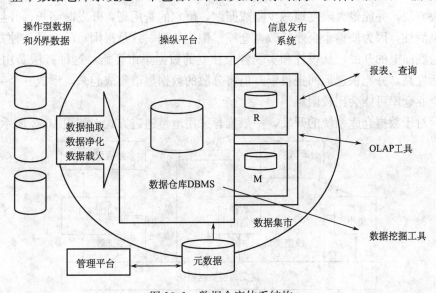

图 10.1　数据仓库体系结构

（1）数据源：是数据仓库系统的基础，是整个系统的数据源泉。通常包括企业内部信息和外部信息。内部信息包括存放于 RDBMS 中的各种业务处理数据和各类文档数据。外部信息包括各类法律法规、市场信息和竞争对手的信息等。

（2）数据的存储与管理：是整个数据仓库系统的核心。数据仓库的真正关键是数据的存储和管理。数据仓库的组织管理方式决定了它有别于传统数据库，同时也决定了其对外部数据的表现形式。要决定采用什么产品和技术来建立数据仓库的核心，则需要从数据仓库的技术特点着手分析。针对现有各业务系统的数据，进行抽取、清理，并有效集成，按照主题进行组织。数据仓库按照数据的覆盖范围可以分为企业级数据仓库和部门级数据仓库（通常称为数据集市）。

（3）OLAP 服务器：对分析需要的数据进行有效集成，按多维模型予以组织，以便进行多角度、多层次的分析，并发现趋势。其具体实现可以分为：ROLAP、MOLAP 和 HOLAP。ROLAP 基本数据和聚合数据均存放在 RDBMS 之中；MOLAP 基本数据和聚合数据均存放于多维数据库中；HOLAP 基本数据存放于 RDBMS 之中，聚合数据存放于多维数据库中。

（4）前端工具：主要包括各种报表工具、查询工具、数据分析工具、数据挖掘工具以及各种基于数据仓库或数据集市的应用开发工具。其中数据分析工具主要针对 OLAP 服务器，报表工具、数据挖掘工具主要针对数据仓库。

3. 数据仓库的开发

开发企业的数据仓库是一项庞大的工程，有两种方法可以实现。一种方法是自顶向下的开发，即从全面设计整个企业的数据仓库模型开始。这是一种系统的解决方法，并能最大限度地减少集成问题，但它的费用高，开发时间长，并且缺乏灵活性，因为使整个企业的数据仓库模型要达到一致是很困难的。另一种方法是自底向上的开发，从设计和实现各个独立的数据集市开始。这种方法费用低，灵活性高，并能快速地回报投资。但将分散的数据集市集成起来，形成一个一致的企业仓库可能会比较困难。

对于数据仓库系统的开发，一般推荐采用增量递进方式，如图 10.2 所示。

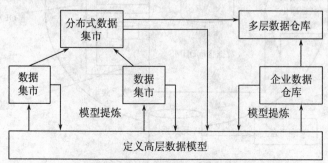

图 10.2　推荐的数据仓库开发方法

采用增量递进的方式开发数据仓库系统，首先要求在一个合理的时间内定义一个高层次的企业数据模型，在不同的主题和可能的应用之间，提供企业范围的、一致的、集成的数据视图。尽管在企业数据仓库和部门集市的开发中，还需要对高层数据模型进行进一步的提炼，但这个高层模型将极大地减少以后的集成问题。其次，基于上述企业数据模型，可以并行地实现各自独立的数据集市和企业数据仓库，然后还可以构造一个多层数据集市，对不同的数据集市进行集成。最后，可以构造一个多层数据仓库。在这个多层数据仓库中，企业数据仓库是所有数据仓库数据的全权管理者，数据分布在各个相关的数据集市中。

4. 数据仓库的数据模式

典型的数据仓库具有为数据分析而设计的模式，供 OLAP 工具进行联机分析处理。因此，数据通常是多维的，包括维属性和度量属性，维属性是分析数据的角度，度量属性是要分析的数据，一般是数值型的。包括统计分析数据的表称为事实数据表，通常比较大。例如，"销售情况表"记录零售商店的销售信息，其中每个元组对应一个商品的销售记录，这就是事实数据表。"销售情况表"的维可以包括销售的产品、销售日期、销售地点、购买商品的顾客等信息。度量属性可以包括销售商品的数量和销售金额。

数据仓库的架构一般有星型架构和雪花架构两种。它们的中心都是一个事实数据表，用以捕获衡量单位业务运作的数据。

1) 星型架构

在星型架构中维度表只与事实表关联，维度表彼此之间没有任何联系。每个维度表都有一个且只有一个列作为主码，该主码连接到事实数据表中由多个列组成的主码中的一个列，如图 10.3 所示。

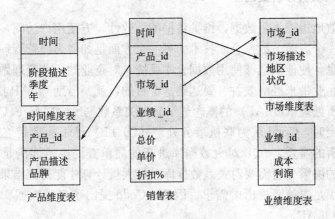

图 10.3　星型架构示意图

在大多数设计中，星型架构是最佳选择，因为它包含的用于信息检索的连接最少，并且更容易管理。

2）雪花型架构

用来描述合并在一起使用的维度数据。事实上维度表只与事实数据表相关联，它是反规范化后的结果。若将时常合并在一起使用的维度加以规范化，这就是所谓的雪花型架构。在雪花型架构中，一个过多个维度表可以分解为多个表，每个表都有连接到主维度表而不是事实数据表的相关维度表，如图 10.4 所示。

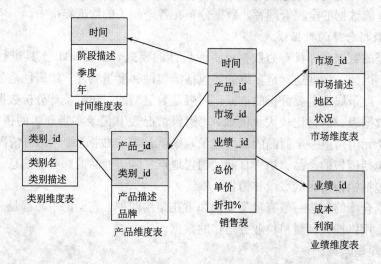

图 10.4　雪花型架构示意图

10.2.2　联机分析处理

如何有效地组织大量数据，维护数据的一致性，方便用户访问，这只是数据仓库技术的一个方面。数据仓库技术的另一个方面是如何为经营管理人员提供有效的使用信息，使他们能够使用数据仓库系统，对企业的经营管理做出正确的决策，从而为企业带来经济效益。要达到这个目的，就要借助 OLAP 技术。

联机分析处理（OLAP）的概念最早是由关系数据库之父 E. F. Codd 于 1993 年提出的。当时，Codd 认为联机事务处理（OLTP）已不能满足终端用户对数据库查询分析的需要，SQL 对大数据库进行的简单查询也不能满足用户分析的需求。用户的决策分析需要对关系数据库进行大量计算才能得到结果，而查询的结果并不能满足决策者提出的需求。因此，Codd 提出了多维数据库和多维分析的概念，即 OLAP。

OLAP 技术主要通过多维的方式来对数据进行分析、查询和生成报表，它不同于传统的 OLTP 处理应用。OLTP 应用主要是用来完成用户的事务处理，如民航订票系统和银行的储蓄系统等，通常要进行大量的更新操作，同时对响应的时间要求比较高。而 OLAP 系统的应用主要是对用户当前的及历史数据进行分析，辅助领导决策，其典型的应用有对银行信用卡风险的分析与预测和公司市场营销策略的制定等，主要是进行大量的查询操作，对时间的要求不太严格。

10.2.2.1　OLAP 的特征

根据 OLAP 产品的实际应用情况和用户对 OLAP 产品的需求，人们提出了一种对 OLAP 更简单明确的定义，即共享多维信息的快速分析。

1. 快速性

用户对 OLAP 的快速反应能力有很高的要求。系统应能在 5 秒内对用户的大部分分析要求做出反应。如果终端用户在 30 秒内没有得到系统响应就会变得不耐烦，因而可能失去分析主线索，影响分析质量。对于大量的数据分析要达到这个速度并不容易，因此就更需要一些技术上的支持，如专门的数据存储格式、大量的事先运算、特别的硬件设计等。

2. 可分析性

OLAP 系统应能处理与应用有关的任何逻辑分析和统计分析。尽管系统需要事先编程，但并不意味着系统已定义好了所有的应用。用户无须编程就可以定义新的专门计算，将其作为分析的一部分，并以用户理想的方式给出报告。用户可以在 OLAP 平台上进行数据分析，也可以连接到其他外部分析工具上，如时间序列分析工具、成本分配工具、意外报警、数据开采等。

3. 多维性

多维性是 OLAP 的关键属性。系统必须提供对数据分析的多维视图和分析，包括对层次维和多重层次维的完全支持。事实上，多维分析是分析企业数据最有效的方法，是 OLAP 的灵魂。

4. 信息性

不论数据量有多大，也不管数据存储在何处，OLAP 系统应能及时获得信息，并且管理大容量信息。这里有许多因素需要考虑，如数据的可复制性、可利用的磁盘空间、OLAP 产品的性能及与数据仓库的结合度等。

10.2.2.2　OLAP 的基本概念

1. 变量

变量是数据的实际意义，即描述数据"是什么"。例如，数据"10000"本身并没有意义或者未定，它可能是一个学校的学生人数，也可能是某产品的单价，还可能是某商品的销售量等。一般情况下，变量总是一个数值量度指标，如"人数"、"单价"、"销售量"等都是变量，而"10000"则是变量的一个值。

2. 维度

维是人们观察数据的特定角度。例如，企业常常关心产品销售数据随着时间推移而产生的变化情况，这时企业是从时间的角度来观察产品的销售，所以时间就是一个维（时间维）。企业也时常关心自己的产品在不同地区的销售分布情况，这时企业是从地理分布的角度来观察产品的销售，所以地理分布也是一个维（地理维）。如图 10.5 所示，多维分析示例中有三个维度：时间、商品类别和地区。

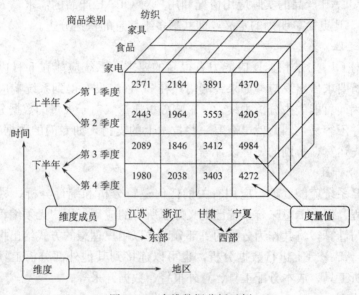

图 10.5　多维数据分析示例

3. 维的层次

人们观察数据的某个特定角度（即某个维）还可以存在细节程度不同的多个描述方面。我们称这多个方面的描述为维的层次。一个维往往具有多个层次。例如，描述时间维时，可以从日期、月份、季度、年等不同层次来描述，那么日期、月份、季度、年等就是时间维层次。同样，城市、地区、国家等构成了一个地理维的层次。

4. 维度成员

维度的一个取值称为该维度的一个维度成员。如果一个维度是多层次的，那么维度的维度成员是在不同层次的取值的组合。例如，我们考虑时间维的一个维度成员，即"某年某月某日"。一个维度成员并不一定在每个维层次上都要取值。例如，"某年某月"、"某月某日"、"某年"等都是时间维的维度成员。对应一个数据项来说，维成员是该数据项在某维中位置的描述。

5. 多维数组

一个多维数组可以表示为（维 1，维 2，维 3，…，维 n，变量）。例如，图 10.5 所示的商品的销售数据是按地理位置、时间和商品类别组织起来的三维立方体，加上变量"销售数量"，就组成了一个多维数组（地区、时间、商品类别、销售量）。

6. 数据单元（单元格）

多维数组的取值称为数据单元。当多维数组的各个维都选中一个维度成员，这些维度成员的组合就唯一确定了一个变量的值。那么数据单元就可以表示为（维 1 维度成员，维 2 维度成员，…，维 n 维度成员，变量的值）。例如，在图 10.5 的地区、时间和商品类别维上各取维度成员"江苏"、"第 2 季度"和"家电"，就唯一确定了变量"销售量"的一个值 2443，则该数据单元可表示为（江苏，第 2 季度，家电，2443）。

10.2.3 数据挖掘

随着数据仓库技术的发展，大量的数据已经被集成和预处理，由于数据仓库中数据的高质量和可用信息处理设施的存在，在数据仓库中进行复杂的数据分析研究成为可能，于是基于大型数据仓库的数据挖掘技术的研究也得到了空前的重视。把数据挖掘建立在数据仓库之上，一方面能够提高数据仓库系统的决策支持能力。另一方面，由于数据仓库完成了数据的收集、集成、存储、管理等工作，从而使得数据挖掘更能专注于知识的发现，有利于发挥数据挖掘技术的潜在能力；再者，由于数据仓库所具有的新的特点，又对数据挖掘技术提出了更高的要求。

1. 数据挖掘的概念

数据挖掘（data mining）是知识发现的关键步骤，又称为数据库中的知识发现。数据挖掘采用基于人工智能、机器学习、统计学等方法进行知识学习，其研究的主要内容是数据挖掘算法和数据挖掘应用。因此，数据挖掘是从大量数据或数据仓库中提取正确、新颖、潜在有用和最终可理解的知识的高级处理过程。数据挖掘的对象是数据集合，它包括数据库、数据仓库、文件系统或其他组织在一起的数据集合。所提取的这些知识是隐含的、事先未知的有用信息，其表现为概念、规则、模式、规律等形式，以帮助管理者做出正确的决策。

数据挖掘处理的数据规模十分巨大。知识的挖掘主要基于大样本的统计规律，发现的规则不必适用于所有数据，当达到某一阈值时便可认为规律成立。在一些应用中，由于数据变化迅速，因此要求数据挖掘能做出快速反应以提供决策支持。数据挖掘既要发现潜在规则，还要管理和维护规则。

2. 数据挖掘的过程

数据挖掘使用一定算法从数据集中识别、抽取模式来表示知识。整个处理过程由确定目标、数据准备、数据挖掘和表达、评价和巩固挖掘结果等四个步骤组成，各步骤之间相互连接、处理中反复调整，形成了一个螺旋式上升的人机交互过程。

（1）确定目标。了解应用的范围，预先准备相关的知识，了解最终用户的目标。一般来说，目标可以是关联规则挖掘、数据分类、回归、聚类等。如果能把用户或分析者的经验和知识结合进来，既可减少很多工作量，又能使挖掘工作更有目的性，更有成效。

（2）数据准备。数据准备工作的质量将影响数据挖掘的效率、准确度以及最终模式的有效性。数据准备工作一般包括：选择相关的数据；消除噪声、冗余或无关数据；推算缺失数据，去除空白数据域，考虑时间顺序和数据变化等；离散值数据与连续值数据之间的相互转换，数据值的分组分类，数据项之间的计算组合等；减少数据量，找到数据的特征表示，用维变换或转换方法减少有效变量的数目或找到数据的不变表示。

（3）数据挖掘。数据挖掘根据知识发现的目标，决定数据挖掘的目的，选用相关的准则，选择某个特定数据挖掘算法搜索数据中的模式，然后选取相应算法的参数，分析数据，产生一个特定的模式或数据集，从而得到可能形成知识的模式。采用较多的方法有决策树、分类、聚类、粗集、关联规则、神经网络、遗传算法等。

（4）评价、巩固和运用挖掘结果。经数据挖掘所得到的模式，可能是没有实际意义的，也可能不能准确反映数据的真实意义，甚至与事实相反，因此需要评估，以确定有效、有用的模式。对不同的模式可采用不同的评估方法，如根据用户经验评估或直接使用数据检验，此外，还要将模式以易于理解的方式呈现给用户。经过对模式评估、解释之后，用户可理解的、符合实际和有价值的模式形成了知识，巩固知识将知识结合到运行系统中，用预先、可信的知识检查，解决冲突的地方，获得新知识的作用或证明这些知识，从而完成对知识的一致性验证，使所得到的知识加以巩固。发现知识的目的是为了运用知识，运用知识的方法主要有两种：一种是直接通过知识本身所描述的关系或结果提供决策支持；另一种是要求对新的数据运用知识，可能产生新的问题，因此需要对知识做进一步的优化。知识发现过程可能需要多次的循环反复，每一个步骤一旦与预期目标不符，都要回到前面的步骤，重新调整，重新执行。

3. 数据挖掘的模式

数据挖掘就是从数据中发现模式。模式是一个用语言 L 来表示的一个表达式 E，它可用来描述数据集 D 中数据的特性，E 所描述的数据是集合 D 的一个子集 DE。E 作为一个模式要求它比列举数据子集 DE 中所有元素的描述方法简单。例如，"如果成绩在 81～90，则成绩优良"可称为一个模式，而"如果成绩为 81、82、83、84、85、86、87、88、89 或 90，则成绩优良"就不能称之为一个模式。

模式有很多种，按功能可分为两大类：预测型（predictive）模式和描述型（descriptive）模式。预测型模式是可以根据数据项的值精确确定某种结果的模式。挖掘预测型模式所使用的数据也都是可以明确知道结果的。例如，根据各种动物的资料，可以建立这样的模式：凡是胎生的动物都是哺乳类动物。当有新的动物资料时，就可以根据这个模式判别此动物是否是哺乳动物。描述型模式是对数据中存在的规则做一种描述，或者根据数据的相似性把数据分组。描述型模式不能直接用于预测。例如，在地球上，70％的表面被水覆盖，30％是土地。

数据挖掘利用的技术越多，得出的结果精确性就越高。原因很简单，对于某一种技术不适用的问题，其他方法可能奏效，这主要取决于问题的类型以及数据的类型和规模。数据挖掘方法有多种，其中比较典型的有关联规则挖掘、特征描述、分类分析、聚类分析等。

（1）关联规则挖掘。在数据挖掘研究领域，对于关联分析的研究开展得比较深入，人们提出了多种关联规则的挖掘算法，如 Apriori FP-Growth 等算法。关联分析的目的是挖掘隐藏在数据间的相互关系，它能发现数据库中形如"90％的顾客在一次购买活动中购买商品 A 的同时购买商品 B"之类的知识。例如，前面所举的许多顾客在买尿布的同时也购买啤酒的结论就是关联规则分析得到的结果。关联规则分析是一个从现象到本质的揣测推理过程。也就是说，通过关联分析所得到的结果，仅仅是一种可能的因果关系，它能够协助业务专家对事物的本质进行分析，深化对事物关系的认识，但需要业务专家加以确认，并予以合理的解释，才能够成为对决策进行指导的规律。

（2）特征描述。数据库中通常存在大量的细节数据，然而，用户常常希望能够得到自己所关心的一类数据的简洁的概貌描述。特征描述是对目标类数据的一般特征或特性进行汇总，并以直观易理解的方式显示给用户。通常，用户首先通过数据查询来对目标类数据进行收集，例如，为研究上一年某超市消费超过 1000 美元以上的顾客的特征，可以通过执行一个 SQL 查询收集关于这些产品的数据。特征描述通常采用数据概化办法，将庞大的任务相关的数据集从较低的概念层抽象到较高的概念层。例如，对于上述消费超过 1000 美元的顾客，特征描述的结果可能是顾客的一般轮廓，如年龄在 40～50，已婚，有工作等。

（3）分类分析。设有一个数据库和一组具有不同特征的类别（标记），该数据库中的每一个记录都赋予一个类别的标记，这样的数据库称为示例数据库或训练集。分类分析就是通过分析示例数据库中的数据，为每个类别做出准确的描述或建立分析模型或挖掘出分类规则，然后用这个分类规则对其他数据库中的记录进行分类。举一个简单的例子，信用卡公司的数据库中保存着各持卡人的记录，公司根据信誉程度，已将持卡人记录分成三类：良好、一般、较差，并且类别标记已赋给了各个记录。分类分析就是分析该数据库的记录数据，对每个信誉等级做出准确描述或挖掘分类规则，如"信誉良好的客户是指那些年收入在 5 万元以上，年龄在 40～50 岁的人士"，然后根据分类规则对其他相同属性的数据库记录进行分类。目前已有多种分类分析模型得到应用，其中几种典型模型是线性回归模型、决策树模型、基本规则模型和神经网络模型。

（4）聚类分析。与分类分析不同，聚类分析输入的是一组未分类记录，并且这些记录应分成几类事先也不知道。聚类分析就是通过分析数据库中的记录数据，根据一定的分类规则，合理地划分记录集合，确定每个记录所在类别。它所采用的分类规则是由聚类分析工具决定的。聚类分析的方法很多，其中包括系统聚类法、分解法、加入法、动态聚类法、模糊聚类法、运筹方法等。采用不同的聚类方法，对于相同的记录集合可能有不同的划分结果。

聚类分析和分类分析是一个互逆的过程。例如，在最初的分析中，分析人员根据以往的经验将要分析的数据进行标定，划分类别，然后用分类分析方法分析该数据集合，挖掘出每个类别的分类规则；接着用这些分类规则重新对这个集合（抛弃原来的划分结果）进行划分，以获得更好的分类结果。这样分析人员可以循环使用这两种分析方法直至得到满意的结果。

10.3　数据库技术与其他相关技术的结合

计算机领域中其他新兴技术的发展对数据库技术产生了重大影响。面对传统数据库技术的不足和缺陷，人们自然而然地想到借鉴其他新兴的计算机技术，从中吸取新的思想、原理和方法，将其与传统的数据库技术相结合，以推出新的数据库模型，从而解决传统数据库存在的问题。通过这种方法，人们研制出了各种各样的新型数据库（图 10.6）。例如，

数据库技术与分布处理技术相结合，出现了分布式数据库；

数据库技术与并行处理技术相结合，出现了并行数据库；

数据库技术与人工智能相结合，出现了演绎数据库、知识库和主动数据库；

数据库技术与多媒体处理技术相结合，出现了多媒体数据库；

数据库技术与模糊技术相结合，出现了模糊数据库等。

下面我们将对其中的几个新型数据库予以介绍。

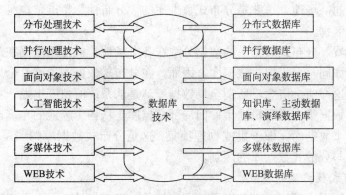

图 10.6　数据库技术与其他计算机技术的相互渗透

10.3.1　分布式数据库

分布式数据库系统（distributed database system，DDS）是分布式技术与数据库技术的结合。在数据库研究领域中已有多年的历史和出现过一批支持分布数据管理的系统，如 SDD1、DINGRES 系统和 POREL 系统等。

1. 集中式系统和分布式系统

所谓集中式数据库就是集中在一个中心场地的电子计算机上，以统一处理方式所支持的数据库。这类数据库无论是逻辑上还是物理上都是集中存储在一个容量足够大的外存储器上，其基本特点是：

（1）集中控制处理效率高，可靠性好；

（2）数据冗余少，数据独立性高；

（3）易于支持复杂的物理结构，去获得对数据的有效访问。

但是随着数据库应用的不断发展，人们逐渐地感觉到过分集中化的系统在处理数据时有许多局限性。例如，不在同一地点的数据无法共享；系统过于庞大、复杂，显得不灵活且安全性较差；存储容量有限不能完全适应信息资源存储要求等。正是为了克服这种系统的缺点，人们采用数据分散的办法，即把数据库分成多个，建立在多台计算机上，这种系统称为分散式数据库系统。

由于计算机网络技术的发展，才有可能并排分散在各处的数据库系统通过网络通信技术联结起来，这样形成的系统称为分布式数据库系统。近年来，分布式数据库已经成为信息处理中的一个重要领域，它的重要性还将迅速增加。

2. 分布式数据库的定义

分布式数据库是一组结构化的数据集合，它们在逻辑上属于同一系统而在物理上分布在计算机网络的不同结点上。网络中的各个结点（也称为"场地"）一般都是集中式数据库系统，由计算机、数据库和若干终端组成。数据库中的数据不是存储在同一场地，这就是分布式数据库的"分布性"特点，也是与集中式数据库的最大区别。

表面上看，分布式数据库的数据分散在各个场地，但这些数据在逻辑上却是一个整体，如同一个集中式数据库。因而，在分布式数据库中就有全局数据库和局部数据库这样两个概念。所谓全局数据库就是从系统的角度出发，指逻辑上一组结构化的数据集合或逻辑项集；而局部数据库是从各个场地的角度出发，指物理结点上各个数据库，即子集或物理项集。这是分布式数据库的"逻辑整体性"特点，也是与分散式数据库的区别。

3. 分布式数据库的特点

分布式数据库可以建立在以局域网连接的一组工作站上，也可以建立在广域网（或称远程网）的环境中。但分布式数据库系统并不是简单地把集中式数据库安装在不同的场地，而是具有自己的性质和特点。

（1）自治与共享。分布式数据库有集中式数据库的共享性与集成性，但它更强调自治及可控制的共享。这里的自治是指局部数据库可以是专用资源也可以是共享资源。这种共享资源体现了物理上的分散性，这是由按一定的约束条件被划分而形成的。因此，要由一定的协调机制来控制以实现共享。同时可以构成很灵活的分布式数据库。

（2）冗余的控制。在研究集中式数据库技术时强调减少冗余，但在研究分布式数据库时允许冗余——物理上的重复。这种冗余（多副本）增加了自治性，即数据可以重复地驻留在常用的结点上以减少通信代价，提供自治基础上的共享。冗余不仅改善系统性能，同时也增加了系统的可用性。即不会由于某个结点的故障而引起全系统的瘫痪。但这无疑增加了存储代价，也增加了副本更新时的一致性代价，特别当有故障时，结点重新恢复后保持多个副本一致性的代价。

（3）分布事务执行的复杂性。逻辑数据项集实际上是由分布在各个结点上的多个关系片段（子集）所合成的。一个项可以物理上被划分为不相交（或相交）的片段；一个项（或片段）可以有多个相同的副本且存储在不同的结点上。所以，对分布式数据库存取的事务是一种全局性事务，它是由许多在不同结点上执行对各局部数据库存取的局部子事务所合成的。如果仍应保持事务执行的原子性，则必须保证全局事务的原子性；当多个全局事务并发时，则必须保持全局可串行性。也就是说，这种全局事务具有分布执行的特性。分布式数据库的状态一致性和可恢复性是面向全局的。所有子事务提交后全局事务才能提交；不仅要保证子事务的可串行化，而且应该保证全局事务的可串行化。

（4）数据的独立性。数据库技术的一个目标是使数据与应用程序间尽量独立，相互之间影响最小。也就是数据的逻辑和物理存储对用户是透明的。在分布式数据库中数据的独立性有更丰富的内容。使用分布式数据库时，应该像使用集中式数据库时一样，即系统要提供一种完全透明的性能，具体包括以下内容：①逻辑数据透明性。某些用户的逻辑数据文件改变时，或者增加新的应用使全局逻辑结构改变时，对其他用户的应用程序没有或尽量少的影响。②物理数据透明性。数据在结点上的存储格式或组织方式改变时，数据的全局结构与应用程序无须改变。③数据分布透明性。用户不必知道全局数据如何划分的细节。④数据冗余的透明性。用户无须知道数据重复，即数据子集在不同结点上冗余存储的情况。

　　例如，假设一个大公司拥有四个子公司，总公司与各子公司各有一台计算机，并已联网，每台计算机带有若干终端。场地 A 为公司的总部，位于场地 B 的公司负责制造和销售其产品，位于场地 C、D、E 的公司负责销售其产品。各场地都存储了本场地雇员的数据，场地 B 存储了产品制造情况的数据，场地 B、C、D、E 存储了本场地销售、库存情况的数据，可执行的全局包括：总公司汇总销售情况、总公司汇总库存情况、公司间的人员调动等；可执行的局部应用包括：场地 B 检查产品制造情况、场地 E 统计本公司雇员的平均工资等。这是一个典型的分布式数据库系统（图 10.7）。

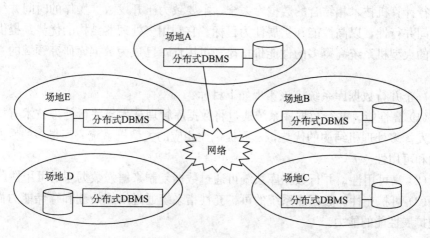

图 10.7　一个分布式数据库系统的例子

4. 分布式数据库的应用及展望

　　一个完全分布式数据库系统在站点分散实现共享时，其利用率高，有站点自治性，能随意扩充逐步增生，可靠性和可用性好，有效且灵活，用户完全像使用本地集中式数据库一样。

　　分布式数据库已广泛应用于企业人事、财务、库存等管理系统，百货公司、销售店的经营信息系统，电子银行、民航订票、铁路订票等在线处理系统，国家政府部门的经济信息系统，大规模数据资源如人口普查、气象预报、环境污染、水文资源、地震监测等信息系统。

此外,随着数据库技术深入各应用领域,除了商业性、事务性应用以外,在以计算机作为辅助工具的各个信息领域,如 CAD、CAM、CASE、OA、AI、军事科学等,同样适用分布式数据库技术,而且对数据库的集成共享、安全可靠等特性有更多的要求。为了适应新的应用,一方面要研究克服关系数据模型的局限性,增加更多面向对象的语义模型,研究基于分布式数据库的知识处理技术;另一方面可以研究如何弱化完全分布、完全透明的概念,组成松散的联邦型分布式数据库系统。这种系统不一定保持全局逻辑一致,而仅提供一种协商谈判机制,使各个数据库维持其独立性,但能支持部分有控制的数据共享,这对 OA 等信息处理领域很有吸引力。

总之,分布式数据库技术有广阔的应用前景。随着计算机软、硬件技术的不断发展和计算机网络技术的发展,分布式数据库技术也将不断地向前发展。

10.3.2　并行数据库

并行数据库系统(parallel database system)是新一代高性能的数据库技术和并行计算机技术相结合的数据库系统,主要致力于开发数据操作的时间并行性和空间并行性,以高性能和扩展性为目标。它利用多处理器结构的优势,提供比相应的大型机系统高得多的性能价格比和可用性,已成为数据库研究领域的一个热点。

一个并行数据库系统应该实现如下目标:

(1)高性能。并行数据库系统通过将数据库管理技术与并行处理技术有机结合,发挥多处理机结构的优势,从而提供比相应的大型机系统要高得多的性能价格比和可用性。

(2)高可用性。并行数据库系统可通过数据复制来增强数据库的可用性。

(3)可扩充性。数据库系统的可扩充性指系统通过增加处理和存储能力而平滑地扩展性能的能力。

10.3.2.1　并行数据库系统体系结构

并行计算机根据处理机、磁盘和内存的相互关系可以分为四种基本的体系结构,即共享内存型(shared memory,简称 SM 结构)、共享磁盘型(shared disk,简称 SD 结构)、无共享资源型(shared nothing,简称 SN 结构)、混合型。

1. 共享内存型(SM 结构)

在共享内存系统中,SM 结构由多个处理机、一个共享内存(主存储器)和多个磁盘存储器构成。所有的处理器和磁盘共享一个公共的主存储器,如图

10.8 (a) 所示，每个处理机可直接存取一个或多个磁盘，所有内存与磁盘为所有处理机共享，通过总线或互联网络访问共享内存中的数据。

　　共享内存的优点是处理器之间的通信效率极高。由于每一个处理器都可以直接访问共享内存中的数据，所以处理器之间的消息传递可通过读写内存数据来实现。但是，当处理器的个数超过一定数量时，总线或互联网络会产生瓶颈，所以共享内存的体系结构的规模一般不超过 64 个处理器。而且，主存储器一旦发生故障，将影响到所有的处理机，系统可靠性差。

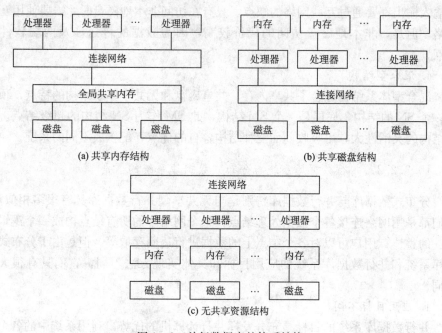

图 10.8　并行数据库的体系结构

2. 共享磁盘型（SD 结构）

　　在共享磁盘系统中，SD 结构由多个具有独立内存（主存储器）的处理机和多个磁盘构成，所有的处理器共享公共磁盘，每个处理器有自己独立的主存储器，如图 10.8 (b) 所示。

　　SD 结构具有成本低、可扩充性好、可用性强、容易从单处理机系统迁移以及负载均衡等优点。但由于 SD 系统中每一处理机可以访问共享磁盘上的数据库页（但它们无共享内存），因此数据被复制到各自的高速缓冲区中。为避免对同一磁盘页的访问冲突，该结构需要一个分布式缓存管理器来对各处理机（结点）并发访问进行全局控制与管理，并保持数据的一致性，而维护数据一致性会带来额外的通信开销。此外，对共享磁盘的访问是潜在的瓶颈。另外，它还具有一定的容错性，如果一个处理器（或其主存储器）发生故障，其他处理器可以接替它的工作。

3. 无共享型（SN 结构）

在无共享系统中，结构中的每个结点包括一个处理器、一个主存储器以及若干个磁盘，如图 10.8（c）所示。当对划分在多个结点的数据库表进行操作时，系统通过共享的高速网络交换消息和数据。与前面两种结构相比，无共享型系统的可扩充性最好，处理机数目可以达到数千个。而且，这种结构的系统克服了所有输入输出都要通过互联网络的缺点，只有在访问非本地磁盘时才需要使用互联网络。但是，非本地磁盘访问的代价较高，因为数据的传送涉及两端软件的交互。

4. 混合型结构

混合型体系结构综合了共享内存、共享磁盘和无共享体系结构的特点，顶层是一个 SN 的结构，底层是一个 SM 结构，此 SM 作为 SN 结构的超级结点。这种结构的灵活性大，可吸收前面三种结构各自的优点，配置成不同的系统。

10.3.2.2　并行数据库系统与分布式数据库系统的区别

分布式数据库与并行数据库特别是与无共享型并行数据库具有很多相似点，它们都是用网络连接各个数据处理结点；整个网络中的所有结点构成一个逻辑上统一的整体；用户可以对各个结点上的数据进行透明存取等。但是由于分布式数据库系统和并行数据库系统的应用目标和具体实现方法不同，它们具有很大的不同。

1. 应用目标不同

并行数据库系统的目标是充分发挥并行计算机的优势，利用系统中的各个结点并行地完成数据库任务，提高数据库系统的整体性能。而分布式数据库系统主要目的在于实现场地自治和数据的全局透明共享，而不要求利用网络中的各个结点来提高系统处理性能。

2. 实现方式不同

在并行数据库系统中，各结点间采用高速网络互连，结点间的数据传输代价相对较低，因此当某些结点处于空闲状态时，可以将工作负载过大的结点上的部分任务通过高速网传送给空闲结点处理，从而实现系统的负载平衡；但在分布式数据库系统中，为了适应应用的需要，满足部门分布的要求，各结点间一般采用局域网或广域网相连，网络带宽较低，点到点的通信开销较大，因此在查询处理时一般应尽量减少结点间的数据传输量。

3. 各结点的地位不同

并行数据库系统中，不存在全局应用和局部应用的概念，各结点是完全非独立的，在数据处理中只能发挥协同作用，而不能有局部应用；而在分布式数据库系统中，各结点除了能通过网络协同完成全局事务，更重要的一点还在于，各结点具有场地自治性，也就是说，各个场地是独立的数据库系统：它有自己的数据库、自己的客户、自己的 CPU，运行自己的 DBMS，执行局部应用，具有高度的自治性。

10.3.3　面向对象数据库

面向对象的程序设计方法是目前程序设计中主要的方法之一，它简单、直观、自然，十分接近人类分析和处理问题的自然思维方式，同时又能有效地用来组织和管理不同类型的数据。把面向对象程序设计方法和数据库技术相结合能够有效地支持新一代数据库应用，于是，面向对象数据库系统（object oriented database system，OODBS）研究领域应运而生，吸引了相当面多的数据库工作者，获得了大量的研究成果，开发了很多面向对象数据库管理系统。

10.3.3.1　面向对象模型的核心概念

面向对象的数据模型吸收了面向对象程序设计方法的核心概念和基本思想，用面向对象的观点来描述现实世界的实体，一系列面向对象的核心概念构成了面向对象数据模型的基础，其中主要包括对象和对象标识、属性和方法、封装和消息、类和继承。

1. 对象（object）和对象标识（object identifier，OID）

对象是面向对象编程中最重要的概念，用对象来表示现实世界中的实体。一个学生、一门课程、一次考试记录等都可以看做对象。

每个对象都包含一组属性和一组方法。属性用来描述对象的状态、组成和特性，是对象的静态特征。一个简单对象如整数，其值本身就是其状态的完全描述，不再需要其他属性，这样的对象称为原子对象。属性的值也可以是复杂对象。一个复杂对象包含若干个属性，而这些属性作为一种对象，又可能包含多个属性，这样就形成了对象的递归引用，从而组成各种复杂对象。

方法用以描述对象的行为特性。一个方法实际是一段可对对象操作的程序。方法可以改变对象的状态，所以称为对象的动态特征，如一台计算机，它不仅具有描述其静态特征的属性：CPU 型号、硬盘大小、内存大小等，还具有开机、关机、睡眠等动态特征。

由此可见，每个对象都是属性和方法的统一体。

与关系模型的实体概念相比，对象模型中的对象概念更为全面，因为关系模型主要描述对象的属性，而忽视了对象的方法，因此会产生前面提到过的"结构与行为相分离"的缺陷。

　　每一对象都由唯一的对象标识来识别，用于确定和检索这个对象。对象标识独立于对象的内容和存储位置，是一种逻辑标识符，通常由系统产生，在整个系统范围内是唯一的。两个对象即使内部状态值和方法都相同，如标识符不同，仍认为是两个相等而不同的对象。如同一型号的两个零件，在设计图上被用在不同的地方，这两个零件是"相等"的，但被视为不同的对象具有不同的标识符。在这一点上，面向对象的模型与关系模型不同，在关系模型中，如果两个元组的属性值完全相同，则被认为是同一元组。

　　2. 封装（encapsulation）和消息（message）

　　每一个对象都是其属性和方法的封装。用户只能见到对象封装界面上的信息，对象内部对用户是隐蔽的。封装的目的是为了使对象的使用和实现分开，使用者不必知道行为实现的细节，只需用消息来访问对象，这种数据与操作统一的建模方法有利于程序的模块化，增强了系统的可维护性和易修改性。例如，在一个面向对象的系统中，把计算机定义为一个对象，用户只要掌握如何开机、关机等操作就可以使用计算机了，而不用去管计算机内部是如何完成这些操作的细节问题。

　　消息是用来请求对象执行某一处理或回答某些信息的要求。一个对象所能接受的消息与其所带参数构成对象的外部界面。某一对象在执行相应处理时，如果需要，它可以通过传递消息请求其他对象完成某些操作，消息传递是对象之间联系的唯一方式。一个对象可以向许多对象同时发出消息，也可以接受多个对象发来的消息。

　　消息中只包含发送者的要求，它告诉接收者需要完成哪些处理。如何处理由接收者解释。接收者独立决定采用什么方式完成所需的处理。在面向对象系统中对对象的操作在于选择一个对象并通知它要做什么，该对象决定如何完成这一工作，即在它的一组方法中选择合适的方法作用于其自身。因此，在面向对象的系统中，对象是操作的基本单位。

　　3. 类（class）和继承（inheritance）

　　具有同样属性和方法集的所有对象构成了一个对象类（简称类），一个对象是某一类的实例（instance）。例如，把学生定义一个类，则某个学生张三、李四等则是学生类中的对象。在 OODB 中，类是"型"，对象是某一类的"值"。此外，类的表示具有层次性。在 OO 模型中，可以通过对已有的类定义进行扩充和细化来定义一个新类，从而形成了一种层次结构，有了超类和子类的概念。所谓超类就是可以通过扩充和细化导出其他类，而子类是指由通过扩展类定义而得到的类，这种层次结构的一重要特点是继承性。因为一个类可以有多个子类，也可以有多个超类，因此，一个类可以直接继承多个类，这种继承方式称为多重继承。如在职研究生，既属于职工类，又属于学生类，他继承了职工和学生的所有性质。如果一个类至多只有一个超类，则一个类只能从单个超类继承属性和方法，这种继承方式称为单重继承。在多重继承情况下，类的层次结构不再是一棵树，而是一个网络结构。

10.3.3.2　面向对象数据库系统的特点

OODBS 是面向对象技术与数据库技术相结合的产物，所以称一个数据库系统为面向对象的数据库系统至少应满足两个条件：一个是支持面向对象数据模型的内核；另一个是支持传统数据库的所有数据成分。所以 OODBS 除了具有原来关系数据库的各种特点外，还具有以下特点。

1. 扩充数据类型

RDBMS 只支持某些固定的类型，不能依据某一特定的应用所需来扩展其数据类型，而 OODBS 允许用户在关系数据库系统中扩充数据类型。新数据类型可定义为原有类型的子类或超类，新的数据类型定义之后，存放在数据库管理系统核心中，如同基本数据类型一样，可供所有用户共享。

2. 支持复杂对象

OODBS 中的基本结构是对象而不是记录，一个对象不仅包括描述它的数据，还包括对它操作的方法。OODBS 不仅支持简单的对象，还支持由多种基本数据类型或用户自定义的数据类型构成的复杂对象，支持子类、超类和继承的概念，因而能对现实世界的实体进行自然而直接的模拟，可表示诸如某个对象由"哪些对象组成"，有"什么性质"，处在"什么状态"，具有丰富的语义信息，这是传统数据库所不能比拟的。

3. 提供通用的规则系统

规则在 DBMS 及其应用中是十分重要的，在传统的 RDBMS 中用触发器来保证数据库的完整性。触发器可以看成规则的一种形式。OODBS 支持的规则系统将更加通用、更加灵活。例如，规则中的事件和动作可以是任何的 SQL 语句，可以使用用户自定义的函数，规则还能够被继承。这就大大增强了 OODBS 功能，使之具有主动数据库的特性。

10.3.3.3　面向对象数据库的研究内容

把面向对象的技术与数据库技术相结合形成面向对象的数据库系统，有许多新的课题要研究。

（1）数据模型研究。目前，面向对象的数据库还没有一个确定的数据模型，支持面向对象数据库的数据模型大多源于支持面向对象程序设计语言的数据模型，并进行了一些数据库功能的扩充。它们都包含了面向对象的基本思想，但缺乏一个公共的形式框架，以至在这个框架中可以定义面向对象的数据模型，给出这个数据模型中对象及其方法的形式语义以建立面向对象数据库系统的理论基础。

(2) 与程序设计语言集成的研究。面向对象程序设计语言着重于数据库的行为特征和结构特征，而数据库着重于对永久性数据的管理，两者的集成将会对更广泛的应用领域有更好的支持。

(3) 体系结构的研究。将面向对象的概念引入数据库中，对传统数据库系统中的一些结构概念需要重新考虑，包括查询、索引、并发控制以及存储结构，这些都要涉及对类的处理，要比传统数据模型中的结构多得多。

人们认为 OODBS 将成为下一代数据库系统的典型代表，但是，OODBS 在奠基其新一代数据库地位之前要清除两个障碍：标准化和性能。关系数据库的成功不仅在于其简单的数据模型和高度的数据独立性，还在于其标准化。标准化对 OODBMS 实际上更为重要，因为 OODBMS 涉及范围远远超出 RDBMS，应用更加复杂，为了使应用实际可行，为了使应用实际可以在不同环境间移植和操作，以及为了使用户容易学习新的 OODBS，标准尤其重要。已颁布的 SQL99（俗称 SQL3）增加了 OODB 的许多特征，对 OODB 的标准化有所贡献。

10.3.4 知识数据库

知识数据库（knowledge database）是人工智能技术与数据库技术的结合。知识数据库系统能够把由大量的事实、规则、概念组成的知识存储起来，进行管理，并向用户提供方便快速的检索、查询手段。因此，知识数据库可定义为：知识库是知识工程中结构化，易操作、易利用，全面有组织的知识集群，是针对某一（或某些）领域问题求解的需要，采用某种（或若干）知识表示方式在计算机存储器中存储、组织、管理和使用的互相联系的知识片集合。这些知识片包括与领域相关的理论知识、事实数据，由专家经验得到的启发性知识，如某领域内有关的定义、定理和运算法则以及常识性知识等。知识库使基于知识的系统（或专家系统）具有智能性。

简单地说，知识库是知识、经验、规则和事实的集合。

知识库的特点如下：

(1) 知识库中的知识根据它们的应用领域特征、背景特征（获取时的背景信息）、使用特征、属性特征等而被构成便于利用的、有结构的组织形式。知识片一般是模块化的。

(2) 知识库的知识是有层次的。最低层是事实知识，中间层是用来控制事实的知识（通常用规则、过程等表示）；最高层次是策略，它以中间层知识为控制对象。策略也常常被认为是规则的规则。因此知识库的基本结构是层次结构，是由其知识本身的特性所确定的。在知识库中，知识片间经常都存在相互依赖关系。规则是最典型的、最常用的一种知识片。

（3）知识库中有一种不只属于某一层次（或者说在任一层次都存在）的特殊形式的知识——可信度（或称信任度、置信测度等）。对某一问题，有关事实、规则和策略都可标以信用度。这样，就形成了增广知识库。在数据库中不存在不确定性度量。因为在数据库中一切都属于确定型的。

（4）知识库中存在一个通常被称为典型方法库的特殊部分。如果对于某些问题的解决途径是肯定和必然的，就可以把其作为一部分相当肯定的问题解决途径直接存储在典型方法库中。这种宏观的存储将构成知识库的另一部分。在使用这一部分时，机器推理将只限于选用典型方法库中的某一层体部分。

知识数据库系统应具备对知识的表示方法、对知识系统化的组织管理，知识库的操作、库的查询和检索、知识的获取与学习、知识的编辑、库的管理等功能。

10.3.5　多媒体数据库

多媒体数据库系统（multimedia database system，MDS）是多媒体技术与数据库技术的结合。多媒体数据库是一个由若干多媒体对象所构成的集合，这些数据对象按一定的方式被组织在一起，可为其他应用所共享。

多媒体数据库是当前最有吸引力的一种技术，其主要特征为：

（1）多媒体数据库系统必须能表示和处理多种媒体数据。多媒体数据在计算机内的表示方法决定于各种媒体数据所固有的特性和关联。对常规的格式化数据使用常规的数据项表示。对非格式化数据，如图形、图像、声音等，就要根据该媒体的特点来决定表示方法。系统中不仅有声音、文字、图形、图像、视频等不同种类的媒体，而且同种媒体也会有不同的存储格式。例如图像有 16 色、256 色、16 种色和真彩色之分；有彩色和黑白图像之分；有 BMP、GIF 和 JPG 格式之分等。不同的格式、不同的类型需要不同的数据处理方法。可见在多媒体数据库中，数据在计算机内的表示方法比传统数据库的表示形式复杂。所以多媒体数据库系统要提供管理这些异构表示形式的技术和处理方法。

（2）多媒体数据库系统必须能反映和管理各种媒体数据的特征，或各种媒体数据之间的空间或时间的关联。在客观世界中，各种媒体信息有其本身的特性或各种媒体信息之间存在一定的自然关联，例如，关于乐器的多媒体数据包括乐器特性的描述、乐器的照片、利用该乐器奏某段音乐的声音等。这些不同媒体数据库之间存在自然的关联，包括时序关系（如多媒体对象在表达时必须保证时间上的同步特性）和空间结构（如必须把相关媒体的信息集成在一个合理布局的表达空间内）。

（3）多媒体数据库系统应能提供比传统数据库管理系统更强的适合非格式化

数据查询的搜索功能，允许 Image 等非格式化数据做整体和部分搜索，允许通过范围、知识和其他描述符的确定值和模糊值搜索各种媒体数据，允许同时搜索多个数据库中的数据，允许通过对非格式化数据的分析建立图示等索引来搜索数据，允许通过举例查询和通过主题描述查询使复杂查询简单化。

（4）多媒体数据库的网络功能。由于多媒体应用一般以网络为中心，所以应解决分布在网络上的多媒体数据库中数据的定义、存储、操作等问题，并对数据的一致性、安全性进行管理。

（5）多媒体数据库系统还应提供事务处理与版本管理功能。

多媒体数据库系统技术还在发展过程中，大多数多媒体数据库管理系统只限制在特定的多媒体应用领域。很多多媒体的应用领域还只涉及对多媒体文件的处理，很少有利用多媒体数据库作为数据源。这其中很重要的因素是受诸如图像、视频等大数据流和如何面向内容检索等问题的制约。

10.3.6　Web 数据库与信息集成

Web 数据库是 Web 技术与数据库技术相结合的产物，是以后台数据库为基础的，加上一定的前台程序，通过浏览器完成数据存储、查询等操作的系统。也就是说，它包含了网络上通用的技术，还包括数据库技术以及相应的数据库连接访问技术。它充分发挥 DBMS 高效的数据存储和管理能力，以 Web 这种浏览器/服务器（B/S）模式为平台，将客户端融入统一的 Web 浏览器，为英特网用户提供简便、内容丰富的服务。

10.3.6.1　Web 数据库

将 Web 技术与数据库技术有机结合，开发动态的 Web 数据库应用，可以通过 Web 的超文本链接功能查询数据库，将数据库的内容发布到 Web 上，利用数据库的存储和查询机制管理 Web 信息，加速 Web 查询。

Web 数据库技术采用三层或多层体系结构，前端采用基于瘦客户机的浏览器技术，通过 Web 服务器及中间件访问数据库，如图 10.9 所示。

图 10.9　Web 数据库体系结构

目前的 Web 数据库技术有 CGI、WebAPI、JDBC 和 Object Web。

1. CGI

公共网关接口（common gateway interface，CGI）是一个用来规范 Web 服务器外部应用程序的标准。这些外部程序可以扩展 Web 服务器的功能，完成服务器本身不能完成的工作。CGI 应用程序主要依靠网关技术，把用户通过浏览器对数据库的访问协议（即超文本传输协议）转换成对数据库访问的协议。

通过 CGI 访问数据库的过程为：首先客户机通过浏览器向 Web 服务器发出数据库访问的请求；Web 服务器接收到请求后，设置环境变量或命令行参数，然后创建一个子进程启动 CGI 程序；CGI 应用程序通过 ODBC 向数据库服务器发出请求，由 DBMS 执行相应的查询操作；DBMS 将查询结果返回给 CGI 程序；CGI 将查询结果格式化后返回给 Web 服务器；Web 服务器用 HTTP 将查询结果送客户机浏览器显示。

按照应用环境的不同，CGI 又可以分为标准 CGI 和间接 CGI。标准 CGI 使用命令行参数或环境变量来表示服务器的详细请求，服务器与浏览器间的通信采用标准输入输出方式。间接 CGI 最明显的特点是服务器与 CGI 程序间的数据交换是通过缓冲区而不是标准输入输出。

使用 CGI 方式存取 Web 数据库有一些缺点。这种方式执行速度较慢，CGI 程序是作为一个独立的外部进程来运行，Web 服务器每启动一个数据库查询服务，就必须启动一个新的 CGI 进程，因此代价比较高。同时由于 HTTP 无状态限制，CGI 不能保持当前状态，因此缺少交互性。另外 CGI 程序不易开发、修改成本高、功能有限、不易调试。

2. WebAPI

为了克服 CGI 在性能方面的缺陷，许多 Web 服务器软件厂商开发了各自服务器的 Web 应用编程接口（Web application programming interface，WebAPI）。用 WebAPI 编制的用户应用被编译为动态连接库，是 Web 服务器的一个函数，Web 服务器用线程方式运行之，因此 WebAPI 程序与 Web 服务器软件处在内存的同一地址空间中，每次调用是在内存中运行相应的程序段，而不是像 CGI 那样需要启动新的进程，因而效率要比 CGI 高得多。

WebAPI 技术的主要缺点是开发难度大，且可移植性差，开发出的应用程序只能在相应的 Web 服务器上运行，缺乏通用性。目前主要的 WebAPI 有：Microsoft 的 ISAPI，Netscape 的 NSAPI，O'Reilly WebSite 的 WSAPI。

Netscape 的基于 NSAPI 的 Livewire 是专门设计的全面开发方案，开发人员可以开发和管理 WWW 界面、WWW 网点，并且可以利用 SQL 语句或 ODBC 直接访问数据库。Microsoft 的基于 ISAPI 的 IDC 模块是 IIS 的一个动态连接库（httpodbc. dll），并通过 ODBC 访问各类数据库。

3. JDBC

JDBC 是第一个标准的、支持 Java 语言的数据库访问 API 技术，它使用 Java 程序与数据库连接更为容易。JDBC 在功能上与 ODBC 相同，给开发人员提供一个统一的数据库访问接口。

与 ODBC 类似，JDBC 的体系结构分为三层，即 Java 应用、JDBC 管理器、驱动程序。Java 应用是面向应用程序的编程接口 JDBC API，它是为应用程序员提供的。JDBC API 定义了 Java 与数据库之间的接口类库（Java. sql 包），这些类和接口均是由 Java 语言写成的，在 Java 程序中可以调用 JDBC 的这些类和接口与数据库建立连接，执行 SQL 语句和处理 SQL 语句返回的结果。驱动是供底层开发的驱动程序接口 JDBC Driver API，它是各个商业数据库厂商提供的。目前大多数流行的数据库系统都利用 JDBC Driver API 推出了自己的 JDBC 驱动程序。

Java 与数据库的连接机制与 CGI 和 WebAPI 有所不同，在客户机上运行 Java Applet 通过 JDBC 技术可以绕过 Web 服务器直接和数据库服务器连接，并直接把带有结果的 HTML 页返回客户机浏览器。具体地说，使用 JDBC 访问数据库时，客户机首先访问 Web 服务器，从 Java 浏览器下载 Java Applet 和 JDBC 接口类的字节程序；之后 Applet 通过 JDBC API 调用 JDBC 驱动程序，由 JDBC 驱动程序访问数据库，并将结果返回 Applet。

JDBC 实现与数据库连接主要有四种方式：JDBC-ODBC 桥、JDBC-native 驱动程序桥、JDBC-network 桥、基于本地协议的纯 Java 驱动程序。利用 JDBC-ODBC 桥，可以用 JDBC 来访问一个 ODBC 数据源，其缺点是需要各个客户机上安装 ODBC 驱动，并且会失去 JDBC 平台无关性的好处。利用 JDBC-native 驱动程序桥，JDBC 驱动程序将标准的 JDBC 调用转变为对数据库 API 的本地调用，其缺点也是失去了 JDBC 平台无关性的好处，并且需要在客户端安装一些本地代码。JDBC-network 桥不需要客户端的数据库驱动程序，而是使用网络服务器中间件来访问数据库，具有平台无关性，并且不需要安装和管理客户端程序。基于本地协议的纯 Java 驱动程序可以提供直接的数据库访问，各数据库厂商利用 JDBC Driver API 提供自己的驱动程序，这是最行之有效的 JDBC 方案。

由于 Java 语言能在 Java 虚拟机上执行，所以 JDBC 能跨越不同的系统平台。但是 JDBC 中所有的应用程序、驱动程序都直接从服务器上下载，所以需要一定的网络传输开销，这使得 JDBC 开销大，速度慢。

4. Object Web

Object Web 主要包括 Java/CORBA 和 ActiveX/DCOM 两种相互激烈竞争的技术。它们认为带 CGI 的 HTTP 速度太慢，无状态协议使用困难，其主要根源在于 HTTP/CGI 机制需要 Web 服务器作为中介来协调通信。而 Object Web 通过分布式对象技术允许客户机直接调用服务器上的方法，开销相当小，并避免了 CGI 形成的 Web 服务器瓶颈。同时，可伸缩的服务器到服务器体系结构可运行在多个服务器上，动态平衡客户机端的请求负载。

两种 Object Web 技术都是独立于语言的，并支持已有的应用，即现有代码的重用。ActiveX/DCOM 主要运行于 Windows 平台，Java/CORBA 则可以跨平台。目前使用广泛的 ASP 就是采用的 Object Web 技术，数据库访问组件（database access component）是 ASP 的五个主要 ActiveX 组件之一，它又称为 ActiveX 数据对象（ActiveX data object，ADO）。

10.3.6.2　XML

可扩展标记语言 XML（extensible markup language）是一种简单灵活的文本格式的可扩展标记语言，非常适合于在 Web 上或者其他多种数据源间进行数据的交换。由于 XML 已经成为互联网上数据表示与交换的标准，同时 XML 的核心在于对数据内容进行描述，使系统能够根据标记对数据进行有效管理，因此就产生了相应的 XML 数据库技术。

作为表示结构化数据的行业标准，XML 向组织、软件开发人员、Web 站点和最终用户提供了许多优点。XML 在采用简单、柔性的标准化格式表达以及在应用间交换数据方面是一个革命性的进步。XML 不仅提供了直接在数据上工作的通用方法，而且 XML 的威力在于将用户界面和结构化数据相分离，允许不同来源数据的无缝集成和对同一数据的多种处理。从数据描述语言的角度看，XML 是灵活的、可扩展的、有良好的结构和约束；从数据处理的角度看，它足够简单且易于阅读、易于学习，同时又易于被应用程序处理，因此，XML 必将带来下一代网络应用技术的革命。

XML 较其他标记语言有一定优势。在 XML 之前，就有着两种实际使用的标记语言，一种是 SGML（standard general markup language），另一种是 HTML（hyper text markup language）。SGML 从 20 世纪 80 年代开始使用，它为语法描述提供有力工具，同时具有良好扩展性，在数据分类与数据索引过程中发挥着很好作用。SGML 的不足在于其机制复杂和价格昂贵，难以有效满足网络时代的需求。HTML 主要用于标记文档的表现格式，不能有效标记文档内容。XML 对 SGML 和 HTML 的弱项和不足方面进行了"扩展"，形成了一套定义文档内容和表现格式的标记规范，这些标记将文档分成许多部件并对其分别加以标识。

XML 的特点表现如下：

（1）自描述。XML 是一种标记语言，其内容由相应的标记来标识，具有自描述的特点。

（2）可扩展性。XML 是一种可扩展的标记语言，用户可以定义自己的标记来表达自己的数据，具有强大的可扩展性。

（3）内容和显示分离。XML 文档只描述数据本身，而与数据相关的显示则由另外的处理程序来完成，具有内容和显示相分离的特点。

（4）本地计算。XML 解析器读取数据，并将它递交给本地应用程序（如浏览器）进一步查看或处理，也可以由使用 XML 对象模型的脚本或其他编程语言来处理。

（5）个性化数据视图。传递到桌面的数据可以根据用户的喜好和配置等因素，以特定的形式在视图中动态表现给用户。

（6）数据集成。使用 XML，可以描述和集成来自多种应用程序的不同格式的数据，使其能够传递给其他应用程序，做进一步的处理。

■ 10.4　数据库建设中应注意的问题

数据库技术延伸与发展为各种不同类型数据库建设提供了有力的支持，在近期及远景建设中对下述技术的利用和吸收是有益和必需的：

（1）大型信息系统应该是基于一个分布式的多媒体数据库系统，它应基于远程 C/S 结构并支持多媒体数据的存储、管理和查询。

（2）系统应该是一个具有丰富数据资源并提供先进的对数据资源再开发工具，如提供辅助设计、统计分析、专家咨询、多媒体显示等的软、硬件支持。

（3）系统开发可应用新的技术和方法论为指导，面向对象技术、多媒体技术应该是下一代数据库及其信息系统开发可采用的技术。

（4）在数据库建设中充分利用科学的分析和设计方法，在数据的组织和管理上形成规范，充分发挥现代数据库技术对工程的支持。

（5）在开发过程中选用的数据库技术紧跟国际发展潮流，开发出能够支持国家宏观经济决策，支持企业全面管理，支持英特网共享的数据库，真正让数据库流通起来，提高数据库利用率。

本 章 小 结

本章中，我们首先介绍了数据库技术的发展，数据库系统经历了第一代的层次数据库系统和网状数据库系统、第二代的关系数据库系统，以及第三代的支持面向对象数据模型的数据库系统。

接下来讨论了数据仓库与数据挖掘技术，简要介绍了数据仓库的特点、体系结构和数据模式，联机分析处理的特征和基本概念，还对数据挖掘概念、过程以及模式进行了描述。

最后结合目前数据库技术中存在的不足,对几个新型数据库予以介绍,讨论了各数据库系统的研究领域和自身特点。

➢ **思考练习题**

1. 简述数据库技术发展的三个阶段?
2. 简述数据仓库的基本特征。
3. 典型的数据仓库架构有哪几种? 它们之间有什么区别?
4. 如何理解 OLAP 的基本概念?
5. 典型的数据挖掘模式有哪些?
6. 并行数据库系统与分布式数据库系统有什么区别?

第四部分

应用篇

第11章

Oracle 10G 数据库基础及实用技术

【本章学习目标】

➤ 掌握 Oracle 10G 的安装和启动

➤ 熟练使用 Oracle 10G 对数据库对象进行各种操作

➤ 能够编写 PL/SQL 语句对数据库对象进行各种操作

➤ 了解视图、存储、触发器的优势，并能基本应用

作为关系型数据库的先驱和基于标准 SQL 数据库语言的产品，Oracle 数据库自 1979 年推出以后，受到社会广泛的注意。二十多年来，Oracle 数据库融汇了先进的技术，并极有预见性地领导着全球数据库技术的发展。它从 1979 年的第 2 版开始，经历了可移植的第 3 版，可造的第 4 版，客户/服务器和协同服务器的第 5 版，高可靠联机事务处理（online transaction process，OLTP）的第 6 版，具有分布式处理能力的第 7 版，功能强大的 Oracle 8 和世界上第一个 Internet数据库 Oracle 8i 直到当今世界最为先进的 Oracle 9i 和 Oracle 10G。

11.1　Oracle 10G 体系结构

Oracle 10G 数据库系统为具有管理 Oracle 10G 数据库功能的计算机系统。Oracle 10G 数据库服务器指的是数据库管理系统和数据库的总和。Oracle 10G 体系结构是指 Oracle 10G 数据库服务器的主要组成以及这些组成部分之间的联系和操作方式。Oracle 10G 数据库服务器从宏观的方面来讲包括数据库（database）和实例（instance），其整体结构如图 11.1 所示。

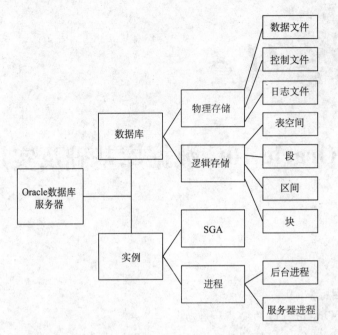

图 11.1　Oracle 10G 的体系结构

11.1.1　数据库（database）

数据库是一个数据的集合，不仅是指物理上的数据，也指物理、存储及进程对象的一个组合。

11.1.2　实例（instance）

库实例（也称为服务器 Server）就是用来访问一个数据库文件集的一个存储结构及后台进程的集合。它使一个单独的数据库可以被一个实例或多个实例访问（也就是 Oracle 并行服务器——OPS）。实例和数据库的关系如图 11.2 和图 11.3 所示。

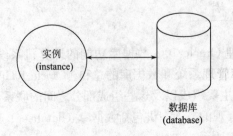

图 11.2　单实例访问

图 11.3　多实例访问

注：决定实例的组成及大小的参数存储在 init. ora 文件中。

要想访问数据库就要先启动实例，启动实例 Oracle 就会分配一片被称为 SGA 内存结构，并启动一系列的后台进程。SGA 中存放的是数据库的信息，这些信息被后台进程所共享。

实例和数据库的关系是多对一的关系，一个实例可以驱动一个数据库，也可以是多个实例驱动一个数据库，多个实例驱动一个数据库就被称为集群 RAC（real application cluster）。

11. 1. 3　内存结构

内存是用来保存指令代码和缓存数据的。要运行一个软件程序，必须先要在内存中为其指令代码和缓存数据申请，划分出一个区域，再将其从磁盘上读入，放置到内存，然后才能执行。Oracle DBMS 是一个应用程序，所以它的执行也不例外，需要放置到内存中才能执行。

内存结构是 Oracle 体系结构中最为重要的一部分，内存也是影响数据库性能的第一因素。内存的大小直接影响数据库的运行速度。Oracle 的内存被分为 PGA 和 SGA。

11. 1. 4　进程结构

进程是操作系统中的一种机制，它可执行一系列的操作步骤。在有些操作系统中使用作业（JOB）或任务（TASK）的术语。一个进程通常有它自己的专用存储区。Oracle 进程的体系结构设计使性能最大。

Oracle 实例有两种类型：单进程实例和多进程实例。

单进程 Oracle（又称单用户 Oracle）是一种数据库系统，一个进程执行全部 Oracle 代码。由于 Oracle 部分和客户应用程序不能分别以进程执行，所以 Oracle 的代码和用户的数据库应用是单个进程执行。在单进程环境下的 Oracle 实例仅允许一个用户可存取。例如在 MS-DOS 上运行 Oracle。

多进程 Oracle 实例（又称多用户 Oracle）使用多个进程来执行 Oracle 的不同部分，对于每一个连接的用户都有一个进程。在多进程系统中，进程分为两类：用户进程和 Oracle 进程。当一用户运行一应用程序，如 PRO * C 程序或一个 Oracle 工具（如 SQL * PLUS），为用户运行的应用建立一个用户进程。Oracle 进程又分为两类：服务器进程和后台进程。服务器进程用于处理连接到该实例的用户进程的请求。当应用和 Oracle 是在同一台机器上运行，而不再通过网络时，一般将用户进程和它相应的服务器进程组合成单个的进程，可降低系统开销。然而，当应用和 Oracle 运行在不同的机器上时，用户进程经过一个分离服务器进程与 Oracle 通信。它可执行下列任务：

（1）对应用所发出的 SQL 语句进行语法分析和执行。

（2）从磁盘（数据文件）中读入必要的数据块到 SGA 的共享数据库缓冲区（该块不在缓冲区时）。

（3）将结果返回给应用程序处理。

系统为了使性能最好和协调多个用户，在多进程系统中使用一些附加进程，称为后台进程。在许多操作系统中，后台进程是在实例启动时自动地建立。

11.2　Oracle 10G 的安装

11.2.1　安装环境

- 操作系统：Windows Server 2003。
- Windows 2000 SP1。
- Windows XP Professional。
- Windows NT Server4.0。

通常我们采用虚拟操作系统：Windows 2000 Server English Version（基本补丁已经安装）虚拟内存大小：1g。

11.2.2　安装准备

（1）软件准备：数据库及版本：Oracle 10G 10.2.0.1。

（2）运行安装程序 setup.exe，系统将启动 Oracle Universal Installer，然后进行先决条件检查。会出现如图 11.4 所示画面。

图 11.4　Oracle Universal Installer

11.2.3　安装

（1）运行 setup.exe 出现如图 11.5 所示的"Oracle Database 10G 安装"画面。画面中网格背景寓示了 Oracle 10G 的卖点 Grid Computing "网格计算"。

选中"高级安装"，以便为 SYS、SYSTEM 设置不同的口令，并进行选择性配置。

（2）单击："下一步"进入"Oracle Universal Installer：指定文件位置"。

①设置源"路径"、"名称"和目的"路径",如图 11.6 所示。

②"名称"对应 ORACLE _ HOME _ NAME 环境变量。

③"路径"对应 ORACLE _ HOME 环境变量。

图 11.5　Oracle Database 10G 安装　　图 11.6　设置源"路径"、"名称"和
目的"路径"

（3）单击:"下一步"进入"Oracle Universal Installer:选择安装类型"。

（4）保持默认值,单击"下一步",进入"Oracle Universal Installer:选择数据库配置",选择"通用"。

（5）保持默认值,单击"下一步",进入"Oracle Universal Installer:指定数据库配置选项"。

①指定"全局数据库名"和"SID",对这两个参数的指定一般相同。例如,oract。

②也可以将"全局数据库名"设置为域名。例如,oract. abc. com。

③如果选择创建带样本方案的数据库,OUI 会在数据库中创建 HR、OE、SH 等范例方案（sample schema）。

（6）单击"下一步",进入"Oracle Universal Installer:选择数据库管理选项"。

（7）保持默认值,单击"下一步",进入"Oracle Universal Installer:指定数据库文件存储选项"。

（8）保持默认值,单击"下一步",进入"Oracle Universal Installer:指定备份和恢复选项"。

（9）保持默认值,单击"下一步",进入"Oracle Universal Installer:指定数据库方案的口令"。对不同的账户设置不同的口令。

（10）单击"下一步",继续安装,进入"Oracle Universal Installer:概

要"，如图 11.7 所示。

（11）单击"安装"，开始安装过程，大约需要半小时。

（12）数据库创建完成时，显示"Database Configuration Assistant"窗口，如图 11.8 所示。

图 11.7　概要　　　　　　　　　　图 11.8　Database Configuration Assistant

（13）单击"口令管理"，进入"口令管理"窗口，如图 11.9 所示。

（14）解锁用户 HR、OE 和 SCOTT，输入 HR 和 OE 的口令，SCOTT 的默认口令为 tiger。

（15）单击"确定"返回"Database Configuration Assistant"窗口。

（16）在图 11.9 所示窗口单击"确定"，进入"Oracle Universal Installer：安装 结束"窗口，如图 11.10 所示。

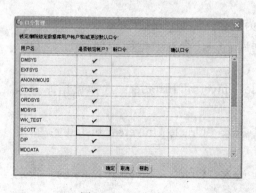

图 11.9　口令管理　　　　　　　　图 11.10　安装结束

（17）检查，单击"退出"，完成安装。

第一次要接受 license，单击 I agree，以后就不用了。

11.2.4　查看安装情况

1. 目录结构

默认 ORACLE_BASE 在 Windows 中，默认的 ORACLE_BASE 目录是：D：\oracle\product\10.1.0。

在 UNIX 中，默认的 ORACLE_BASE 目录是：/pm/app/oracle/10.1.0。

所有的 Oracle 软件文件和数据库文件都位于 ORACLE_BASE 下面的子目录中。

默认 ORACLE_HOME 在 Windows 中，默认的 ORACLE_HOME 目录是：D：\oracle\product\10.1.0\dbct。

在 UNIX 中，默认的 ORACLE_HOME 目录是：/pm/app/oracle/10.1.0/dbctORACLE_HOME 是访问所有 Oracle 软件的路径。

2. 查看"服务"管理器中相关的 Oracle 服务

OracleCSService 服务在做 10G RAC 的时候才会有。CSS（cluster synchronization service）如图 11.11 所示。

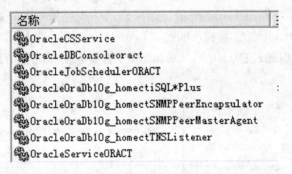

图 11.11　Oracle 服务

3. 注册表

Oracle 10G 的注册表它的位置是：HKEY_LOCAL_MACHINE\SOFTWARE\ORACLE 如图 11.12 所示。

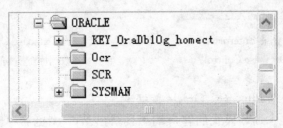

图 11.12　注册表

4. PATH 环境变量

Oracle 10G 的 PATH 环境变量为 D：\ oracle \ product \ 10. 1. 0 \ dbct \ bin；D：\ oracle \ product \ 10. 1. 0 \ dbct \ jre \ 1. 4. 2 \ bin \ client；D：\ or-acle \ product \ 10. 1. 0 \ dbct \ jre \ 1. 4. 2 \ bin；%SystemRoot% \ system32；% SystemRoot%；%SystemRoot% \ System32 \ Wbem。

11. 2. 5 测试安装好的 Oracle 10G 是否能正常运行

在安装过程中，OUI 会在＜ORACLE ＿HOME＞\ install 下创建两个文件：

readme. txt：记录各种 Oracle 应用程序的 URL 与端口。

portlist. ini：记录 Oracle 应用程序所使用的端口。

1. 登录 Enterprise Manager 10G Database Control

与以前的版本不同，Oracle 企业管理器只有 B/S 模式。在 Web 浏览器中输入下列 URL：

http：//＜Oracle 服务器名称＞：5500/em；例如：http://localhost：5500/em

进入 Enterprise Manager 10G 登录窗口。用 SYS 账户，以 SYSDBA 身份登录 Oracle 数据库，如图 11. 13 所示。如果是第一次登录时，先进入 Oracle 10G 版权页。单击 Oracle 10G 版权声明的"I Agree"按钮，进入 Enterprise Manager 10G。我们可以通过在 Database Control 中查看数据库配置信息来管理 Oracle 数据库如图 11. 14 所示。

图 11. 13 sys 登录 Enterprise Manager 10G Database Control

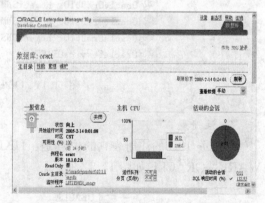

图 11. 14 在 Database Control 中查看数据库配置信息

2. 使用 iSQL ∗ Plus 登录 Oracle 数据库

iSQL ∗ Plus 是 B/S 模式的客户端工具。在 Web 浏览器中输入下列 URL：

http：//＜ Oracle 服 务 器 名 称 ＞：5560/isqlplus；例 如：http://localhost：

5560/isqlplus

进入 iSQL＊Plus 登录窗口。用 HR 账户登录 Oracle 数据库，如图 11.15 所示。注：如果不知道 HR 的口令，现用 sys 登录，修改 HR 的口令，例如，将 HR 的口令改为 hr：alter user hr identified by hr。

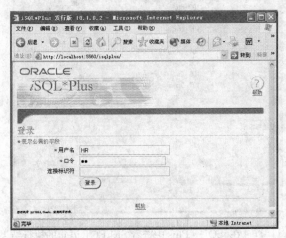

图 11.15　Oracle 10G 的 iSQL＊Plus 登录页面

登录进入 iSQL＊Plus 工作区后，可以在工作区输入：SQL＊Plus 指令、SQL 语句与 PL/SQL 语句，如图 11.16 和图 11.17 所示。

图 11.16　在 iSQL＊Plus 工作区执行 SELECT 语句

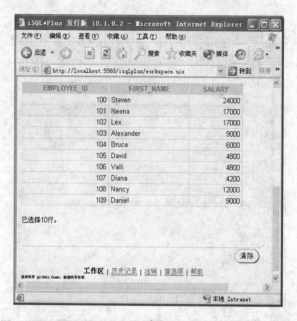

图 11.17 在 iSQL＊Plus 中查看 SELECT 语句的执行结果

3. 使用 SQL＊Plus 登录 Oracle 数据库

SQL＊Plus 是 C/S 模式的客户端工具程序。

（1）单击"开始"→"所有程序"→"Oracle-Oracle10g ＿ home"→"Ap-plicationDevelopment"→"SQL＊Plus"。

（2）在登录窗口中输入 HR 账号与口令，登陆后执行 SQL 语句，如图 11.18 所示。

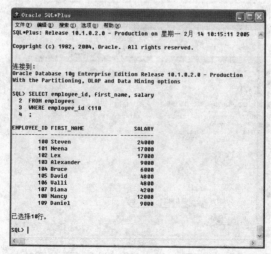

图 11.18 在 SQL＊Plus 中执行 SELECT 语句

4. 使用命令行 SQL ＊ Plus 登录 Oracle 数据库

传统的 SQL ＊ Plus 是一个命令行客户端程序。在命令窗口中输入图 11.19 中所示的命令进行测试。如图 11.19 所示。

图 11.19　在命令行 SQL ＊ Plus 中执行 SELECT 语句

Oracle 10G 提供了高性能与高稳定性的企业级数据存储方案，也对 Windows 操作系统提供了更好的支持。借助 Windows 操作系统以线程为基础的服务模式，Oracle 10G 可以提供更高的执行性能、更稳定的执行环境，以及更具扩展性的平台。在 WindowsServer 2003 上安装 64 位版本的 Oracle 10G 数据库，更能发挥 Oracle 强大的数据处理能力。

11.3　数据库的管理

Oracle 被设计为一个相当可移植的数据库；在当前所有平台上都能运行，从 Windows 到 UNIX 再到大型机都支持 Oracle。出于这个原因，在不同的操作系统上，Oracle 的物理体系结构也有所不同。例如，在 UNIX 操作系统上可以看到，Oracle 的实现为多个不同的操作系统进程，实际上每个主要功能分别由一个进程负责。这种实现对于 UNIX 来说是正确的，因为 UNIX 就是以多进程为基础。不过，如果放到 Windows 上就不合适了，这种体系结构将不能很好地工作（速度会很慢，而且不可扩缩）。在 Windows 平台上，Oracle 实现的为一个多线程的进程。如果是一个运行 OS/390 和 z/OS 的 IBM 大型机系统，针对这种操作系统的 Oracle 体系结构则充分利用了多个 OS/390 地址空间，它们都作为一个 Oracle 实例进行操作。一个数据库实例可以配置多达 255 个地址空间。另外，Oracle 还能与 OS/390 工作负载管理器（workload manager，WLM）协作，建立特定 Oracle 工作负载相互之间的相对执行优先级，还能建立相对于 OS/390 系统中所有其他工作的执行优先级。尽管不同平台上实现 Oracle 所用的物理机制存在变化，但 Oracle 体系结构还是很有一般性，所以使用者能很好地了解 Oracle 在所有平台上如何工作。

11.3.1　使用 SQLPlus 进入数据库进行管理的方式

在 Oracle 10G 下利用 SQLPlus 进行数据库管理操作是数据开发人员必备的知识，一般情况下我们通过三种方式访问进入 SQLPlus 管理数据库：

（1）开始/程序/Oracle-OraDb10g _ home1/SQL Plus，采用这种方式连接数据库时会提示主机的字符串，如果一台计算机上有多个数据库，则需要在此处输入数据的名称，若不填，则系统连接默认数据库，如图 11.20 所示。

图 11.20　开始菜单程序进入 SQLPlus

（2）开始/运行/程序/sqlplus，如图 11.21 所示。

（3）打开 IE，输入本机 IP：5560/isqlplus 或者 localhost：5560/isqlplus，如图 11.22 所示。

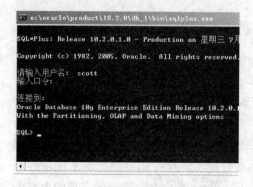

图 11.21　使用运行命令进入 SQLPlus

图 11.22　使用浏览器进入 SQLPlus

上面提到的 SQLPlusW 实际上就是在 SQLPlus 上加了一个窗体，这样能更多设置交互的结果内容。一般在使用 SQLPlus 查询之前最好先设置一些环境变量，设置每页显示的记录数：set pagesize 记录数；设置每行显示的长度：set linesize 长度。

11.3.2　SQLPlus 对数据库管理的基本命令

1. 设置每行显示的长度

现在开始用系统管理员账号登录数据库：conn sys/sys as sysdba，进入数据库之后使用语句"Set linesize 300"来设置每行显示长度；在库中进行对已有表 emp 的查询"Select * from emp;"，以上命令查询结果有一个问题，标题行重复了，这是因为 Oracle 中的数据是一页一页地输出的，如图 11.23 所示。

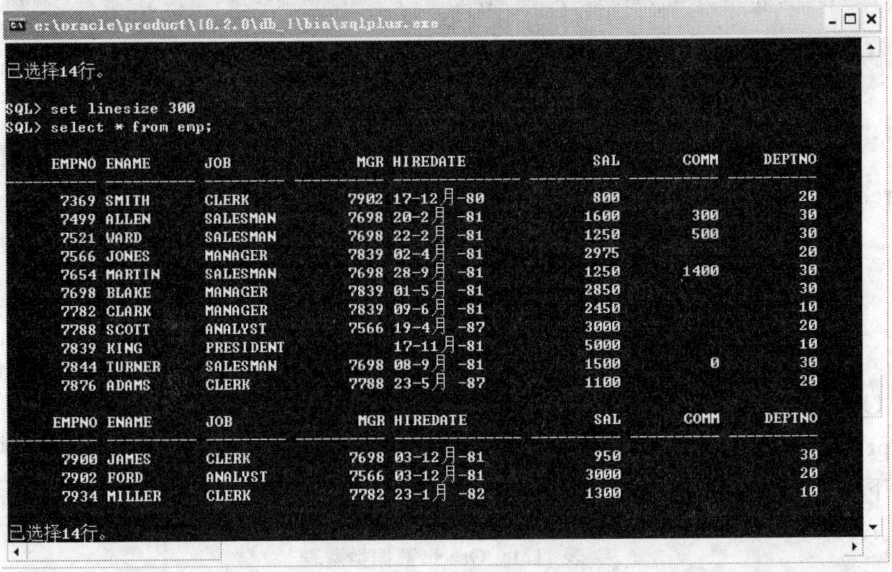

图 11.23　设置每行长度

2. 修改每页显示的记录行数

发现这个问题后，使用"Set pagesize 30"语句将显示输出设置为每页输出 30 行，输出结果是将查询结果一并显示出来，如图 11.24 所示。

3. 清除屏幕的命令

在 SQL * Plus 中执行一段时间后，屏幕上会存大量的输入和输出信息，要想清除屏幕：

方法一，同时按 Shift 和 Delete 键然后点 OK 就可以了。

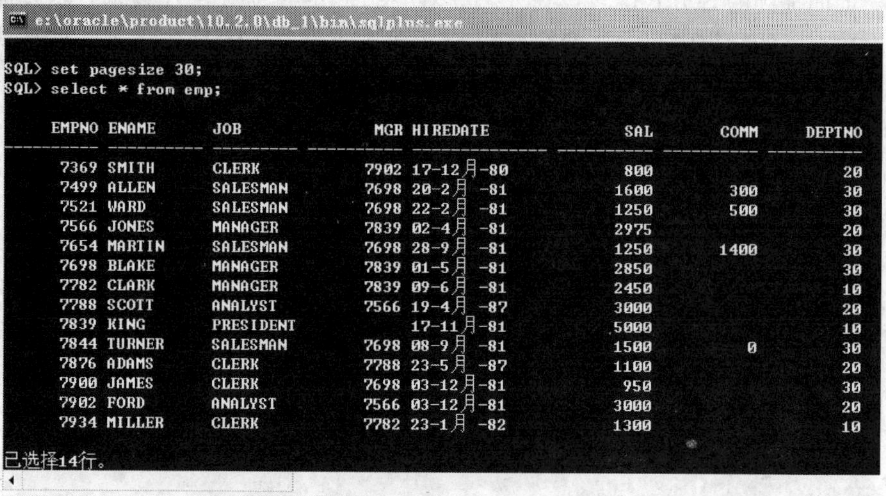

```
SQL> set pagesize 30;
SQL> select * from emp;

     EMPNO ENAME      JOB            MGR HIREDATE           SAL       COMM     DEPTNO
     7369 SMITH      CLERK         7902 17-12月-80          800                   20
     7499 ALLEN      SALESMAN      7698 20-2月 -81         1600        300         30
     7521 WARD       SALESMAN      7698 22-2月 -81         1250        500         30
     7566 JONES      MANAGER       7839 02-4月 -81         2975                   20
     7654 MARTIN     SALESMAN      7698 28-9月 -81         1250       1400         30
     7698 BLAKE      MANAGER       7839 01-5月 -81         2850                   30
     7782 CLARK      MANAGER       7839 09-6月 -81         2450                   10
     7788 SCOTT      ANALYST       7566 19-4月 -87         3000                   20
     7839 KING       PRESIDENT          17-11月-81         5000                   10
     7844 TURNER     SALESMAN      7698 08-9月 -81         1500          0         30
     7876 ADAMS      CLERK         7788 23-5月 -87         1100                   20
     7900 JAMES      CLERK         7698 03-12月-81          950                   30
     7902 FORD       ANALYST       7566 03-12月-81         3000                   20
     7934 MILLER     CLERK         7782 23-1月 -82         1300                   10

已选择14行。
```

图 11.24　每页显示的记录行数

方法二，如果在 Windows 窗口下 SQLPlus 中清屏命令：host cls 或是 clear screen 或只是 4 位 clea scre。

方法三，如果是在 Dos 的窗口下进入 sql/plus 就要用 clear scr。

11.3.3　使用 SQLPlus 对数据库进行数据管理

对于数据库编程人员来说在数据库中创建所需要的表是一项最基本的操作，在 Oracle 中，我们前面所做的各种操作都是在系统用户 scott 下的表，如 emp、dept、salgrade，在 SQL 语法中同样支持表创建语句，要想建立表，首先应了解一下 Oracle 中最常用的几种，如表 11.1 所示。

表 11.1　Oracle 数据类型表

字符	CHAR	当需要固定长度的字符串时，使用 CHAR 数据类型； CHAR 数据类型存储字母数字值； CHAR 数据类型的列长度可以是 1～2000 个字节
	VARCHAR2	VARCHAR2 数据类型支持可变长度字符串； VARCHAR2 数据类型存储字母数字值； VARCHAR2 数据类型的大小在 1～4000 个字节范围内
	LONG	LONG 数据类型存储可变长度字符数据 LONG 数据类型最多能存储 2GB

续表

数值	NUMBER	数值数据类型：可以存储整数、浮点数和实数；最高精度为 38 位。 数值数据类型的声明语法：NUMBER［(p［, s])]。P 表示精度；S 表示小数点的位数	
日期时间	DATE	存储日期和时间部分，精确到整个的秒	
	TIMESTAMP	TIMESTAMP：存储日期、时间和时区信息，秒值精确到小数点后 6 位	
RAW/LONG RAW	RAW	RAW 数据类型用于存储二进制数据； RAW 数据类型最多能存储 2000 字节	
	LONG RAW	LONG RAW 数据类型用于存储可变长度的二进制数据； LONG RAW 数据类型最多能存储 2GB	
LOB	CLOB	CLOB 即 Character LOB（字符 LOB），它能够存储大量字符数据	LOB 称为"大对象"数据类型，可以存储多达 4GB 的非结构化信息，例如声音剪辑和视频文件等； LOB 数据类型允许对数据进行高效、随机、分段的访问
	BLOB	BLOB 即 Binary LOB（二进制 LOB），可以存储较大的二进制对象，如图形、视频剪辑和声音文件	
	BFILE	BFILE 即 Binary File（二进制文件），它用于将二进制数据存储在数据库外部的操作系统文件中	

（1）表的建立概要标准的 SQL 语法进行，但在建立表时有时候要求指定约束。基本格式：

CREATE TABLE 表名称（

字段名称 1　字段类型　　　［DEFAULT 默认值]，

字段名称 2　字段类型　　　［DEFAULT 默认值]，

字段名称 3　字段类型　　　［DEFAULT 默认值],

……

字段名称 n　字段类型　　　［DEFAULT 默认值]　）

例如，建立一张名为 person 表，表中的字段类型及表结构如表 11.2 所示。

表 11.2　person 表

No.	字段名称	字段类型	描述
1	Pid	VARCHAR2（18）	表示人员的编号
2	Name	VARCHAR2（20）	表示人员的姓名
3	Age	NUMBER（3）	表示人员的年龄
4	Birthday	DATE	表示人员的生日
5	Sex	VARCHAR2（2）	表示人员的性别，默认是"男"

建立表的代码如下：

```
CREATE TABLE person
(    pid        VARCHAR2（18），
     name       VARCHAR2（20），
     age        NUMBER（3），
     birthday             DATE，
     sex        VARCHAR2（2）DEFAULT '男'）；
```

```
SQL> CREATE TABLE temp AS
  2  SELECT * FROM emp WHERE 1=0;
表已创建。

SQL>
SQL> SELECT * FROM temp ;
未选定行
```

图 11.25　利用现有的表创建表

将 emp 的表结构复制，如图 11.25 所示。

（2）利用现有的表创建表。

语法：CREATE TABLE 表名称 AS　（子查询）

若子查询为：SELECT * FROM emp，则表示将 emp 的结构及数据一起复制；

若子查询为：SELECT * FROM emp WHERE 1＝0 加入了一个永远不可能成立的条件过后，则表示只

11.3.4　Oracle 中表的删除

Oracle 中表的删除语句为：DORP TABLE 表名称

例如，删除 person 表，如图 11.26 所示。

如果一个表中已经存在大量的记录，为了添加一个字段或更改一个字段须删除表后重新

```
SQL> DROP TABLE  person;
表已删除。
```

图 11.26　删除基本表

建立，过程比较烦琐，为此，Oracle 中可以使用 SQL 语法中专门修改表结构的命令，如增加列、修改列。

11.3.5　Oracle 中表的修改

在 Oracle SQLPlus 支持的 SQL 语法操作中，提供了 ALTER 指令通过 AL-TER 指令就可以增加新的列，添加字段的语法格式：ALTER TABLE 表名称 ADD（列名 1 列的类型 DEFAULT 默认值，列名 2 列的类型 DEFAULT 默认值，……）

例如，为 person 表增 1 加 address 列

ALTER TABLE person ADD address（VARCHAR2（20））

执行 DESC person，结果如下：

名称	是否为空？　类型
PID	VARCHAR2（18）
NAME	VARCHAR2（20）
AGE	NUMBER（3）
BIRTHDAY	DATE
SEX	VARCHAR2（2）
ADDRESS	VARCHAR2（20）

如果要将 person 表中的 name 字段的长度修改为 10，默认值为"无名氏"。那就需要用到修改表结构的 SQL 语句。

修改已存的字段的语法：ALTER TABLE 表名称 MODIFY（列名 列的类型 DEFAULT 默认值）注意：在修改表结构时，如果表中的字段里有一个很长的数据，则无法将表的长度缩小。例如，现在 person 表中的 name 字段上已经保存了一个长度为 18 位的数字，如果用 ALTER TABLE 语句去将其长度修改为 10，则一定无法实现。

例如，修改 person 表中的 name 列的宽度，并加入默认值

ALTER TABLE person MODIFY（name VARCHAR2（10）DEFAULT '无名氏'）；

继续执行下列指令如图 11.27 所示。

在开发数据库的过程中，很少去修改表结构，这一点在 IBM 的 DB2 数据库中就没有提供 ALTER TABLE 指令，所以在建表的时候一定要考虑周到，以避免建立表后修改。

从以上结果不难发现，身份证号重复了，这与实际生活不吻合，这是因为表中没有增加约束条件的原因。

```
  1* SELECT * FROM person
SQL>  INSERT INTO person(pid,age,birthday,address)
  2     VALUES('5555555555555555555',36,TO_DATE('1958-10-10','YYYY-MM-DD'),'北京市');
```

已创建 1 行。

```
SQL>  SELECT * FROM person;
```

PID	NAME	AGE	BIRTHDAY	SE	ADDRESS
5555555555555555555	无名氏	36	10-10月-58	男	北京市
5555555555555555555	无名氏	36	10-10月-58	男	北京市

```
  1  INSERT INTO person(pid,age,birthday,address)
  2*  VALUES('5555555555555555555',36,TO_DATE('1958-10-10','YYYY-MM-DD'),'北京市')
SQL> /
```

已创建 1 行。

```
SQL> SELECT * FROM person;
```

PID	NAME	AGE	BIRTHDAY	SE	ADDRESS
5555555555555555555	无名氏	36	10-10月-58	男	北京市

图 11.27　修改 person 表中的 name 列的宽度

11.3.6　对表重命名

在 Oracle 中提供了 RENAME 命令，可以对表进行重命名，但此语句只能在 Oracle 中使用。语法格式：RENAME 旧的表名称 TO 新的表名称。

例如，将 person 表重命名为 myperson

SQL> RENAME person TO myperson;

表已重命名。

11.3.7　截断表

前面我们学过要将一个表中的数据使用 DELETE 语句删除后，在没有提交前都可以用 ROLLBACK 进行回滚。但如果现在要清空一张表中的数据，但同时不需要回滚，可能立即释放资源，那么这时就需要对表进行截断操作。

截断表的语法：TRUNCATE TABLE 表名称。

例如，截断 myperson 表

SQL> RENAME person TO myperson;

表已重命名。

SQL> TRUNCATE TABLE myperson;

表被截断。

SQL> SELECT * FROM myperson；

未选定行

SQL> rollback；

回退已完成。

SQL> SELECT * FROM myperson；

未选定行

11.3.8　事务处理

通过上面的介绍，可以发现这与前面章节所介绍的 SQL 语言是基本相同的，但是对于事务处理的理解还是停留在一个理论的层面上，因此通过 Oracle 数据库的事务操作介绍来进一步熟悉和掌握该内容，现在来看看这样一个例子，如下操作并先观察发生的现象。

第一步，根据 emp 表，建立一个名为 test 的表，要求 test 中内包含部门编号为 10 的雇员信息。

CREATE TABLE test AS

　　SELECT * FROM emp WHERE deptno=10

第二步，查看 test 表中的全部信息。

SELECT * FROM test

EMPNO	ENAME	JOB	MGR	HIREDATE	SAL	COMM	DEPTNO
7782	CLARK	MANAGER	7839	09-6 月-81	2450		10
7839	KING	PRESIDENT		17-11 月-81	5000		10
7934	MILLER	CLERK	7782	23-1 月-82	1300		10

第三步，删除雇员姓名为 KING 的雇员信息。

SQL> DELETE FROM test WHERE ename='KING'

已删除 1 行。

第四步，再次查询 test 表中的全部信息。

SQL> SELECT * FROM test；

EMPNO	ENAME	JOB	MGR	HIREDATE	SAL	COMM	DEPTNO
7782	CLARK	MANAGER	7839	09-6 月-81	2450		10
7934	MILLER	CLERK	7782	23-1 月-82	1300		10

发现名为 KING 的雇员信息不见了。

第五步：从开始/运行一个新的 SQLPlus 窗口，连接数据库后，重新查询
test 表如图 11.28 所示。

```
SQL> SELECT * FROM test;

    EMPNO ENAME      JOB              MGR HIREDATE            SAL       COMM    DEPTNO
    ----- ---------- ---------- --------- --------         ------     ------   ------
     7782 CLARK      MANAGER         7839 09-6月 -81        2450                   10
     7839 KING       PRESIDENT            17-11月-81        5000                   10
     7934 MILLER     CLERK           7782 23-1月 -82        1300                   10
```

图 11.28   查询 test 表

以上结果显示，KING 的雇员信息并没有被删除，实际上这就是 Oracle 中
事务处理概念。所谓的事务处理就是保证数据操作的完整性，所有的操作要么同
时成功，要么同时失败。

在 Oracle 中对每个连接到数据库的窗口（SQLPlus，SQLPlusW）连接之
后实际上都会与数据库的连接操作建立一个 session，即每一个连接到数据库
上的用户都建立了一个 session，有几个用户连接就有几个 session，一个 ses-
sion 对数据库所做的修改，不会立刻反映到数据库的真实数据库之上，是允
许回滚的，当一个 session 提交所有的操作之后，数据库才真正地作出修改。
在数据库的操作中提供了以下的两个主要命令来完成事务处理：

提交事务：commit

回滚事务：rollback

如果事务已经提交了，则肯定无法回滚。

在 Oracle 中关于事务的处理还存在另外一个被称之为"死锁"的概念。

一个 session 如果更新了数据库中的记录，其他 session 无法立即更新，
要等待对方提交之后才允许更新。一个事务起始于一个 DML 语句，结束于
rollback（回滚）或 commit（提交）。当一个 DML 语句（INSERT、UP-
DATE、DELETE）遇到下一个 DDL（CREATE、DROP、ALTER）或 DCL
（GRANT、REVOKE、COMMIT、ROLLBACK）时自动提交。当 Oracle 正
常退出时执行 commit（提交），非正常退出（如系统崩溃或断电时事务自动
回退）执行 rollback（回滚）。现在来验证上面的内容，分别打开两个 SQ-
Plus，进行删除操作，如图 11.29 所示第二个窗口的删除操作在等待第一个
窗口的提交。

当提交后，另外一个窗口上正在等待的用户就可以删除了，如图 11.30
所示。

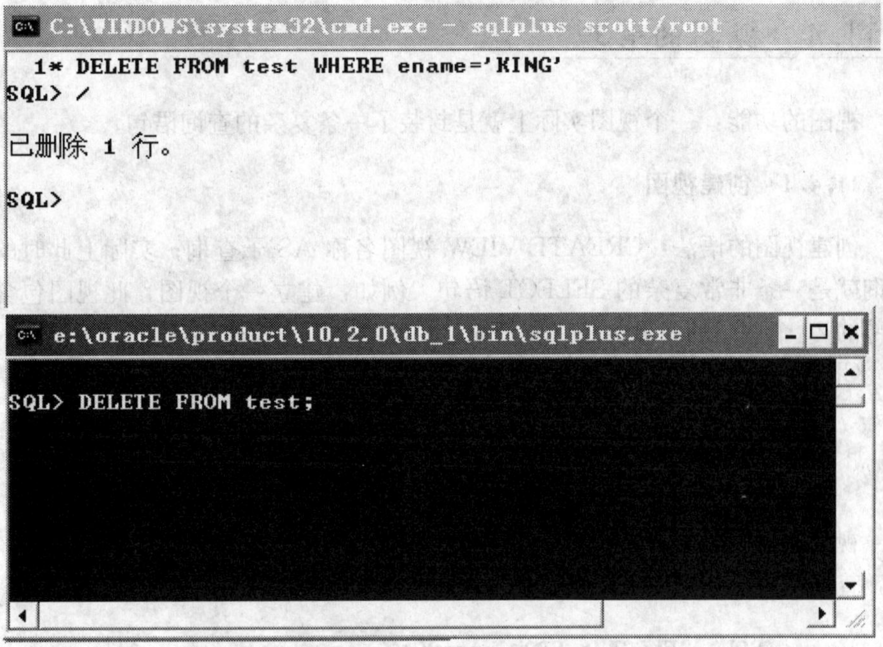

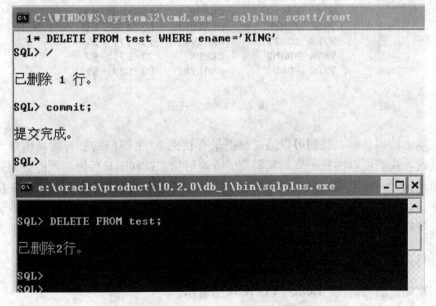

图 11.29 两个 SQLPlus 窗口的删除操作

图 11.30 提交后的删除操作

■ 11.4　视图的管理

视图的功能：一个视图实际上就是封装了一条复杂的查询语句。

11.4.1　创建视图

创建视图的语法：CREATE VIEW 视图名称 AS 子查询；实际上此时的子查询就是一条非常复杂的 SELECT 语句。例如，建立一个视图，此视图包含了全部的 20 个部门的雇员信息（雇员编号，姓名，工作，雇用日期）

CREATE VIEW empv20

　　SELECT empno, ename, job, hiredate

　　FROM emp

　　WHERE deptno=20;

视图建立完成之后，我们就可以像查找表那样直接对视图进行查询操作。例如，查询视图，如图 11.31 所示。

```
SQL> SELECT * FROM empv20;

    EMPNO ENAME      JOB        HIREDATE
---------- ---------- ---------- ----------------
     7369 SMITH      CLERK      17-12月-80
     7566 JONES      MANAGER    02-4月 -81
     7788 SCOTT      ANALYST    19-4月 -87
     7876 ADAMS      CLERK      23-5月 -87
     7902 FORD       ANALYST    03-12月-81
```

图 11.31　查询视图

以上结果显示，我们可以通过视图来查找到 20 个部门的所有雇员信息。也就是说，我们可以用视图来封装需要的查询语句，以利于日后做相同的查询时能简单地执行。以上视图只包含 4 个字段，如果希望多包含几个字段，我们来执行以下语句，如图 11.32 所示，同名的视图已经存在，为了让以上语句得以顺利执行，我们需要将原来的视图删除后再重新建立。

11.4.2　删除与修改视图

删除视图的语法：DORP VIEW 视图名称。

例如，删除原来的视图 empv20，并创建一个新的名为 empv20 视图，如图 11.33 所示。

```
1    CREATE VIEW empv20
2       AS
3      SELECT deptno,empno,ename,job,sal,hiredate
4        FROM emp
5*         WHERE deptno=20
SQL> /
CREATE VIEW empv20
               *
第 1 行出现错误:
ORA-00955: 名称已由现有对象使用
```

图 11.32　视图重名错误

```
SQL> DROP VIEW empv20;

视图已删除。

SQL> CREATE VIEW empv20
2       AS
3      SELECT deptno,empno,ename,job,sal,hiredate
4        FROM emp
5          WHERE deptno=20;

视图已创建。
```

图 11.33　删除与重建视图

但是如果所有的视图要作修改都要先删除再重新创建,那就过于烦琐,所以 Oracle 中为方便用户修改视图提供了一个替换原有视图的命令。

完整的视图创建语法:

CREATE　OR　REPLACE　VIEW　视图名称　AS子查询

使用以上语法,在更改视图的时候就不用先删除再执行了,系统会为用户提供自动进行删除及重建的功能。例如,用以上创建视图的语法建立一个新视图 empv20,如图 11.34 所示。

```
1    CREATE OR REPLACE VIEW empv20
2       AS
3      SELECT empno,ename,job,sal,hiredate
4        FROM emp
5*         WHERE deptno=20
SQL> /

视图已创建。
```

图 11.34　修改视图

以上完整的视图建立语法是我们在开发数据库中推荐使用的方法。

视图主要是用来封装复杂的子查询的，当我们经常要用到一个复杂的子查询时，最好将这个复杂的子查询定义为视图。在使用的时候直接对视图进行查询就简便多了。

假如在 Oracle 中想要求平均薪水最高的部门名称，为了做一个查询我们须写如下的代码，如果每次都要写这样多的代码，效率太低了。

SELECT dname FROM dept WHERE deptno IN

　（

　SELECT deptno FROM

　SELECT deptno，avg（sal）avg _ sal FROM emp GROUP BY deptno)

　WHERE avg _ sal＝

　　（

　　SELECT max（avg _ sal）FROM

　　　（SELECT deptno，avg（sal）avg _ sal FROM emp GROUP BY deptno)

　　　）

　）

下面我们把这个查询定义为一个视图：

CREATE OR REPLACE VIEW max _ avg _ sal

　AS

SELECT dname FROM dept WHERE deptno IN

　（

　　SELECT deptno FROM

　　（SELECT deptno，avg（sal）avg _ sal FROM emp GROUP BY deptno)

　　WHERE avg _ sal＝

　　（

　　　SELECT max（avg _ sal）FROM

　　　　（SELECT deptno，avg（sal）avg _ sal FROM emp GROUP BY deptno)

　　　）

　）

当我们要进行这样的查询时，只要对我们建立的视图查询就可以了。例如，SELECT ＊ FROM max _ avg _ sal，结果会与上面一样。

11.4.3　视图对基本表的更新选项

为了说明这个问题，我们先来做如下的操作：

（1）创建一个包含部门编号为 20 的所有雇员信息的视图 myview。

CREATE OR REPLACE VIEW myview

　AS

SELECT ＊ FROM emp WHERE deptno＝20

（2）查询视图中的全部信息，如图 11.35 所示。SELECT ＊ FROM my-view；

```
EMPNO ENAME     JOB            MGR HIREDATE          SAL     COMM     DEPTNO
————— —————     ———            ——— ————————          ———     ————     ——————
 7369 SMITH     CLERK         7902 17-12月-80        800                  20
 7566 JONES     MANAGER       7839 02-4月 -81       2975                  20
 7788 SCOTT     ANALYST       7566 19-4月 -87       3000                  20
 7876 ADAMS     CLERK         7788 23-5月 -87       1100                  20
 7902 FORD      ANALYST       7566 03-12月-81       3000                  20
```

图 11.35　表 myview 查询的结果

（3）对视图中 empno 为 7369 的部门编号修改为 30，如图 11.36 所示。

```
SQL> UPDATE myview SET deptno=30 WHERE empno=7369;
```

已更新 1 行。

图 11.36　修改视图

（4）对更新后的视图查询，比较前面的结果可以发现，视图中已经没有 7369 这个雇员的信息，如图 11.37 所示。

```
SQL> SELECT * FROM myview;

 EMPNO ENAME     JOB            MGR HIREDATE          SAL     COMM     DEPTNO
 ————— —————     ———            ——— ————————          ———     ————     ——————
  7566 JONES     MANAGER       7839 02-4月 -81       2975                  20
  7788 SCOTT     ANALYST       7566 19-4月 -87       3000                  20
  7876 ADAMS     CLERK         7788 23-5月 -87       1100                  20
  7902 FORD      ANALYST       7566 03-12月-81       3000                  20
```

图 11.37　未查询到已修改的雇员信息

（5）在查询 emp 表中的全部信息中，发现视图已经对基本表编号为 7369 的雇员的部门号作了修改（最初是 20），如图 11.38 所示。这样的结果明显是不恰当的，因为建立视图时是有条件的，一旦条件被修改后，条件就被破坏了，为了保护基本表中的数据不被有意无意地修改，在建立视图时 SQL 中提供了两个重要的参数：

WITH CHECK OPTION：不能更新视图的创建条件；

WITH READ ONLY：创建的视图只读，不能对基本表的任何字段值进行更新；

```
SQL> SELECT * FROM emp;

    EMPNO ENAME      JOB           MGR HIREDATE          SAL      COMM    DEPTNO
    ----- -----      ---           --- --------          ---      ----    ------
     7369 SMITH      CLERK        7902 17-12月-80         800                 30
     7499 ALLEN      SALESMAN     7698 20-2月 -81        1600       300       30
     7521 WARD       SALESMAN     7698 22-2月 -81        1250       500       30
     7566 JONES      MANAGER      7839 02-4月 -81        2975                 20
     7654 MARTIN     SALESMAN     7698 28-9月 -81        1250      1400       30
     7698 BLAKE      MANAGER      7839 01-5月 -81        2850                 30
     7782 CLARK      MANAGER      7839 09-6月 -81        2450                 10
     7788 SCOTT      ANALYST      7566 19-4月 -87        3000                 20
     7839 KING       PRESIDENT         17-11月-81        5000                 10
     7844 TURNER     SALESMAN     7698 08-9月 -81        1500         0       30
     7876 ADAMS      CLERK        7788 23-5月 -87        1100                 20
     7900 JAMES      CLERK        7698 03-12月-81         950                 30
     7902 FORD       ANALYST      7566 03-12月-81        3000                 20
     7934 MILLER     CLERK        7782 23-1月 -82        1300                 10

已选择14行。
```

图 11.38　表 EMP 的全查询

创建新的视图 myview，并设置不能更新条件列：

CREATE OR REPLACE VIEW myview

　　AS

SELECT ＊ FROM emp WHERE deptno＝20

WITH CHECK OPTION

更新记录测试：

UPDATE myview SET deptno＝30 WHERE empno＝7369

对非条件列进行更新：

UPDATE myview SET ename＝'史密诗' WHERE empno＝7369

　　并将建立的视图 myview 设置为只读，现在此视图就不能对基本表中的数据进行更改了，如图 11.39 所示。

```
SQL>  CREATE OR REPLACE VIEW myview
  2       AS
  3    SELECT * FROM emp WHERE deptno=20
  4    WITH READ ONLY;

视图已创建。

SQL> UPDATE myview SET ename='史密诗' WHERE empno=7369;
UPDATE myview SET ename='史密诗' WHERE empno=7369
                                  *
第 1 行出现错误：
ORA-01733: 此处不允许虚拟列
```

图 11.39　将视图 myview 设置为只读

11.5　Oracle 表空间及维护

Oracle 数据库被划分成称为表空间的逻辑区域——形成 Oracle 数据库的逻辑结构。Oracle 数据库能够有一个或多个表空间，而一个表空间则对应着一个或多个物理的数据库文件。表空间是 Oracle 数据库恢复的最小单位，容纳着许多数据库实体，如表、视图、索引、聚簇、回退段和临时段等。每个 Oracle 数据库均有 System 表空间，这是数据库创建时自动创建的。System 表空间必须总要保持联机，因为其包含着数据库运行所要求的基本信息（关于整个数据库的数据字典、联机求助机制、所有回退段、临时段和自举段、所有的用户数据库实体、其他 Oracle 软件产品要求的表）。一个小型应用的 Oracle 数据库通常仅包括 System 表空间，然而一个稍大型应用的 Oracle 数据库采用多个表空间会对数据库的使用带来更大的方便。

11.5.1　表空间的作用

表空间的作用能帮助 DBA 用户完成以下工作：
（1）决定数据库实体的空间分配；
（2）设置数据库用户的空间份额；
（3）控制数据库部分数据的可用性；
（4）分布数据于不同的设备之间以改善性能；
（5）备份和恢复数据。
用户创建其数据库实体时其必须具有于给定的表空间中相应的权力，所以对一个用户来说，其要操纵一个 Oracle 数据库中的数据，应该：
（1）被授予关于一个或多个表空间中的 RESOURCE 特权；
（2）被指定缺省表空间；
（3）被分配指定表空间的存储空间使用份额；
（4）被指定缺省临时段表空间。

11.5.2　维护

表空间的维护是由 Oracle 数据库系统管理员 DBA 通过 SQL＊Plus 语句实现的，其中表空间创建与修改中的文件名是不能带路径的，因此 DBA 必须在 Oracle/DBS 目录中操作。

1. 新表空间的创建
语法格式：
CREATE TABLESPACE 表空间名

DATAFILE 文件标识符［，文件标识符］…

［DEFAULT STORAGE（存储配置参数）］

［ONLINE＼OFFLINE］；

其中：文件标识符＝'文件名'［SIZE 整数［K＼M］［REUSE］

2. 修改表空间配置

语法格式：

ALTER TABLESPCE 表空间名

（ADD DATAFILE 文件标识符［，文件标识符］…

＼RENAME DATAFILE '文件名'［，'文件名'］…

TO '文件名'［，'文件名'］…

＼DEFAULT STORAGE（存储配置参数）

＼ONLINE＼OFFLINE［NORMAL＼IMMEDIATE］

＼（BEGIN＼END）BACKUP）；

3. 取消表空间

语法格式：DROP TABLESPACE 表空间名［INCLUDING CONTENTS］；

4. 检查表空间使用情况

（1）检查当前用户空间分配情况。

SELECT tablespace ＿ name，SUM（extents），SUM（blocks），SUM
（bytes）

FROM user ＿ segments

GROUP BY tablespace ＿ name

（2）a. 检查各用户空间分配情况。

SELECT owner，tablespace ＿ ；

b. 检查各用户空间分配情况。

SELECT owner，tablespace ＿ name，SUM（extents），SUM（blocks），
SUM（bytes）

FROM dba ＿ segments

GROUP BY owner，tablespace ＿ name；

（3）检查当前用户数据库实体空间使用情况。

SELECT tablespace ＿ name，segment ＿ name，segment ＿ type，

COUNT（extent ＿ id），SUM（blocks），SUM（bytes）

FROM user ＿ extents

GROUP BY tablespace ＿ name，segment ＿ name，segment ＿ type；

（4）检查各用户空间使用情况。

SELECT owner，tablespace ＿ name，COUNT（extent ＿ id），SUM（blocks），

SUM（bytes）FROM user_extents

GROUP BY owner，tablespace_name；

（5）检查数据库空间使用情况。

SELECT tablespace_name，COUNT（extent_id），SUM（blocks），SUM（bytes）

FROM user_extents

GROUP BY tablespace_name；

（6）检查当前用户自由空间情况。

SELECT tablespace_name，COUNT（block_id），SUM（blocks），SUM（bytes）

FROM user_free_space

GROUP BY tablespace_name；

（7）检查数据库自由空间情况。

SELECT tablespace_name，COUNT（block_id），SUM（blocks），SUM（bytes）

FROM dba_free_space

GROUP BY tablespace_name；

11.5.3　结论

表空间是 Oracle 数据库系统维护的主要对象，通过本文能详细了解它的基本概念与作用，并掌握其日常维护知识，从而保证 Oracle 数据库系统的正常运行。

1. 建立表空间

CREATE TABLESPACE data01

DATAFILE '/oracle/oradata/db/DATA01.dbf' SIZE 500M

UNIFORM SIZE 128k；

#指定区尺寸为 128k，如不指定，区尺寸默认为 64k

2. 建立 UNDO 表空间

CREATE UNDO TABLESPACE UNDOTBS02

DATAFILE '/oracle/oradata/db/UNDOTBS02.dbf' SIZE 50M

#注意：在 OPEN 状态下某些时刻只能用一个 UNDO 表空间，如果要用新建的表空间，必须切换到该表空间：ALTER SYSTEM SET undo_tablespace＝UNDOTBS02；

3. 建立临时表空间

CREATE TEMPORARY TABLESPACE temp_data

TEMPFILE '/oracle/oradata/db/TEMP _ DATA. dbf' SIZE 50M

4. 改变表空间状态

（1）使表空间脱机。

ALTER TABLESPACE game OFFLINE;

如果是意外删除了数据文件，则必须带有 RECOVER 选项：

ALTER TABLESPACE game OFFLINE FOR RECOVER;

（2）使表空间联机。

ALTER TABLESPACE game ONLINE;

（3）使数据文件脱机。

ALTER DATABASE DATAFILE 3 OFFLINE;

（4）使数据文件联机。

ALTER DATABASE DATAFILE 3 ONLINE;

（5）使表空间只读。

ALTER TABLESPACE game READ ONLY;

（6）使表空间可读写。

ALTER TABLESPACE game READ WRITE;

5. 删除表空间

DROP TABLESPACE data01 INCLUDING CONTENTS AND DATA-FILES;

6. 扩展表空间

首先查看表空间的名字和所属文件。

select tablespace _ name, file _ id, file _ name,

round (bytes/ (1024 * 1024), 0) total _ space

from dba _ data _ files

order by tablespace _ name;

（1）增加数据文件。

ALTER TABLESPACE game

ADD DATAFILE '/oracle/oradata/db/GAME02. dbf' SIZE 1000M;

（2）手动增加数据文件尺寸。

ALTER DATABASE DATAFILE '/oracle/oradata/db/GAME. dbf'

RESIZE 4000M;

（3）设定数据文件自动扩展。

ALTER DATABASE DATAFILE '/oracle/oradata/db/GAME. dbf'

AUTOEXTEND ON NEXT 100M

MAXSIZE 10000M;

设定后查看表空间信息。

SELECT　A. TABLESPACE ＿ NAME，A. BYTES　TOTAL，B. BYTES USED，C. BYTES FREE，

（B. BYTES ＊ 100）／A. BYTES "％ USED"，　（C. BYTES ＊ 100）／A. BYTES "％ FREE"

FROM　SYS. SMMYMTS ＿ AVAIL A，SYS. SMMYMTS ＿ USED B，SYS. SMMYMTS ＿ FREE C

WHERE　A. TABLESPACE ＿ NAME ＝ B. TABLESPACE ＿ NAME AND A. TABLESPACE ＿ NAME＝C. TABLESPACE ＿ NAME

11. 6　存储过程

11. 6. 1　存储过程的基本概念

存储过程和函数也是一种 PL/SQL 块，是存入数据库的 PL/SQL 块。但存储过程不同于已经介绍过的 PL/SQL 程序，我们通常把 PL/SQL 程序称为无名块，而存储过程是以命名的方式存储于数据库中的。

存储过程和函数以命名的数据库对象形式存储于数据库当中。存储在数据库中的优点是很明显的，因为代码不保存在本地，用户可以在任何客户机上登录到数据库，并调用或修改代码。

存储过程和函数可由数据库提供安全保证，要想使用存储过程和函数，需要有存储过程和函数的所有者的授权，只有被授权的用户或创建者本身才能执行存储过程或调用函数。

存储过程和函数的信息是写入数据字典的，所以存储过程可以看做是一个公用模块，用户编写的 PL/SQL 程序或其他存储过程都可以调用它（但存储过程和函数不能调用 PL/SQL 程序）。一个重复使用的功能，可以设计成为存储过程，比如，显示一张工资统计表，可以设计成为存储过程；一个经常调用的计算，可以设计成为存储函数；根据雇员编号返回雇员的姓名，可以设计成存储函数。

像其他高级语言的过程和函数一样，可以传递参数给存储过程或函数，参数的传递也有多种方式。存储过程可以有返回值，也可以没有返回值，存储过程的返回值必须通过参数带回；函数有一定的数据类型，像其他的标准函数一样，我们可以通过对函数名的调用返回函数值。存储过程和函数需要进行编译，以排除语法错误，只有编译通过才能调用。

11. 6. 2　存储过程的建立及执行

创建存储过程，需要有 CREATE PROCEDURE 或 CREATE ANY PRO-CEDURE 的系统权限。该权限可由系统管理员授予。过程的基本语句如下：

CREATE［OR REPLACE］PROCEDURE 存储过程名［（参数［IN | OUT | IN OUT］数据类型 ...）］

　　　　　　　{AS | IS}

　　　　　　　［说明部分］

BEGIN

　　　　可执行部分

［EXCEPTION 错误处理部分］

END［过程名］；

其中，可选关键字 OR REPLACE 表示如果存储过程已经存在，则用新的存储过程覆盖，通常用于存储过程的重建。参数部分用于定义多个参数（如果没有参数，就可以省略）。参数有三种形式：IN、OUT 和 IN OUT。如果没有指明参数的形式，则默认为 IN。关键字 AS 也可以写成 IS，后跟过程的说明部分，可以在此定义过程的局部变量。编写存储过程可以使用任何文本编辑器或直接在 SQL＊Plus 环境下进行，编写好的存储过程必须要在 SQL＊Plus 环境下进行编译，生成编译代码，原代码和编译代码在编译过程中都会被存入数据库。编译成功的存储过程就可以在 Oracle 环境下进行调用了。

11. 6. 3　调用存储过程的方法

方法 1：EXECUTE 模式名 . 存储过程名［（参数 ...）］；

方法 2：BEGIN

　　　　　　　模式名 . 存储过程名［（参数 ...）］；

　　　　END；

传递的参数必须与定义的参数类型、个数和顺序一致（如果参数定义了默认值，则调用时可以省略参数）。参数可以是变量、常量或表达式。如果是调用本账户下的存储过程，则模式名可以省略。要调用其他账户编写的存储过程，则模式名必须要添加。以下是一个生成和调用简单存储过程的训练。注意要事先授予创建存储过程的权限。例如，创建一个显示雇员总人数的存储过程，并执行该存储过程。

1. 建立存储过程

```
create or replace procedure emp _ count
  is
```

```
v _ total number （10）;              —声明变量，但这里不能写 declare 来定义
begin
   select count （＊） into v _ total from emp;
     dbms _ output. put _ line （'雇员人数为：'｜｜v _ total）;
   end;
```

2. 执行存储过程

```
execute emp _ count
```

编写显示雇员信息的存储过程 EMP _ LIST，并引用 EMP _ COUNT 存储过程。

3. 创建存储过程

```
create or replace procedure emp _ list
   is
   cursor c is
        select empno, ename, sal from emp;
begin
   for v _ emp in c loop
dbms _ output. put _ line （v _ emp. empno｜｜', '｜｜v _ emp. ename｜｜', '
｜｜v _ emp. sal）;
   end loop;
   emp _ count;              —调用前面建立的存储过程
   end;
```

4. 执行存储过程

```
execute emp _ list;
```

例如，建立一个存储过程，对部门 10 的雇员工资增加 10，部门 20 的雇员工资增加 20，其他部门雇员工资增加 30。

5. 创建存储过程 p

```
create or replace procedure p
   is
       cursor c is
           select ＊ from emp2 for update;
begin
       for v _ emp in c loop
           if v _ emp. deptno＝10 then
               update emp2 set sal＝sal＋10 where current of c;
           elsif v _ emp. deptno＝20 then
```

```
                    update emp2 set sal=sal+20 where current of c;
              else
                    update emp2 set sal=sal+30 where current of c;
              end if;
        end loop;
        commit;
end;
```

6. 执行存储过程 p

```
begin
  p;
end;
```

11.6.4　带参数的存储过程

参数的作用是向存储过程传递数据，或从存储过程获得返回结果。正确的使用参数可以大大增加存储过程的灵活性和通用性。

参数的类型有三种，如下所示：

IN　定义一个输入参数变量，用于传递参数给存储过程。

OUT　定义一个输出参数变量，用于从存储过程获取数据。

IN OUT　定义一个输入、输出参数变量，兼有以上两者的功能。

参数的定义形式和作用如下：

参数名 IN　数据类型 DEFAULT 值。

参数名 OUT　数据类型。

参数名 IN OUT　数据类型 DEFAULT 值。

如果省略 IN、OUT 或 IN OUT，则默认模式是 IN。

1. 定义带参数的存储过程 P

```
create or replace procedure p
    （v_a in number, v_b number, v_ret out number, v_temp in out number）
        is
begin
    if v_a>v_b then
        v_ret：=v_a;
    else
        v_ret：=v_b;
    end if;
    v_temp：=v_temp+1;
```

```
end;
```

2. 调用带参数的存储过程 p

```
declare
    v _ a number: =3;
    v _ b number: =4;
    v _ ret number;
    v _ temp number: =5;
begin
    p (v _ a, v _ b, v _ ret, v _ temp);
    dbms _ output. put _ line (v _ a);
    dbms _ output. put _ line (v _ b);
    dbms _ output. put _ line (v _ ret);
    dbms _ output. put _ line (v _ temp);
end;
```

结果为：

```
            3
            4
            4
            6
```

11.6.5　删除存储过程

一个存储过程在不需要时可以删除。删除存储过程的人是过程的创建者或者拥有 DROP ANY PROCEDURE 系统权限的人。

删除存储过程的语法如下：DROP PROCEDURE 存储过程名；

例如，删除前面建立的存储过程 change _ sal

```
        drop procedure change _ sal
```

本 章 小 结

网格计算是一种新兴的技术，不同人有不同的定义。网格计算的概念十分简单：有了网格计算技术，可以将原本毫无关系的服务器、存储系统、和网络联合在一起，组成一个大的系统，为用户交付非同寻常的高质量服务。对于最终用户或应用程序来说，网格看起来就像是一个巨大的虚拟计算系统。

借助于网格技术，机构可以使用大量计算机并通过共享计算资源来解决问题，这里所说的问题可能涉及数据处理、网络带宽或者数据存储。通过网格联合在一起的系统可能位于同一个房间，也可能分布在世界各地；可能运行在多种硬件平台之上，也可能运行在不同的操作系统之上；可能属于不同的机构。在一个地方授予用户开始某项任务的权限之后，网格就会利用大量的 IT 资源来完成这个任务。对网格的所有用户来说，网格就是一个运行任务的巨大的虚拟计算机。

➢ 思考练习题

运输系统设计：

1. 创建表空间 transSpace，包括两个数据文件。

2. 创建用户 trans 缺省表空间设置为 transSpace，授权 connect 和 resource，然后查看用户所有的具体权限。

3. 创建表：

客户表 customerInfo 有以下列：

公司编码（主键），客户名称（非空），客户地址联系电话

运输方式表 transType 有以下列：

运输方式编码（主键，字符），运输方式名称

录入以下数据：

运输方式编码	运输方式名称
GL	公路
TL	铁路
HK	航空
HY	海洋

运输单据头信息 billHead 有以下列（按日期分区）：

单据编号（格式是序列＋日期，如 1＿2008＿5＿10 序列值是 1，后边是日期）；

客户编号（关联 customerInfo），运输日期，运输方式（引用 transType），运费（大于 0）；

运输单据明细信息 billDetail 有以下列（按货物名称分区）：代理主键，货物名称（不能空），对应的单头（引用 billHead），数量（大于 0，可以空），重量（大于 0，可以空）；

查看输出表约束信息。

4. 索引开发：经常按日期或者运输方式查询，billHead 建立合适的索引，经常按货物名称查询，billDetail 建立合适的索引。查看输出索引信息。

5. 视图开发：经常查询单据编号、客户编号、运输日期、运输方式名称、货物名称；创建视图；查看输出视图信息。

第12章

SQL Server 2005 数据库基础及实用技术

【本章学习目标】

➢ 掌握 SQL Server 2005 的安装和启动

➢ 熟练使用 SQL Server Management Studio 对数据库对象进行各种操作

➢ 能够编写 T-SQL 语句对数据库对象进行各种操作

➢ 了解视图、存储、触发器的优势，并能基本应用

SQL Server 2005 是 Microsoft 公司推出的重量级的大型网络环境的数据库产品，是在该公司推出 SQL Server 2000 之后的又一力作，是下一代数据管理和分析软件系统，拥有更强大的可伸缩性、可用性，以及对企业数据管理和分析等方面的安全性，更加易于建立、配置和管理。

SQL Server 2005 在企业级支持、商业智能应用、管理开发效率方面有着显著增强。它能够把关键的信息及时地传递到组织内员工的手中，提供的继承数据管理和分析平台，可以帮助组织更有效、更可靠地管理来自关键业务的信息，更有效地运行复杂的商业应用，通过其中集成的报告和数据分析服务，企业可从信息中获得更出色的商业表现和洞察力。

■ 12.1 SQL Server 2005 体系结构

SQL Server 2005 的体系结构如图 12.1 所示。

从图 12.1 中可以看出，SQL Server 2005 的组成比较复杂，主要包括企业数据管理、开发产品包、商务智能工具三大类，其中企业数据管理包括管理工具、复制服务、通知服务和关系数据库的一部分，开发产品有 Visual Studio，综合业务包括综合服务、分析服务及报表服务等，这些内容在本书的后续章节都会进行详细讨论。

图 12.1　SQL Server 2005 的综合性数据平台

12.1.1　SQL Server 2005 的企业数据管理

企业数据管理的核心是 SQL Server 2005 数据库引擎。该引擎是用于存储、处理和保护数据的核心服务，直接管理和维护数据库，负责处理所有来自客户端的 Transact-SQL 语句并管理服务器上的所有数据，同时负责处理存储过程，利用数据库引擎可以控制访问权限并快速处理事务，从而满足企业内部要求极高而且需要处理大量数据的应用需要，最后将执行结果返回给客户端。与 SQL Server 2005 数据库引擎密切相关的管理工具有：管理工具、配置工具、性能工具、文档和指南、SQL Server 2005 升级顾问等，它们都依赖于此服务。

12.1.2　SQL Server 2005 的开发工具

SQL Server 2005 的开发工具使用 Microsoft Visual Studio 实现，可以部署使用 Microsoft SQL Server 2005 Mobile Edition（SQL Server Mobile）的应用程序。在该开发环境下，可以开发自己的产品，包括基于 . Net 的开发。Microsoft SQL Server 2005 提供了设计、开发、部署和管理关系数据库、Analysis Services 多维数据集、数据转换包、复制拓扑、报表服务器和通知服务器所需的工具。

12.1.3　商务智能工具

Microsoft SQL Server 2005 综合服务（SSIS）是生成高性能数据集成解决方

案（包括数据仓库的提取、转换和加载包，缩写为 ETL）的平台。

Microsoft SQL Server 2005 分析服务（SSAS）为商业智能应用程序提供了联机分析处理（OLAP）和数据挖掘功能。分析服务允许设计、创建和管理包含多维结构，使其包含从其他数据源（例如关系数据库）聚合的数据，并通过这种方式来支持 OLAP。对于数据挖掘应用程序，分析服务允许使用多种行业标准的数据挖掘算法来设计、创建和可视化从其他数据源构造的数据挖掘模型。

Microsoft SQL Server 2005 报表服务是一种基于服务器的解决方案，用于生成从多种关系数据源和多维数据源提取内容的企业报表，发布能以各种格式查看的报表，以及集中管理安全性和订阅。开发者创建的报表可以通过基于 Web 的连接进行查看，也可以作为 Microsoft Windows 应用程序的一部分。

12.1.4　其他工具和组件

除了上述主要功能组件外，在 Microsoft SQL Server 2005 庞大的体系中，还包括如复制服务、Notification Services 服务、Service Broker 服务、全文搜索服务等。由于篇幅关系，在此不一一介绍。

12.2　SQL Server 2005 开发环境

12.2.1　SQL Server 2005 的版本分类

目前，SQL Server 2005 有 6 个版本，分别为：Enterprise Edition、Standard Edition、Workgroup Edition、Developer Edition、Express Edition、Mobile Edition。根据实际应用的需要，如性能、价格和运行时间等，可以选择安装不同版本的 SQL Server 2005。大部分用户喜欢选择安装 EE 版、SE 版或 WG 版，因为这几个版本可以应用于产品服务器环境。我们将简要说明各版本的差异，并建议大家针对具体环境选择使用对应的版本。

1. Enterprise Edition（32 位和 64 位）

企业版 SQL Server 2005 支持多达几十个 CPU 的多进程处理，而且支持聚类（两个独立服务器之间提供自动接管功能并分担工作量），允许 HTTP 访问联机分析处理（OLAP）多维集。企业版支持超大型企业进行联机事务处理（OLTP）、高度复杂的数据分析、数据仓库系统和网站所需的性能水平。企业版的全面商业智能和分析能力及其高可用性功能（如故障转移群集），使它可以处理大多数关键业务的企业工作负荷。企业版是最全面的 SQL Server 版本，是超大型企业的理想选择，能够满足最复杂的要求。

2. Standard Edition 版（32 位和 64 位）

SE 版是 SQL Server 的主流版本，大多数 SQL Server 用户都会选择安装这一版本。它支持多进程处理，还可支持多个 CPU 和 2GB 以上的 RAM。为了安装 SE 版实例，客户需要为每个 Standard 版实例购买独立许可证。SE 版是中、小企业或组织管理数据并进行分析的平台。它包含了电子商务、数据仓库等技术需要的重要功能。SE 版的综合业务性能和高可靠特性深受广大使用者青睐，是中、小企业进行完整数据管理和分析的理想选择。

3. Workgroup Edition 版（只适用于 32 位）

WG 版是中、小组织数据管理的理想解决方案，这种方案可以满足对数据库大小或用户数量无特定限制的需要。WG 版既可以充当前端 Web 服务器，也可以满足部门和分支机构运营的需要。它具有 SQL Server 产品的核心数据库特点，容易升级为标准版和企业版。WG 版是一种理想的入门级数据库，不仅使用可靠，而且耐用，易于管理。

4. Developer Edition（32 位和 64 位）

系统默认安装为 DE 版，而企业版和标准版则应视为应用服务器的解决方案。利用 DE 版软件，可以开发和测试应用程序。由于该版本具有企业版的所有特性，因此可以将在开发版上成功开发的解决方案顺利移植到产品环境下而不会产生任何问题。DE 版是进行软件开发的一种理想解决方案，DE 版可以根据生产需要升级至 EE 版。这个版本与企业版之间的唯一差别是：开发版只能用作开发环境。

5. Express Edition 版

SSE 版是一种免费、易用而且管理简单的数据库系统。它集成在 Microsoft Visual Studio 2005 之中，利用它可以轻松地开发出兼容性好、功能丰富、存储安全、可快速部署的数据驱动应用程序。不仅可以免费使用 SSE 版软件，而且可以再分发，就像一个基本的服务器端数据库一样。SSE 版是低端独立软件开发商、低端服务器用户、建立 Web 应用程序的非专业开发者和开发客户端应用程序的业余爱好者的理想选择。

6. Windows CE（或 ME）版

Windows CE 版本将用于 Windows CE 设备，其功能完全限制在给定范围内，显然这些设备的容量极其有限。目前，使用 Windows CE 和 SQL Server 的应用程序非常少，实际上只可能在更昂贵的 CE 产品上拥有更有用的应用程序。CE 版是一种专为开发基于 Microsoft Windows Mobile 的设备的开发人员而提供的移动数据库平台。其特有的功能包括强大的数据存储功能、优化的查询处理器，以及可靠、可扩展的连接功能。

12.2.2　SQL Server 2005 的软硬件环境

目前，SQL Server 2005 有安装中 6 需要特别注意的是，在 32 位平台上运行

SQL Server 2005 与在 64 位平台上运行 SQL Server 2005 所需要的软、硬件要求有所不同。

以下是对安装 SQL Server 2005（32 位和 64 位平台）所需满足的最低软、硬件要求：

（1）VGA 显示器，并至少需要工作在 1024×768 像素模式下。

（2）鼠标或兼容的指点设备。

（3）CD 或 DVD 驱动器。

（4）PⅡ 500MHz 以上的服务器。

（5）网络软件要求：32 位版本与 64 位版本在软件的要求上相同，Windows 2003、Windows XP 和 Windows 2000 都具有内置网络软件。

（6）有关 IE 浏览器，32 位版本和 64 位版本的要求相同。表 12.1 是对 IE 浏览器的要求。

（7）软件要求：Microsoft Windows . NET Framework 2.0、Microsoft SQL Server Native Client、Microsoft SQL Server Setup support files。

表 12.1　SQL Server 2005 对 IE 浏览器的要求

组件	要求
Internet 软件	微软管理控制台（Microsoft management console，MMC）和 HTML 帮助文件都需要安装 IE 6.0，并安装 SP1 补丁程序（或更高级的浏览器），只需要对 IE 浏览器进行最小安装就可以，而且不需要将 IE 浏览器设置为默认浏览器。但是，如果只安装客户端组件，且不用连接到需要加密的服务器上，则安装 IE 4.01 和 SP2 的补丁就足够了
IIS 服务	安装 2005 报表需要 IIS 5.0 或者更高版本
ASP. NET 2.0	报表服务需要安装 ASP. NET 2.0。在安装报表服务的时候，如果 ASP. NET 尚未启用，则 SQL Server 2005 会将其修改为启用状态

（8）至少需要 150～746MB 的硬盘剩余空间。如果想安装数据库引擎、数据文件、复制和全文检索，则需要 150MB 的空间。如果还希望安装分析服务管理器，则再需要 35～130MB 的空间；如果需要报表服务和报表管理器，则另外要加至少 40MB 的空间；如果需要安装通知服务组件、客户端组件和规则组件，则需要至少 5MB 的空间；如果需要安装示例和示例数据库，则需要另外再加 390MB 的空间。

实际上，需要采用比推荐的配置更好的机器。即使是在独立开发服务器上，也建议至少采用 512MB 的 RAM 和 P-Ⅲ 800 或者更好的处理器，并安装 Windows Server 2003 以上的操作系统，对于在用系统，至少要配备 1GB 的 RAM，最好是 1～4GB。如果还想了解更多的有关安装要求方面的信息，可查阅联机丛书。

12.2.3　SQL Server 2005 的安装与启动

安装 SQL Server 2005 前，首先要确保计算机符合前面所述的系统软硬件环境要求，并拥有计算机的管理员权限。安装时，要推出防病毒软件，停止依赖于 SQL Server 2005 的所有服务，包括所有使用开放式数据库连接（ODBC）的服务，如 IIS 信息服务。退出事件查看器和注册表编辑器，检查所有 SQL Server 安装选项，并准备运行安装程序是做出适当选择。

（1）首先，将 SQL Server 2005 标准版的安装盘放入光驱，单击 Servers 目录下的 setup，接受协议后，单击"下一步"，则出现安装 SQL Server 需要的支持文件窗口，如图 12.2 所示。为了成功安装 SQL Server 2005，计算机需要安装下列组件：Microsoft .NET Framework 2.0、Microsoft SQL Server 本机客户端、Microsoft SQL Server 2005 安装程序支持文件。

（2）安装程序扫描计算机的配置，接下来就进入 SQL Server 2005 的安装向导，单击"下一步"按钮，出现如图 12.3 所示的"系统配置检查"窗口，用于检查系统中是否存在潜在的安装问题。系统配置检查完毕后，"报告"按钮变为可用。仅当所有检查结构都成功，或失败的检查项不严重时，"下一步"按钮才可用。对于失败的检查项，系统配置检查报告结果中包含对妨碍性问题的解决方法。

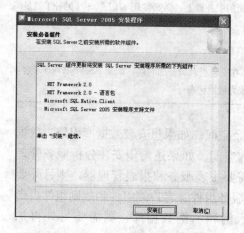

图 12.2　安装 SQL Server 的先决条件

图 12.3　"系统配置检查"窗口

（3）单击"下一步"按钮，出现如图 12.4 所示的"注册信息"窗口，在"注册信息"页上的"姓名"和"公司"文本框中，输入相应的信息。然后输入 SQL Server 2005 光盘封套上不干胶标签上的产品密钥信息。

（4）单击"下一步"按钮，出现如图 12.5 所示的"要安装的组件"窗口。
选择各个组件时，窗口中会显示相应的说明，可以选中任意一些复选框。若要安
装单个组件，则单击"高级"按钮。否则，单击"下一步"按钮继续。

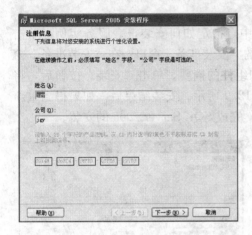

图 12.4　"注册信息"窗口

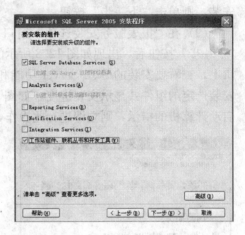

图 12.5　"要安装的组件"窗口

（5）在"实例名"窗口，为安装的软件选择默认实例或已命名实例，如图
12.6 所示。如果已经安装了默认实例或已命名实例，并且为安装的软件选择了
现有实例，安装程序将升级所选的实例并提供安装其他组件的选项。计算机上必
须没有默认实例，才可以安装新的默认实例。若要安装新的命名实例，需单击
"命名实例"，然后在提供的空白处键入一个唯一的实例名。

（6）在"服务账户"窗口，为 SQL Server 服务账户指定用户名、密码或域
名，如图 12.7 所示。若要继续安装，则单击"下一步"按钮。

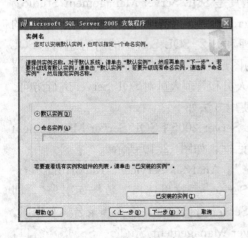

图 12.6　"实例名"窗口

图 12.7　"服务账户"窗口

（7）在"身份验证模式"窗口上，选择用于 SQL Server 安装的身份验证模式。还必须输入并确认用于 Sa 登录的密码，然后单击"下一步"。

（8）在"排序规则设置"上，指定 SQL Server 实例的排序规则。若要继续安装，则单击"下一步"按钮。

（9）在"报表服务安装选项"窗口中，指定如何安装报表服务实例，单击"下一步"按钮后，出现如图 12.8 所示的"安装准备"窗口。在"安装准备"窗口上，查看要安装的 SQL Server 功能和组件的摘要。单击"安装"按钮后，将安装选定的组件并显示安装进度，如图 12.9 所示。安装结束后，如果得到重新启动计算机的指示，则立即进行此操作，完成 SQL Server 2005 的安装。

图 12.8　"准备安装"窗口

图 12.9　"安装进度"窗口

在安装完 SQL Server 2005 后，就可以启动 SQL Server 管理平台进行数据库的相关操作了。以下内容主要使用的工具是 SQL Server Management Studio。

SQL Server Management Studio 是 Microsoft SQL Server 2005 提供的一种新的集成环境，用于访问、配置、控制、管理和开发 SQL Server 的所有组件。SQL Server Management Studio 将一组多样化的图形工具与多种功能齐全的脚本编辑器组合在一起，可以使各种技术级别的开发人员和管理人员对 SQL Server 进行访问。

SQL Server Management Studio 的使用方法如下：

选择"开始｜程序｜ Microsoft SQL Server 2005 ｜ SQL Server Management Studio"选项，打开"连接到服务器"对话框，如图 12.10 所示。

其中，服务器类型包括"数据库引擎"、Analysis Services、Reporting Services、SQL Server Mobile 和 Integration Services。这里选择"数据库引擎"，即连接到数据库实例。身份验证选择 SQL Server 身份验证，输入登录名称和密码，单击"连接"按钮，就将进入 SQL Server Management Studio（SSMS）窗口，如图 12.11 所示。

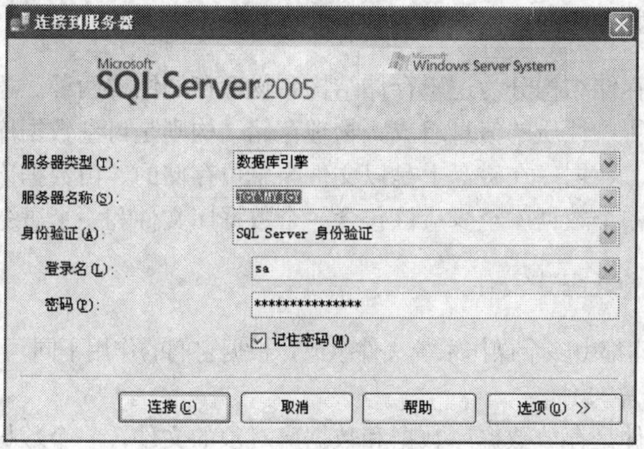

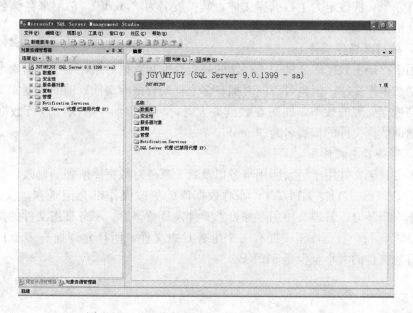

图 12.10　"连接到服务器"对话框

图 12.11　SQL Server Management Studio 窗口

12.3　数据库的管理

SQL Server 2005 中的数据库由数据库对象组成，这些数据库对象包括表、视图、索引、存储过程、用户定义函数和触发器等。

12.3.1　数据库的存储结构

数据库的存储结构分为逻辑存储结构和物理存储结构两种。逻辑存储结构指的是数据库由哪些性质的信息组成；物理存储结构则是讨论数据库文件是如何在磁盘上存储的。数据库在磁盘上是以文件为单位存储的，由数据库文件和事务日志文件组成，一个数据库至少应该包含一个数据库文件和一个事务日志文件。

12.3.1.1　数据库文件

每个数据库都由多个操作系统文件组成，根据它们的作用不同，可以分为三类：

1. 主数据库文件

数据库文件是存放数据库数据和数据库对象的文件，一个数据库可以有一个或多个数据库文件，一个数据库文件只能属于一个数据库。当有多个数据库文件时，有一个文件被定为主数据库文件，其扩展名为".mdf"，它用来存储数据库的启动信息和部分或者全部数据，一个数据库只能有一个主数据库文件。

2. 辅助数据库文件

用于存储主数据库文件中未存储的剩余数据和数据对象，一个数据库可以没有辅助数据库文件，但也可以同时拥有多个辅助数据库文件。辅助数据库文件可以提高数据处理的效率，同时在数据庞大时，可以辅助主数据库进行数据的存储。辅助数据文件的扩展名为".ndf"。

3. 事务日志文件

事务日志文件用于记录所用事务以及每个事务对数据库所做的修改，如使用INSERT、DELETE、UPDATE等对数据库的更改操作都会记录在该文件中。当数据库损坏时，管理员使用事务日志文件恢复数据库。事务日志文件的扩展名为".ldf"。每个数据库至少拥有一个事务日志文件，而且允许拥有多个日志文件。日志文件的大小至少是512KB。

12.3.1.2　数据库文件组

为了便于分配和管理，SQL Server 允许将多个文件归纳为一组，并赋予一个名称，就是文件组。与数据库文件一样，文件组也分为主文件组和次文件组；一个文件只能存在于一个文件组中，一个文件组也只能被一个数据库使用；日志文件是独立的，它不能作为任何文件组的成员，也就是说，数据库的数据内容和日志内容不能存入相同的文件组中。主文件组包括了所有系统表，当建立数据库时，主文件组包括主数据库文件和未指定的其他文件。在次文件组中可以指定一个默认文件组，那么，在创建数据库对象时，如果没有指定将其放在哪一个文件组中，就会将它放在默认文件组中。

12.3.2　数据库的创建

创建数据库需要一定许可，在默认情况下，只有系统管理员和数据库拥有者可以创建数据库。当然，也可以授权其他用户这种许可。数据库被创建后，创建数据库的用户自动成为数据库拥有者。

每个数据库都由关系图、表、视图、存储过程、用户、角色、规则等部分的数据库对象组成，每个服务器最多可以创建 32 767 个数据库。创建数据库的过程实际上就是为数据库设计名称、设计所占用的存储空间和存放文件位置的过程。

创建数据库的方法有三种：使用模板创建数据库、使用对象资源管理器创建、在查询分析器中创建。

12.3.2.1　使用模板创建数据库

（1）在 SQL Server 管理平台下，从"视图"菜单中选择"模版资源管理器"选项。

（2）如图 12.12 所示，双击"Create Database"命令，会出现创建数据库的 SQL 语言模板。

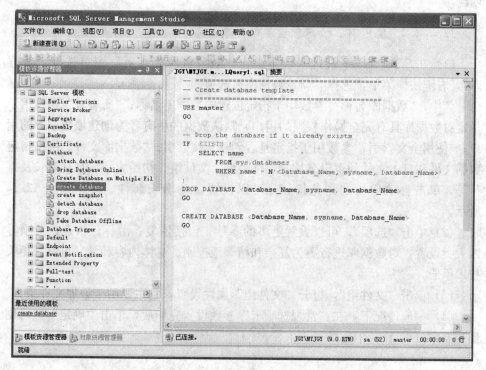

图 12.12　创建数据库的 SQL 语言模板

（3）从"视图"菜单中选择"指定模版参数的值"选项，在 Database _ name 参数中输入要建立的数据库的名称，如图 12.13 所示，单击确定。

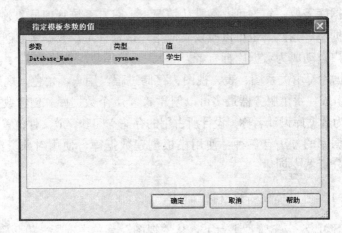

图 12.13　指定模版参数的值

（4）单击工具栏的"执行"按钮，执行创建数据库模板代码，完成数据库创建。

12.3.2.2　使用对象资源管理器创建数据库

（1）在 SQL Server 管理平台下，在"对象资源管理器"窗口选择"数据库"，右键快捷菜单，选择"新建数据库"选项。

其中，"数据库名称"参数用于指定创建的数据库名称；"所有者"参数用于指定对数据库具有完全操作权限的用户，默认数据的所有者为创建该数据库的用户；"使用全文索引"参数用于指定是否创建全文索引；"数据库文件"网格指定数据文件和日志文件的逻辑名称、文件类型、文件组、初始大小、自动增长及路径等。单击自动增长的浏览按钮，可以设置自动增长属性。具体如图 12.14 所示。

（2）单击"选项"，可以设置更多的参数。包括恢复、游标、状态、杂项等四大类设置，对数据库进行更为复杂和精确地控制。具体内容和含义可参阅相关技术手册。

（3）单击"文件组"，打开"文件组"属性设置，它主要用于添加文件组。

（4）一般情况下，在"常规选项卡"参数设置完毕后，单击"确定"即可创建数据库。

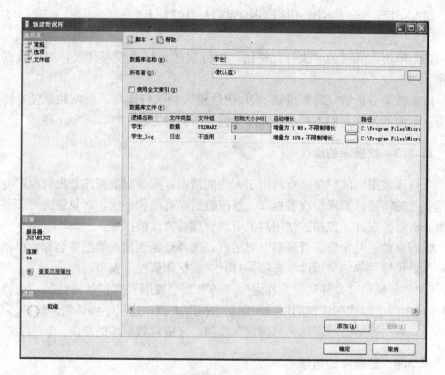

图 12.14　"新建数据库"窗口的"常规选项"

12.3.2.3　使用查询分析器创建数据库

（1）单击工具栏上的"新建查询"按钮，会在 SSMS 的右边打开"查询编辑器"窗口。

（2）在窗口内输入数据库创建的 SQL 语句。例如，要创建 Test 数据库，该数据库的主数据库文件逻辑名称为 Test _ data，物理文件名为 Test. mdf，初始大小为 10MB，最大尺寸为无限大，增长速度为 10％；数据库的日志文件逻辑名称为 Test _ log，物理文件名称为 Test. ldf，初始大小为 1MB，最大尺寸为 5MB，增长速度为 1MB。

CREATE DATABASE test

ON PRIMARY

（Name= 'test'，FILENAME= 'c：\ data \ test. mdf'，Size=10240KB，

MAXSIZE=UNLIMITED，FILEGROWTH=10％）

LOG ON

（Name = 'test _ log'，FILENAME = 'c：\ data \ test. ldf'，SIZE

=1024KB，

MAXSIZE＝5120KB，FILEGROWTH＝1024KB)
GO

（3）单击工具栏的"执行"按钮，执行创建数据库模板代码，完成数据库创建。

由于查询分析器只需要按照 SQL 语法输入后执行即可，所以如果没有特殊需要，下面的内容我们不再细致介绍查询分析器的方法。

12.3.3 数据库的修改

在创建数据库的时候，有时由于人为的错误，需要对数据库做出修改；有时根据业务的需要，要求修改数据库。修改数据库有两种办法，对象资源管理器和查询分析器。在此，仅描述使用对象资源管理器修改数据库。

（1）启动"对象资源管理器"对话框，选择已经创建的数据库名称，单击右键，选择快捷菜单的"属性"选项，打开"数据库属性"窗口。

（2）"常规"、"文件"、"文件组"、"选项"、"权限"、"扩展属性"、"镜像"、"事务日志传送"这些选择的用法跟创建数据库类似，这里不再详细讲解。

（3）修改好属性后，单击"确定"按钮，完成对数据库的修改。

12.3.4 数据库的删除

删除数据库的方法跟修改数据库的方法一样，有两种，即使用对象资源管理器和查询分析器。

（1）启动"对象资源管理器"对话框，选择已经创建的数据库名称，单击右键，选择快捷菜单的"删除"选项，打开"删除对象"窗口。

（2）选中"删除数据库备份和还原历史记录信息"复选框，删除时也删除了该数据库的备份和还原历史信息。选中"关闭现有连接"复选框，删除时如果有数据库连接则全部关闭，若未选中该复选框，如果有活动的连接，则会出现错误信息。

（3）单击"确定"按钮，完成对数据库的删除。

12.4 表的管理

在 SQL Server 2005 中的表分为四类，即系统表、用户表、已分区表和临时表。

系统表是 SQL Server 安装后就有的表，是特殊的表，存储了服务器的配置信息、数据表的定义信息等。这些表是只读的，用户不能进行修改。

用户表是由用户自主创建和维护，为满足用户需求而产生的表。

已分区表是将数据水平划分为多个单元的表，这些单元可以分布到数据库的多个文件组中。在维护整个集合的完整性时，使用分区可以快速而有效地访问或管理数据子集，从而使大型表或索引更易于管理。如果表非常大或者是有可能变得非常的大，可以考虑使用已分区表。

临时表是由于系统或用户运算的临时需要而创建的表，在使用完之后就删除。在 SQL Server 2005 中，临时表分为本地临时表和全局临时表。

下面重点介绍用户表的创建、修改和删除。

12.4.1　表的创建

选择"对象资源管理器｜数据库"，选择前面建立的"学生"数据库，选中"表"后右键快捷菜单的"新建表"命令，打开"表设计器"窗口。

上半部分为列的常用属性的设置，如列名、数据类型和允许空。列名参数用于输入定义表的列的名称；数据类型参数选择所需要的数据类型；允许空参数用于设置该列是否为空。

下半部分为列属性对话框，每增加一列的时候，会打开列属性对话框，用户设置除列名、数据类型和允许空属性的其他列属性。

定义完成后，单击"保存"按钮完成操作，结果如图 12.15 所示。

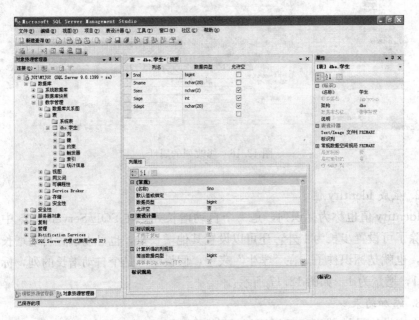

图 12.15　使用对象资源管理器进行新建表

12.4.2　表的修改

在表创建完毕之后，可以根据实际需要对表进行结构的修改。如在上例中进行修改，则选择"数据库｜教学管理｜表"，在表对象"学生"上右键单击"修改"，就可以进行表结构的调整。

1. 修改列的默认值

在插入记录时，没有为其中的一个或多个字段指定内容，可以使用默认值来指定这些字段使用什么值。默认值可以是计算结果为常量的任何值，如函数、数学表达式都可以设置为默认值。如图 12.16 所示，将性别的默认值改为"男"。

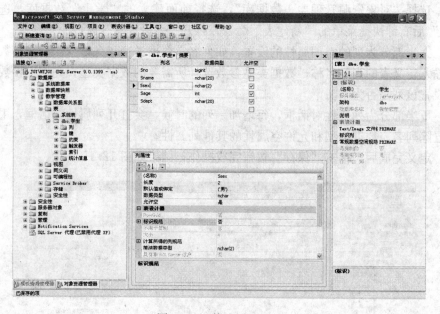

图 12.16　修改列的属性

2. 生成 Identity 值

Identity 值也称为标识列，是一个自动增长列。在 SQL Server 2005 中，标识列除了可设置步长为 1 外，还可以设置其他增长量，也可以设置自动增长的起始值，也就是标识种子。在"学生"表中，假设学号是个自动增长的列，标识种子为 1，增量为 1，如图 12.17 所示。

3. 添加约束

在表结构设计器中，可以通过 CHECK 进行约束检查，以限制输入值，保证数据库数据的完整性。如性别只能输入"男"或"女"，可以选择"性别"字段，然后右键快捷菜单的"CHECK 约束"选项，打开"CHECK 约束"窗口。

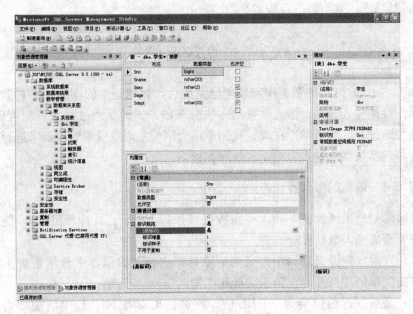

图 12.17　生成 Identity 值

如图 12.18 所示，将性别表达式的约束进行了修改，在"表达式"中输入约束表达式为：Ssex＝'男' or Ssex＝'女'。然后单击"关闭"，完成约束的添加。

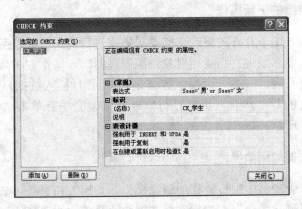

图 12.18　添加约束

其他如定义主键、定义外键、创建表的关系图等操作，请参阅相关技术文档。

12.4.3　表的删除

如果需要删除表，可以通过对象资源管理器和查询分析器两种方法来操作。在对象资源管理器下，选择"数据库│教学管理│表"，在表对象"学生"上右键单击"删除",就可以进行表的删除。

12.5　SQL Server 2005 的数据操作

SQL Server 2005 的数据库和表创建完成后,数据是空的,数据库对数据的最先操作就是插入数据。插入数据的方法有两种:一种是通过对象资源管理器;另一种是通过查询分析器。在此,我们重点介绍使用对象资源管理器来进行数据的操作,包括数据的插入、更新、删除和查询。

12.5.1　数据的插入操作

以教学管理系统为例,插入一条数据(张衡,男,21,计算机系),使用对象资源管理器插入数据方法如下:

(1) 在对象资源管理器中展开树形菜单,选择"数据库|教学管理|表",右键快捷菜单的"打开表"命令,打开"学生"表。

(2) 最后一行的值全为 NULL 值,添加数据时在 NULL 中添加即可,当NULL 值处输入数据后,系统会新增一条全部为 NULL 值的数据,输入完成后,跳到另一列时,会出现一个红色的感叹号,表示数据已经修改但尚未提交。如图12.19 所示。

12.5.2　数据的更新操作

数据录入后,由于业务的更改,需要对数据进行更新。可以使用对象资源管理器和查询分析器来处理。当使用对象资源管理器时,操作方法与插入数据的方法类似,即先打开表。只不过,插入数据是在 NULL 插入数据,而更新数据必须要找到要修改的行,然后在里面进行修改,修改完毕后单击"保存"按钮即可。如图 12.19 所示。

12.5.3　数据的删除操作

在对象资源管理器中进行数据的删除操作,与插入和更新数据类似。先打开数据表,选中要删除的数据,然后选择右键快捷菜单中的"删除"选项,在弹出的警告对话框中单击"是"按钮,完成删除操作。在删除记录时,需要注意:

(1) 记录删除之后不能再撤销删除。

(2) 一次可以删除多条记录,按住 Ctrl 键,可以选择多条记录。

(3) 在选择记录后,按 Delete 键也可以进行删除操作。

(4) 如果要删除的记录是其他表的外键,删除操作可能会影响外键表。

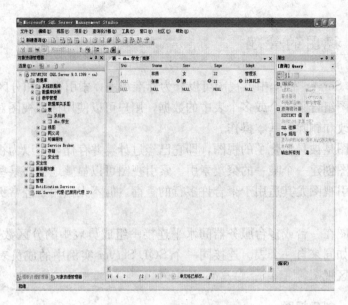

图 12.19　数据修改过程

12.5.4　数据的查询操作

由于查询分析器可以使用 T-SQL 进行更为复杂的程序设计，因此一般情况下，数据的查询操作是通过查询分析器进行的。但是，如果查询的内容形式简单，或者我们需要一种直观的条件筛选方法，可以使用对象资源管理器。如图 12.20 所示。

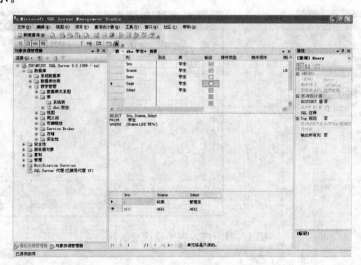

图 12.20　利用对象资源管理器查询

12.6　视图的管理

在 SQL Server 2005 中，视图可以分为标准视图，索引视图和分区视图。

标准视图组合了一个或多个表中的数据，用户可以使用标准视图对数据库进行查询、修改和删除等基本操作。

索引视图是被具体化了的视图，即它已经过计算并存储，可以为视图创建索引，即对视图创建一个唯一的聚集索引。索引视图可以显著地提高某些类型查询的性能。索引视图尤其适用于聚合许多行的查询。但不太适用于经常更新的基本数据集。

分区视图在一台或多台服务器间水平连接一组成员表中的分区数据。这样，数据看上去如同来自一个表。连接同一个 SQL Server 实例中的成员表的视图是一个本地分区视图。

12.6.1　创建视图

在 SQL Server 2005 中创建视图同样可以使用 SSMS 中的对象资源管理器和查询分析器的 T-SQL 两种方式，此处仅介绍前者。

（1）在"对象资源管理器"中展开需要建立视图的数据库，选中"视图"服务选项并展开。系统已经自动为数据库创建系统视图。鼠标右键单击选择"新建视图"菜单选项，出现"添加表"对话框，用户可以选择需要添加的表、视图、函数和同义词。如图 12.21 所示。

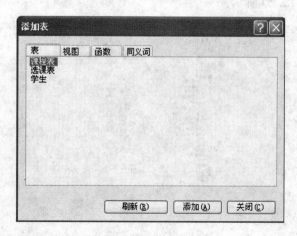

图 12.21　进入视图设计对话框

（2）添加表完毕，单击"关闭"按钮，进入视图设计窗口。该窗口又分为多个子窗口。第一个子窗口是添加的表的结构图形表示,用户可以选择列。第二个子窗口显示用户选择的列的列名、别名、表名、是否输出、顺序类型等属性,用户可以在第二个子窗口设置视图属性。第三个子窗口显示出用户设置的 T-SQL 语句代码。当执行视图时,第四个子窗口显示视图的查询结果。

（3）视图创建完毕,需要给视图命名并存盘退出。这时"对象资源管理器"窗口下"视图"选项中就会出现该视图。由用户定义的视图称为用户视图,如图 12.22 所示。

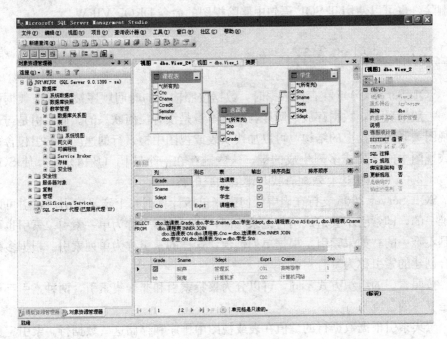

图 12.22　视图设计器

12.6.2　查询视图

视图创建完毕,就可以如同查询基本表一样查询视图了。用户可以在 SQL Server Management Studio 中选中要查看的视图并打开,浏览该视图查询的所有数据。也可以在查询窗口中执行 T-SQL 语句查询视图。

12.6.3　修改视图

修改视图定义与修改基本表结构不一样。修改基本表结构是指重新定义列名、属性、约束等,而修改视图定义是指修改视图的指定列的列名、别名、表名、是否输出、顺序类型等属性。

修改视图定义时，可以在 SQL Server Management Studio 中选中要修改的视图并修改，其操作方法和创建视图方法一样。也可以在查询窗口执行 T-SQL 语句修改视图定义，其命令为 ALTER VIEW。

12.6.4   删除视图

当视图不使用时，需要对视图进行删除操作。

打开"数据库｜教学管理｜视图"，右键快捷菜单的"删除"选项，完成视图删除。也可以使用 T-SQL 语句中删除视图的命令 DROP VIEW。

12.7   索引的管理

SQL Server 2005 在存储数据时，数据按照输入的时间顺序被放置在数据页上。一般情况下，数据存放的顺序与数据本身是没有任何联系的。而索引是与表或视图关联的磁盘上的结构，可以加快从表或视图中检索行的速度。索引包含由表或视图中的一列或多列生成的键，这些键存在一个结构（B 树）中，使 SQL Server 2005 可以快速有效地查找与键值关联的行。

SQL Server 2005 支持在表中任何列（包括计算列）上定义索引。索引可以是唯一的，即索引不会造成两行记录相同，这样的索引称为单一索引。索引也可以是不唯一的。如果索引是根据单列创建，这样的索引称为单列索引。根据多列组合创建的索引称为复合索引。

按照索引的组织方式不同，可以分为聚集索引和非聚集索引，两种索引都可以是唯一的。

聚集索引根据数据行的键值在表或视图中排序和存储这些数据行。索引定义中包含聚集索引列。每个表只能有一个聚集索引，因为数据行本身只能按一个顺序排序。只有当表包含聚集索引时，表中的数据行才能按排序顺序存储。如果表具有聚集索引，这样的表称为聚集表。如果表没有聚集索引，则其数据行存储在一个称为堆的无序结构中。

非聚集索引具有独立于数据行的结构。非聚集索引包含非聚集索引键值，而且每个键值项都有指向包含键值的数据行的指针。

12.7.1   创建索引

在 SQL Server 2005 中创建索引可以使用 SSMS 中的对象资源管理器和查询分析器的 T-SQL 两种方式，此处仅介绍前者。

（1）在"对象资源管理器"中展开需要建立索引的表，选中"索引"服务选项并展开。如果表中已经设置了关键字或唯一属性，则系统自动创建一个聚集索引。如果用户还需要创建索引，则选中"索引"对象，单击鼠标右键，在快捷菜单中选择"新建索引"选项，如图 12.23 所示。

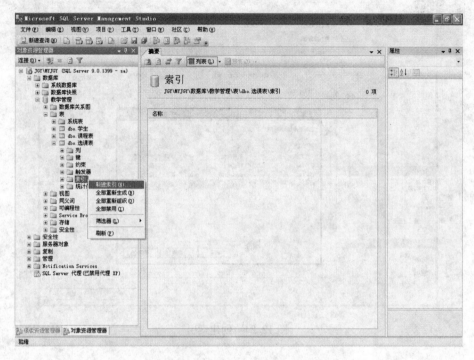

图 12.23　用对象资源管理器新建一个索引

（2）进入"新建索引"对话框，在"常规"页窗口，可以创建索引。在"索引名称"文本框中输入索引名称，在"索引类型"下拉列表中选择索引类型，在"唯一索引"单选框中选择是否设置唯一索引，通过选择索引设置按钮，可以添加、删除、移动索引。选择"确定"按钮，可以成功地创建索引，如图 12.24 所示。

（3）当创建完一个索引后，SQL Server 数据库引擎会创建所定义的索引。在 SQL Server Management Studio 的"对象资源管理器"窗口中，该表的"索引"对象下面会出现一个新建的索引——分数索引。

12.7.2　创建索引视图

对于标准视图而言，每个引用视图的动态查询生成结果集的开销很大，特别是对于那些涉及大量行进行复杂处理（如聚集大量数据或连接许多行）的视图。如果在查询中频繁地引用这类视图，可通过视图创建唯一聚集索引来提高性能。对视图创建唯一聚集索引后，结果集将存储在数据库中，就像带有聚集索引的表

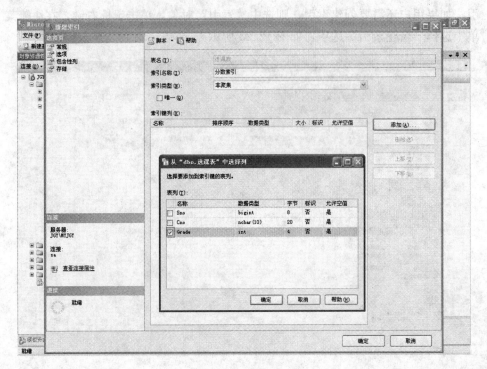

图 12.24　创建索引

一样。

　　在 SQL Server Management Studio 的"对象资源管理器"窗口中，选择要新建索引的视图，选择快捷菜单"新建索引"选项，进入"新建索引"对话框。在"新建索引"对话框中，输入索引名，设置索引类型。单击"确定"按钮即可创建索引视图。

12.7.3　删除索引

　　在 SQL Server Management Studio 中，用户可以在图形界面环境下快捷地删除索引。选中要删除的索引，右键快捷菜单"删除"选项，进入"删除对象"对话框。在"删除对象"对话框，单击"确定"可删除索引。也可以使用 T-SQL 语句的 DROP INDEX 来删除索引。

■ 12.8　存储过程的管理

　　使用 SQL Server 2005 创建应用程序时，SQL 语言是应用程序和 SQL Server 数据库之间的主要编程接口。使用 SQL 程序时，可以将程序存储在本地，然后创建向 SQL Server 发送命令并处理结果的应用程序；也可以将 SQL 程序作为存储过程存储在 SQL Server 中，创建执行存储过程并处理结果的应用程序。

在 SQL Server 2005 中存储过程分为三类：

系统存储过程：在 SQL Server 2005 中的许多管理活动都是通过一种特殊的存储过程执行的，这种存储过程被称为系统存储过程。系统存储过程主要存储在 master 数据库中并以"sp_"为前缀，并且系统存储过程主要是从系统表中获取信息，从而为数据库系统管理员管理 SQL Server 提供支持。在 SQL Server Management Studio 中可以查看系统存储过程，打开"对象资源管理器"的"数据库│教学管理│可编程性│存储过程"目录，在"系统存储过程"下可以看到所有系统存储过程的列表。

用户自定义存储过程：用户自定义存储过程是由用户创建并能完成某一特定功能（如查询用户所需数据信息）的存储过程，是封装了可重用代码的 SQL 语句。存储过程可以接受输入参数、向客户端返回表格或标量结果和消息、调用数据定义语言（DDL）和数据操作语言（DML）语句，以及返回输出参数。

扩展存储过程：扩展存储过程允许使用高级编程语言创建应用程序的外部例程，从而使得 SQL Server 的实例可以动态地加载和运行 DLL。扩展存储过程直接在 SQL Server 实例的地址空间中运行。

12.8.1　创建存储过程

当创建存储过程时，需要确定存储过程的三个组成部分：所有的输入参数以及传给调用者的输出参数；被执行的针对数据库的操作语句，包括调用其他存储过程的语句；返回给调用者的状态值，以指明调用是成功还是失败。

在 SQL Server 2005 中创建索引可以使用 SSMS 中的对象资源管理器和查询分析器的 T-SQL 两种方式，此处仅介绍前者。

（1）打开 SQL Server Management Studio，用鼠标单击"对象资源管理器"中"数据库│教学管理│可编程性│存储过程"，在新窗口的右侧显示当前数据库的所有存储过程。单击鼠标右键，在弹出的快捷菜单上选择"新建存储过程"，如图 12.25 所示。

（2）在新打开的 SQL 命令窗口中，给出了创建存储过程命令的模板，如图 12.26 所示。按照下面的代码修改建立存储过程的命令模板后执行。执行后，在左侧"存储过程"中，可以看到新建立的存储过程。

（3）在新建立的储存过程可通过以下代码执行，执行结果如图 12.27 所示，显示指定学号的学生信息。

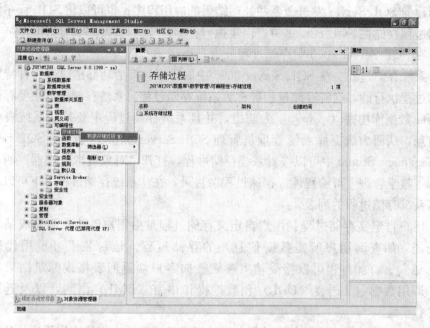

图 12.25　用对象资源管理器新建一个存储

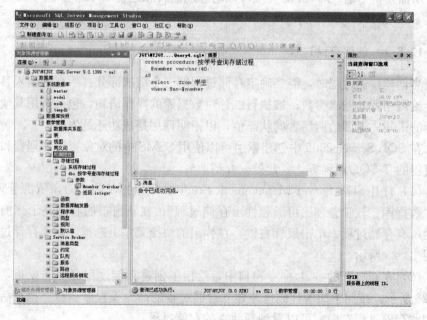

图 12.26　创建存储过程

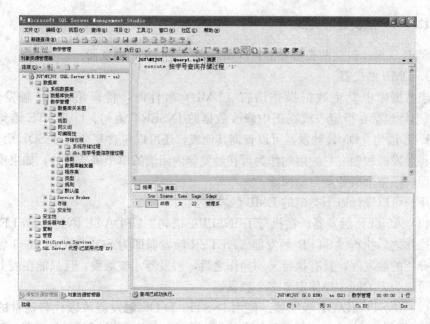

图 12.27　执行一个现有的存储过程

12.8.2　修改存储过程

如果需要更改存储过程中的语句或参数，可以删除并重新创建该存储过程，也可以通过一个 Alter 语句更改存储过程。删除并重新创建存储过程时，与该存储过程关联的所有权限都将丢失。更改存储过程时，将更改过程或参数，但为该存储过程定义的权限将保留，并且不会影响任何相关的存储过程。

12.8.3　删除存储过程

不再需要存储过程时，可以使用 DROP 语句删除存储过程，将其删除。

12.9　触发器的管理

触发器是一种特殊的存储过程，主要通过时间进行触发而执行，而存储过程可以通过存储过程名字而被直接调用。当某一个表进行诸如 UPDATE、INSERT、DELETE 这些操作时，SQL Setver 就会自动执行触发器所定义的 SQL 语句，从而保证对数据的处理必须符合由这些 SQL 语句所定义的规则。

12.9.1 触发器的类型

SQL Server 包括两类触发器：DML 触发器和 DDL 触发器。

1. DML 触发器

当数据库中发生数据操作语言（DML）事件时，将调用 DML 触发器。DML 事件包括在指定表或视图中修改数据的 INSERT 语句、UPDATE 语句或 DELETE 语句。DML 触发器可以查询其他表，还可以包含复杂的 T-SQL 语句。系统将触发器和触发它的语句作为可在触发器内回滚的单个事务对待，如果检测到错误，则整个事务就自动回滚。

用户可以设计以下类型的 DML 触发器：

（1）AFTER 触发器。在执行了 INSERT 语句、UPDATE 语句或 DELETE 语句操作之后执行 AFTER 触发器。AFTER 触发器即为 SQL Server 2005 版本以前介绍的触发器，只有执行某一操作之后，触发器才被触发，且只能在表上定义。可以为表的同一操作定义多个触发器。

（2）INSTEAD OF 触发器。使用 INSTEAD OF 触发器可以代替通常的触发动作。还可以为带有一个或多个基本表的视图定义 INSTEAD OF 触发器，而这些触发器能够扩展视图可支持的更新类型。INSTEAD OF 触发器执行时并不执行其所定义的操作（INSERT、UPDATE、DELETE），而仅是执行触发器本身。

2. DDL 触发器

DDL 触发器是 SQL Server 2005 的新增功能。像常规触发器一样，DDL 触发器将激发存储过程以响应事件。但与 DML 触发器不同的是，它们不会为响应针对表或视图的 INSERT 语句、UPDATE 语句或 DELETE 语句而触发，相反，它们会为响应数据定义语言（DDL）语句而激发。这些语句主要是以 CREATE、ALTER 和 DROP 开头的语句。DDL 触发器可用于管理任务，例如审核和控制数据库操作。

12.9.2 创建触发器

在 SQL Server 2005 中创建触发器可以使用 SSMS 中的对象资源管理器和查询分析器的 T-SQL 两种方式，此处仅介绍前者。

打开 SQL Server Management Studio，用鼠标单击"对象资源管理器"中"数据库 | 教学管理 | 表 | 选课表"，在新窗口的右键快捷菜单选择"新建触发器"，单击后在右侧窗口中输入以下代码，作用是如果视图在选课表中添加或更改数据，可用下列代码使 DML 触发器向客户端显示一条消息。

```
CREATE TRIGGER reminder
ON 选课表
```

AFTER INSERT，UPDATE

AS RAISERROR（'你在插入或修改选课表的数据'，16，10）

12.9.3　修改触发器

打开 SQL Server Management Studio，用鼠标单击"reminder"触发器对象右键快捷菜单选择"修改"，在弹出的 SQL 命令窗口中显示出了触发器的语句内容，就可以修改该触发器的内容。如图 12.28 所示。

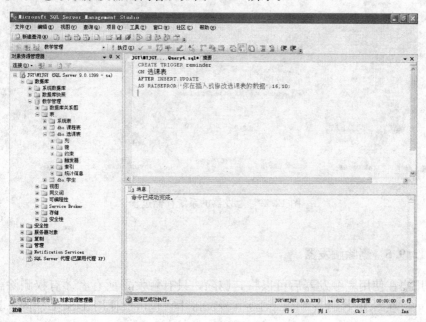

图 12.28　修改触发器

12.9.4　查看触发器

在 SQL Server 2005 如果想要查看触发器的信息，有两种方法：一是使用 SQL Server Management Studio；二是采用系统存储过程，如表 12.2 和图 12.29 所示。

表 12.2　使用关于触发器的系统存储过程

语句	作用
sp_help　'触发器名'	显示触发器的名字、属性、类型和创建时间
sp_helptext　'触发器名'	显示触发器的正文信息
sp_depends　'触发器名'	查看数据库中触发器的引用信息
sp_rename　oldnme，newname	修改触发器名字

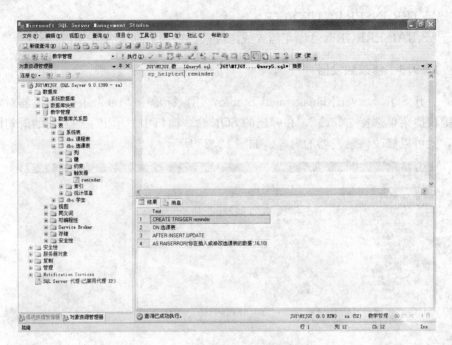

图 12.29 触发器的系统存储过程

12.9.5 删除触发器

用户在使用完触发器后可以将其删除，只有触发器所有者才有权删除触发器。可以在 SQL Server Management Studio 中，也可以使用 T-SQL 删除。具体形式为：

DROP TRIGGER '触发器名字'

删除触发器所在的表时，SQL Server 2005 将自动删除与该表相关的触发器。

12.10 数据备份与还原的管理

SQL Server 2005 提供了高性能的备份和还原功能。SQL Server 2005 备份和还原组件提供了重要的保护手段，以保护存储在 SQL Server 2005 中的关键数据。

12.10.1 数据库备份

数据库备份包括完整备份和完整差异备份。完整备份将备份整个数据库，包括事务日志部分，比差异备份要占用更大的存储空间。完整差异备份仅记录上次完整备份以来更改过的数据，比完整备份更小、更快，可以简化频繁的备份操作，减少数据丢失的风险。

1. 使用 SQL Server Management Studio 进行完整备份

（1）打开 SQL Server Management Studio，在"对象资源管理器"中，选择"数据库 | 教学管理"对象，右键快捷菜单选择"任务 | 备份"。

（2）在"备份数据库"窗口中，选择备份类型为"完整"。在备份目标中，指定备份到的磁盘文件位置（假设为 C：\ 数据备份），然后单击"确定"。如图 12.30 所示。

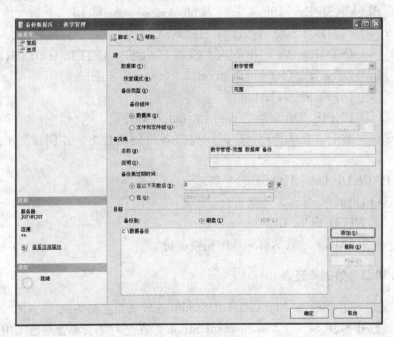

图 12.30　备份数据库

（3）备份操作完成后，弹出对话框表示备份完成。这时，在备份的文件位置可以找到名称为"数据备份"的备份文件。

2. 使用 SQL Server Management Studio 进行完整差异备份

（1）由于完整差异备份仅记录自上次完整备份更改过的数据。因此，首先对数据库中的数据进行修改。比如，在数据库的学生表中增加一个新的学生记录。

（2）在增加完记录后，打开备份向导，在"备份数据库"窗口中，选择备份类型为"差异"。在备份的目标中，指定备份到的磁盘文件位置（本例为 C：\ 差异数据备份），然后单击"确定"按钮。备份完成后，可以找到名称为"差异数据备份"的备份文件，并发现比原来的"数据备份"文件要小的多，因为它仅备份自上次完整备份后更改过的数据。

3. 使用 BackUP 命令进行备份

T-SQL 提供了 BACKUP DATABASE 语句对数据库进行备份，其语法格式为

BACKUP DATABASE〈database _ name｜@database _ name _ var〉

TO ＜backup _ device＞

[[MIRROR TO ＜backup device＞ [，…n]] […next mirror]]

[WITH

   [BLOCKSIZE＝〈blocksize｜@blocksize _ variable〉]

   [[,] 〈CHECKSUM｜NO _ CHECKSUM〉]

   [[,] 〈STOP _ ON _ ERROR｜CONTINUE _ AFTER _ ERROR〉]

   [[,] DESCRIPTION＝〈'text'｜@text _ variable〉]

   [[,] DIFFERENTIAL]

   [[,] EXPIREDATE＝〈date｜@date _ var〉]]

例如，将整个"教学管理"数据库完整备份到磁盘上，并创建一个新的媒体集。

   BACKUP DATABASE 教学管理

   TO DISK＝'c：\ 数据备份'

      WITH FORMAT

      NAME＝'教学管理系统完整备份'

12. 10. 2　数据库还原

1. 使用 SQL Server Management Studio 进行还原完整备份

（1）打开 SQL Server Management Studio，在"对象资源管理器"中，选择"数据库｜教学管理"对象，右键快捷菜单选择"任务｜还原"。

（2）在"还原数据库"窗口中，选择还原的数据库为"教学管理"，选择用于还原的备份集为"C：\ 数据备份"（或前面备份文件的位置）。如图 12.31 所示。

（3）在"还原数据库"窗口中选择选项，在还原选项中选择"覆盖现有数据库"复选框，然后单击"确定"。还原操作后，打开"教学管理"数据库，可以看到其中的数据进行了还原，新增加的记录没有了。

2. 使用 SQL Server Management Studio 进行还原完整差异备份

还原完整差异备份的操作步骤和还原完整备份相似。只是在选择用于还原的备份集时选择备份操作中备份的差异数据集。选中差异数据集后，完整数据集会自动被选中，也能为在还原差异备份之前，必须先还原其基准备份。还原操作完成

后，打开"教学管理"数据库，在学生表中不仅能看到进行完整备份时的学生数据，还可以看到进行完整备份后和差异备份前增加的学生数据。如图 12.32 所示。

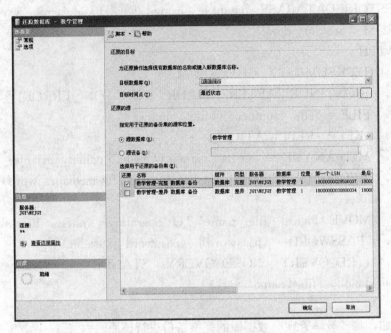

图 12.31　还原数据库

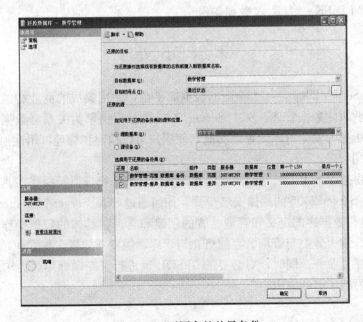

图 12.32　还原完整差异备份

3. 使用 Restore 命令进行还原

T-SQL 提供了 Restore 语句对数据库进行恢复，其语法格式为

RESTORE DATABASE {database ＿ name | @database ＿ name ＿ var}

FROM ＜backup ＿ device＞

［WITH

［｛CHECKSUM | NO ＿ CHECKSUM｝］

［［,］｛CONTINUE ＿ AFTER ＿ ERROR | STOP ＿ ON ＿ ERROR｝］

［［,］FILE＝｛file ＿ number | @file ＿ number｝］

［［,］, KEEP ＿ REPLICATION］

［［,］MEDIANAME＝｛media ＿ name | @media ＿ name ＿ variable｝］

［［,］MEDIAPASSWORD＝｛mediapassword | @ mediapassword ＿ varia-ble｝］

［［,］MOVE 'logical ＿ file ＿ name' TO 'operating ＿ system ＿ file ＿ name'］

［［,］, PASSWORD＝｛password | @password ＿ variable｝］

［［,］｛RECOVERY | NORECOVERY | STANDBY＝｛standby ＿ file ＿ name | @standby ＿ file ＿ name ＿ var｝｝］

］

例如，将"教学管理"数据库的完整备份进行还原。

RESTORE DATABASE 教学管理

FROM DISK＝'C：\ 数据备份'

本 章 小 结

SQL Server 2005 是一个全面的数据库平台，使用集成的商业智能（BI）工具提供企业级的数据管理，SQL Server 2005 数据库引擎为关系型数据和结构化数据提供了更为安全可靠的存储功能，使用户可以构建和管理可用性强、性能高的数据应用程序。

本章讲述了 SQL Server 2005 的基础知识、最新特征以及操作工具。详细讲解了 SQL Server 2005 的具体安装步骤、如何通过 SQL Server Management Studio 工具进行数据库的定义和管理、表的创建和管理、具体的数据操作方法、视图的管理、索引分类与管理、存储概念与管理、触发器的概念与管理，以及数据库备份和恢复业务。同时，对必要的 T-SQL 也进行了穿插介绍，力求读者有一个较为全面的了解和应用。

➢ **思考练习题**

1. 使用 SQL Server Management Studio 创建一个数据库，名称为"教学管理系统"，要求数据文件初始大小为 20MB，自动增长 3MB，最大为 50MB；日志文件初始大小为 10MB，自动增长 2MB，最大为 30MB。

2. 对于创建的"教学管理系统"数据库，按照第 3 章提供的三张表（Student 表、Course 表、SC 表）的定义，要求：

(1) 使用 SQL Server Management Studio 创建教学管理系统的表和约束。

(2) 使用 T-SQL 语句创建教学管理系统的表和约束。

3. 按照第 3 章的表 3.6 表 3.8，使用 SQL Server Management Studio 将数据录入到"教学管理系统"数据库中，同时，使用 T-SQL 方法进行下列的查询：

(1) 查询成绩高于 85 分的学生的学号、课程号和成绩。

(2) 查询选修了 C01 和 C02 且分数大于 85 分的学生的学号、课程号和成绩。

(3) 查询所有姓张的学生的学号和所在系。

(4) 查询学号为 9512101 的学生的总分和平均分。

(5) 查询选修课 C02 课程的最高分、最低分以及之间相差的分数。

(6) 统计有成绩的学生的人数。

(7) 查询选课在两门以上且各门课程均及格的学生的学号及其总成绩，查询出结果按总成绩降序列出。

4. 使用 SQL Server Management Studio 创建一个视图，显示 Student 表中的学号、姓名、系别和 SC 表中的课程编号、课程名称和成绩，并且限制 SC 表的记录只能在成绩大于 80 分的记录集合。

5. 使用 T-SQL 创建一个视图，名字是 s_v，包括学生姓名和相应的课程平均成绩（列名为 avgscore），以学生姓名作为分组查询条件。

6. 创建一个存储过程，以简化对 Student 表的数据添加工作，使得在执行该存储过程时，其参数值作为数据添加到 Student 表中。

7. 创建一个存储过程，从 Student 表、Course 表、SC 表中返回指定系别的学生的姓名、课程名和成绩。

8. 创建一个触发器 Tr1，当删除 Student 表中的一个学生记录时，SC 表中与之相应的记录也被删除。

9. 新创建一个备份设备，用于存储"教学管理系统"，命名为 JXGL 设备。

10. 对"教学管理系统"做一个完整备份、差异备份、文件和文件组备份、事务日志备份。

11. 使用第 10 题的备份文件，对"教学管理系统"数据进行恢复。

第13章

数据库应用系统案例

【本章学习目标】

➢ 通过案例详细介绍数据库应用系统开发全过程

➢ 掌握数据库系统开发各个阶段完成的任务及文档

为了将前面所学的数据库分析设计知识综合运用，本章选择两个典型的案例，系统阐述基于 C/S 及 B/S 模式下信息系统如何需求分析、概念结构设计、逻辑结构设计及物理设计。通过本章学习，对数据库系统开发有系统性、总体性、综合性等的深刻理解与认知。

■ 13.1 某公司进销存案例

13.1.1 需求分析

1. 背景分析

某公司主要从事家用电器及办公用品销售业务，公司设有采购部、销售部、仓储部、财务部等。公司设有总经理、各个部门经理、柜组长等职务。为了提高公司在市场中的竞争能力，提高资金的使用率，加快商品的进销流量，减少商品的库存积压，从而使企业取得最大的经营效益，公司决定加快信息化建设，开发"进销存管理系统"，对经营销售的各个环节进行管理和控制。用户原始需求如下：

（1）能对供货商数据进行跟踪管理（如添加、更改、删除、查询等）。

（2）能对客户资料进行跟踪管理（如添加、更改、删除、查询等）。

（3）对销售数据进行跟踪管理，包括统计、分类汇总、查询、生成报表。

（4）对出入库进行管理。

（5）对商品资料进行管理（包括名称、型号、计量单位、价格等）。

（6）对仓库的商品库存进行盘点分析，对库存不足发出报警，建议应该进货的商品名称及数量。对库存积压的商品发出报警。

（7）该数据库系统要具有良好的可扩展性，当公司增加员工时，能够在最短的时间内开展工作（界面友好）。

（8）具有一定的安全性，不同用户只能看到自己应该看到的内容。

2. 业务流程分析

（1）入库业务。图 13.1 给出了入库业务流程图。

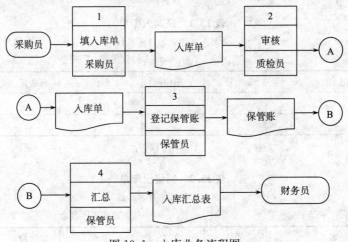

图 13.1　入库业务流程图

（2）出库业务流程。图 13.2 给出了出库业务处理流程。

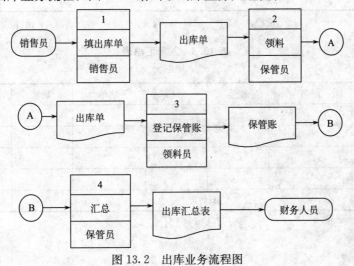

图 13.2　出库业务流程图

（3）计算利润。图 13.3 给出了毛利润计算的处理流程图。

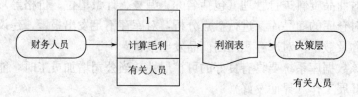

图 13.3　计算毛利业务流程图

3. 手工原始表格（表 13.1 至表 13.8）

表 13.1　采购入库单

×××年××月××日　　　　　　　　　　　　　　　　　　　编号：

采购单位：　　　　　　　　　　付款方式：□现金　　□支票　　□欠款

品名	型号	单位	单价	数量	金额

财务：　　　　　　　质检：　　　　　　　保管：　　　　　　　采购：

表 13.2　销售出库单

×××年××月××日　　　　　　　　　　　　　　　　　　　编号：

销售单位：　　　　　　　　　　收款方式：□现金　　□支票　　□欠款

品名	型号	单位	单价	数量	金额

财务：　　　　　　　质检：　　　　　　　保管：　　　　　　　销售：

表 13.3　入库汇总表

×××年××月

类别	品名	型号	单位	平均单价	数量	金额合计
总计						

表 13.4　出库汇总表
×××× 年 ×× 月

类别	品名	型号	单位	数量	金额合计
总计					

表 13.5　采购单位一览表

名称	地址	联系人	电话	备注

表 13.6　销售客户一览表

名称	地址	联系人	电话

表 13.7　保管账
品名：

日期	入库			出库			结存		
	数量	单价	金额	数量	单价	金额	数量	单价	金额

表 13.8　毛利润表

品名	入库			出库			毛利润
	数量	单价	金额	数量	单价	金额	
总计							

4. 系统数据流图

(1) 系统顶层数据流图（图 13.4）。

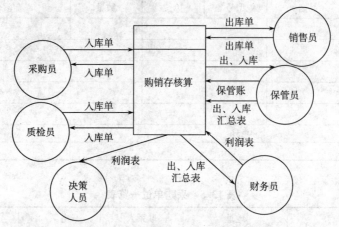

图 13.4　系统顶层数据流图（第零层 DFD）

(2) 系统第一层数据流图（图 13.5）。

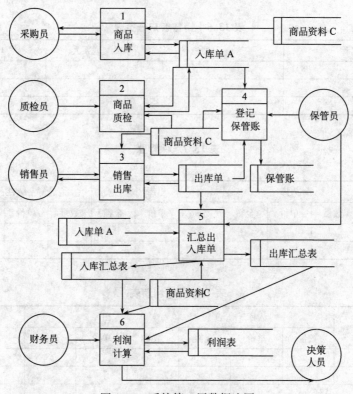

图 13.5　系统第一层数据流图

基于上述数据流图，可以用文字描述相关的处理流程，以"商品入库"逻辑为例，可理解为：

采购员可以浏览入库单，采购录入入库单数据，录入的数据保存到"入库单"存储中，在显示、处理入库单数据时，需要参照商品资料中商品编码对应的商品名称、型号、单位等。

读者可参考上述数据流图及描述，写出其他处理逻辑的描述。

（3）"商品入库"处理逻辑第二层数据流图（图 13.6）。

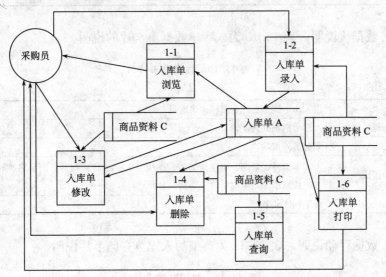

图 13.6　系统第二层数据流图

上图给出了一个数据实体的典型的"CRUD"的数据处理流程，即"增加（create）"、"查询或浏览（retrieve）"、"修改（update）"、"删除（delete）"等相关逻辑。读者可参考上图，描述出第一层数据流图中"销售出库"处理逻辑的下一层数据流图。

对于第一层中其他处理逻辑的分解，由于篇幅所限，在此不再绘制下层的数据流图，以下给出各处理逻辑的下层数据流图的主要处理逻辑。

"商品质检"处理逻辑包括："入库单浏览"、"入库单质检"处理逻辑。

"销售出库"处理逻辑包括："出库单浏览"、"录入出库单"、"修改出库单"、"删除出库单"、"查询出库单"、"打印出库单"等处理逻辑。

"登记保管账"处理逻辑包括："查询入库单"、"登记账簿"、"查询账簿"等处理逻辑。

"汇总出库单"处理逻辑包括："汇总计算"、"显示汇总结果"等处理逻辑。

"利润计算"处理逻辑包括："选择计算条件"、"显示计算结果"等处理逻辑。

5. 数据字典

(1) 外部项说明。表 13.9 为采购员外部项卡片说明。

表 13.9　外部项卡片

编号：WBX01　　　　　　　　　　名称：采购员　　　　　　　　　别名：购货员

简述	负责商品采购，联系供应商，供应商客户关系管理
输入数据	入库单，供应商资料
输出信息	入库单，供应商列表

(2) 数据流说明。表 13.10 为入库单数据流卡片的说明。

表 13.10　数据流卡片

编号：DF01　　　　　　　　　　名称：入库单

简述	由入库单浏览处理逻辑流向采购员
输入来源	入库单浏览处理逻辑
输出去向	采购员外部项
数据项组成	入库单编号、日期、供应商编号、供应商名称、商品编号、商品名称、商品型号、计量单位、采购单价、数量、金额
流量	每笔入库业务

(3) 数据存储说明。表 13.11 为典型的入库单存储卡片说明。

表 13.11　数据存储卡片

编号：DS01　　　　　　　　　　名称：入库单存储

简述	存放每一笔入库业务记录
输入来源	入库单录入处理逻辑
输出去向	入库单浏览、修改、删除、查询、打印、汇总、登记保管账
数据项组成	入库单编号、日期、供应商编号、商品编号、采购单价、数量、金额
存储容量	每笔入库业务

(4) 数据项说明。表 13.12 列举了"入库单编号"数据项的说明。

表 13.12　数据项卡片

编号：RKDBH　　　　　　　　　　名称：入库单编号

简述	对入库单的每一笔业务进行的唯一编号
数据类型	字符型
长度	8 位
小数位数	无
允许为空	否

（5）处理逻辑说明。表 13.13 列举了针对"入库单浏览"处理逻辑的结构式语言说明。

表 13.13　处理逻辑卡片

编号：1-1　　　　　　　　　　名称：入库单浏览

简述	逐笔显示每一张入库单
逻辑说明	针对一张入库单 　显示日期 　显示入库单编号 　显示供应商号 　显示对应的供应商名 对该入库单的每一笔采购记录 　显示商品编号 　显示对应的商品名称、型号、计量单位 　显示单价、数量、金额
概要说明	1. 可以"上一张"、"下一张"、"首张"、"末张"点击浏览。 2. 可以输入指定的入库单号，直接显示该张入库单。 3. 显示时入库单处于只读状态。

13.1.2　概念结构设计

1. 系统 E-R 图

（1）入库处理局部 E-R 图，如图 13.7 所示。

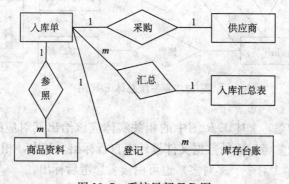

图 13.7　系统局部 E-R 图

（2）出库处理局部 E-R 图，如图 13.8 所示。

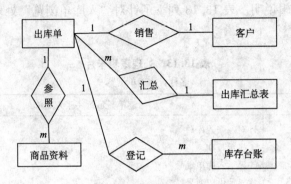

图 13.8 系统局部 E-R 图

（3）系统总体 E-R 图，如图 13.9 所示。

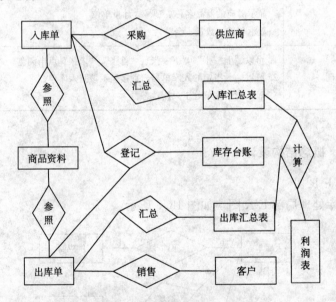

图 13.9 系统总体 E-R 图

需要说明的是，上述 E-R 图中的相关实体应该给出其对应的属性，由于篇幅所限，请读者参考后面的数据文件设计表自行标出。其次，相关实体之间的联系模式（1 对 1、1 对多、多对多）也可由读者思考后标出。

2. 代码设计说明书

（1）商品编码说明，如表 13.14 所示。

表 13.14   "商品编码"代码设计说明书

概述	用于标识每一商品的唯一编码
编码方案 XX XXX XXX XXX	三位，表示商品四级编码，采用顺序码编码 三位，表示商品三级编码，采用顺序码编码 三位，表示商品二级编码，采用顺序码编码 两位，表示商品大类，采用区间码编码

（2）入库单编码说明，如表 13.15 所示。

表 13.15   "入库单编码"代码设计说明书

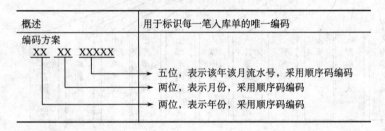

概述	用于标识每一笔入库单的唯一编码
编码方案 XX XX XXXXX	五位，表示该年该月流水号，采用顺序码编码 两位，表示月份，采用顺序码编码 两位，表示年份，采用顺序码编码

3. 新系统方案

针对现有方案需要做以下改进：

（1）出入库单中需要增加是否记账标志，将原有的月末一次记账改为可以随时记账。

（2）计算利润处理，原来是根据"汇总表"计算，改为根据出入库单直接计算。

（3）需要对手工单据进行存储规范化。

（4）增加对商品资料、客户资料、供应商资料维护的功能。

（5）增加数据维护功能，实现数据备份、导出、恢复等功能。

13.1.3   逻辑结构设计

1. 系统结构设计

本系统的结构图如图 13.10 所示。

2. 数据文件设计

表 13.16 为客户资料二维表，表 13.17 为供应商资料二维表，表 13.18 为入库单二维表，表 13.19 为商品资料二维表。

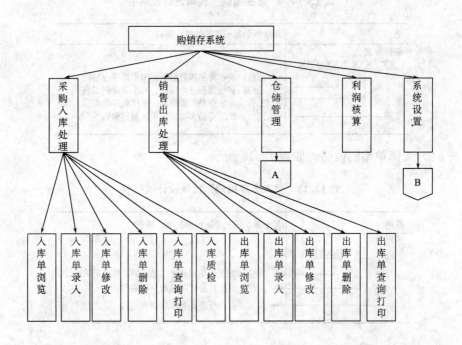

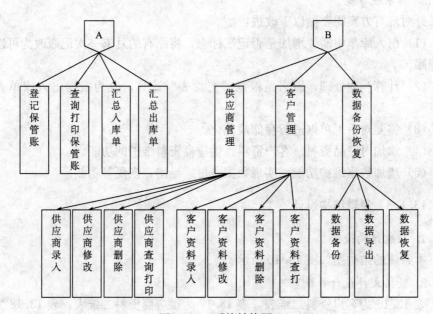

图 13.10　系统结构图

表 13.16　客户资料二维表

No.	字段名	字段标题	类型	长度	小数位	备注
1	KHBH	客户编号	C	4		主键
2	KHMC	客户名称	C	100		
3	KHDZ	客户地址	C	200		
4	KHLXR	客户联系人	C	10		
5	KHLXDH	客户联系电话	C	20		
6	KHDJ	客户等级	I	4		0 普通，1～3 对应 1～3 级
7	KHQKXE	客户欠款限额	N	12	2	
8	KHQKLJ	客户欠款累计	N	12	2	

表 13.17　供应商资料二维表

No.	字段名	字段标题	类型	长度	小数位	备注
1	GYSBH	供应商编号	C	4		主键
2	GYSMC	供应商名称	C	100		
3	GYSDZ	供应商地址	C	200		
4	GYSLXR	联系人	C	10		
5	GYSLXDH	联系电话	C	20		
6	GYSDJ	供应商等级	I	4		0 普通，1～3 对应 1～3 级

表 13.18　入库单二维表

No.	字段名	字段标题	类型	长度	小数位	备注
1	RKDBH	入库单编号	C	9		主键
2	GYSBH	供应商编号	C	4		外键
3	RKDRQ	入库单日期	D	8		
4	SPBH	商品编号	C	11		外键
5	SPDJ	采购单价	N	12	2	
6	SPSL	采购数量	N	12	2	
7	SPJE	采购金额	N	12	2	
8	CGY	采购员	C	10		
9	ZJY	质检员	C	10		
10	CCY	仓储保管员	C	10		
11	JZBZ	记账标志	L	1		

表 13.19　商品资料二维表

No.	字段名	字段标题	类型	长度	小数位	备注
1	SPBH	商品编号	C	11		主键
2	SPMC	商品名称	C	100		
3	SPXH	型号	C	20		
4	SPDW	计量单位	C	10		
5	QCKC	期初库存	N	12	2	
6	LJRK	累计入库数量	N	12	2	
7	LJCK	累计出库数量	N	12	2	
8	CGPJDJ	采购平均单价	N	12	2	
9	XSPJDJ	销售平均单价	N	12	2	
10	ZGKCSL	最高库存数量	N	12	2	
11	ZDKCSL	最低库存数量	N	12	2	

13.1.4　物理设计

13.1.4.1　系统配置设计

本系统可以采用单机运行，也可采用 C/S 模式网络运行方式。单机运行方式下，需要配置有奔腾四以上 CPU 的计算机。网络方式下，需要有数据库服务器，若干台奔腾四以上 CPU 的计算机客户端，需要有网络环境。需要配置打印机一台。其典型配置图如图 13.11 所示。

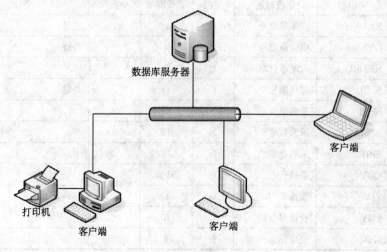

图 13.11　系统配置图

13.1.4.2　模块设计

1. 主调度模块设计

主调及模块主要用于对系统的事件驱动，核心功能包括一个主菜单，用于调用各自对应模块。参考格式如图 13.12 所示。

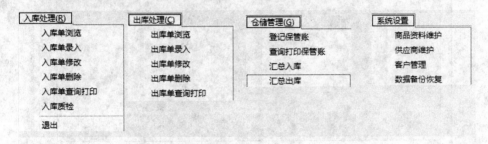

图 13.12　主控菜单列示

2. 入库单浏览

入库单浏览模块主要用于浏览已有入库单记录，可以逐笔显示，也可输入入库单编号直接定位到指定的入库单。参考界面如图 13.13 所示。

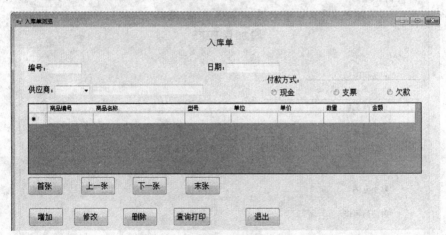

图 13.13　入库单浏览模块

3. 供应商维护

供应商维护模块主要用于对供应商代码进行维护，可以列表显示，可以增删改供应商资料。参考界面如图 13.14 所示。

4. 增加供应商信息

增加供应商信息模块主要用于新增供应商基本资料，其参考界面如图 13.15 所示。

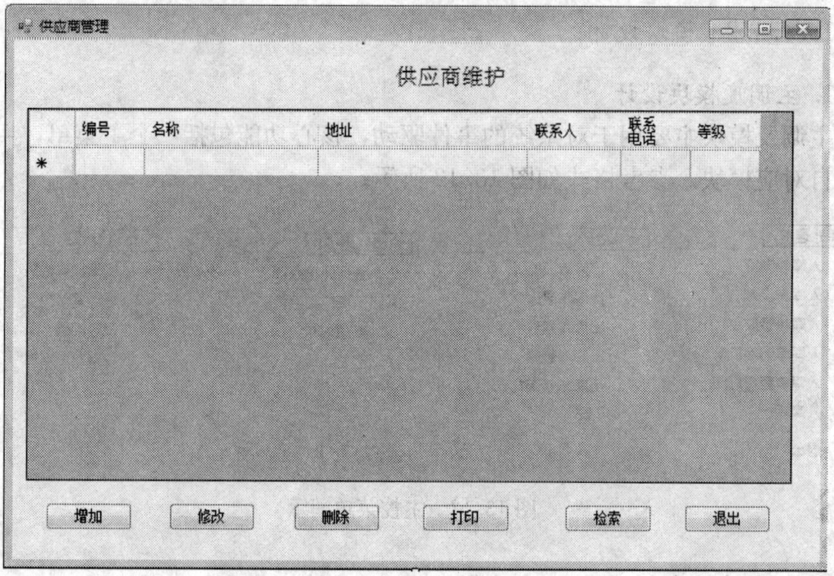

图 13.14　供应商浏览界面

图 13.15　增加供应商界面

　　对于修改供应商信息、删除供应商信息界面与该界面相同，但修改供应商信息时，供应商编号不允许修改；删除供应商信息时，其编号、名称等属性为只读，如果该供应商已经录入过业务，也不允许删除。

5. 登记保管账

登记保管账模块用于将输入的入库单及出库单登记到保管账中。参考界面如图 13.16 所示。

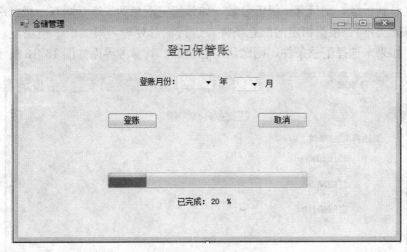

图 13.16　登记保管账界面

6. 查询保管账

查询保管账模块用于查询指定商品的保管账，可以浏览指定商品的每一笔出入库记录。参考界面如图 13.17 所示。

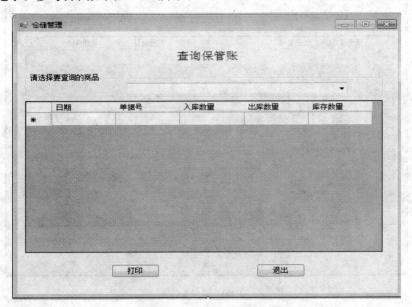

图 13.17　查询保管账界面

7. 汇总入库单

　　汇总入库单模块用于按指定条件汇总入库单，共有两个子模块，首先选择汇总条件，可以指定汇总日期范围、指定要汇总的商品、指定汇总到哪一级（如果指定汇总到一级，则只有一级汇总数，如果指定汇总到二级，则有一级二级汇总数，以此类推）。根据指定的汇总条件，进行汇总处理，第二个子模块显示汇总结果。如果未选择汇总条件，则默认汇总全部。其参考界面如图 13.18 所示。

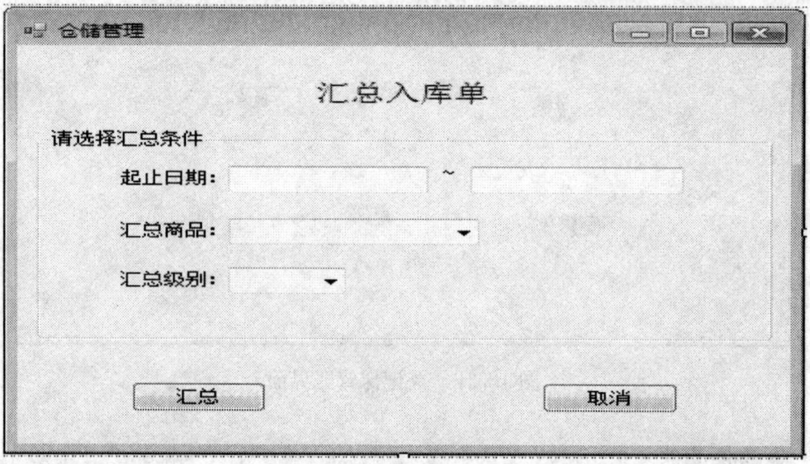

(a) 汇总条件选择

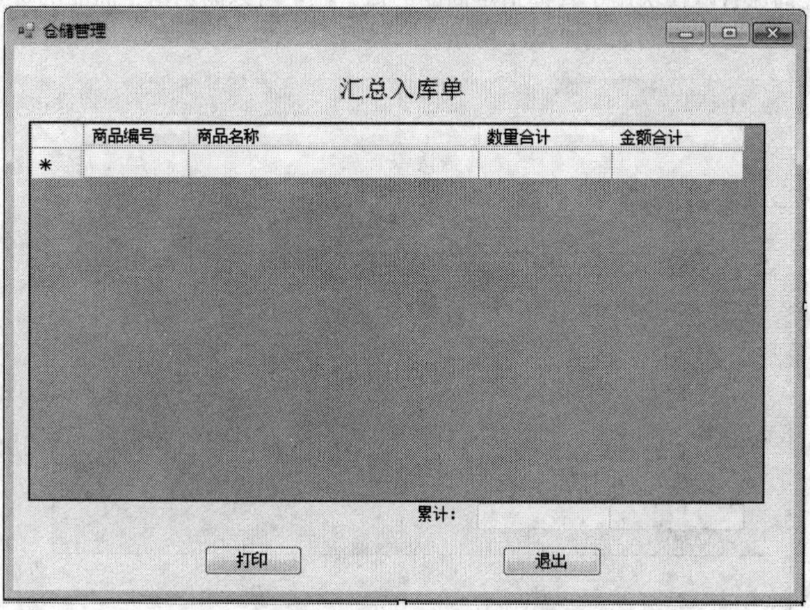

(b) 汇总结果显示

图 13.18　入库单汇总界面

以上提供了入库业务处理的相关模块设计资料，对于出库业务可参考入库业务进行处理，在此不再赘述。

13.2　基于零售业在线销售系统案例

13.2.1　需求分析

1. 背景分析

某公司一直致力于某种电力设备的生产销售业务，为了展示公司形象，扩大业务规模，广开销售渠道，公司决定开发一套网上销售及公司形象展示系统。

用户原始需求如下：

（1）能展示公司形象，宣传企业文化；

（2）能发布公司消息及最新行业信息；

（3）能介绍公司产品；

（4）客户可以在线下订单；

（5）内部管理系统可以处理线上订单。

2. 业务流程分析

对于本系统，其他流程比较简单，图 13.19 给出了在线订单处理流程。

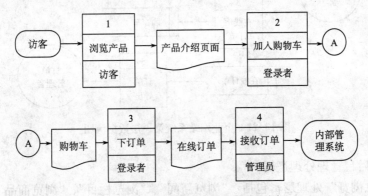

图 13.19　在线订单处理业务流程图

3. 数据流程分析

（1）系统顶层数据流图，如图 13.20 所示。

（2）系统第一层数据流图，如图 13.21 所示。

对于上图中的逻辑处理，"信息浏览"逻辑、"在线注册"逻辑及"在线下订单"逻辑属于网站前台处理逻辑范畴，而"内容管理"逻辑及"订单导出"逻辑

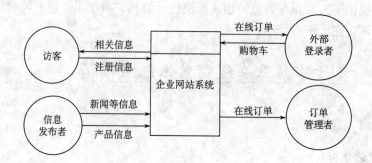

图 13.20 企业网站系统顶层数据流图

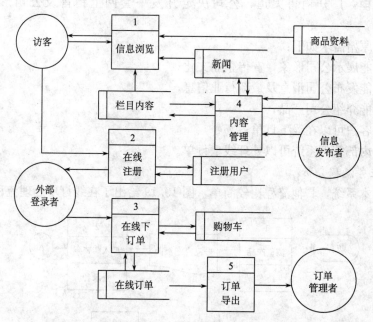

图 13.21 企业网站系统第一层数据流图

属于网站后台管理处理逻辑。

　　"信息浏览"处理逻辑包括:"浏览新闻"、"浏览栏目"、"浏览商品"等处理逻辑;"在线注册"处理逻辑包括:"填写注册信息"、"显示注册结果"等处理逻辑;"在线下订单"处理逻辑包括:"加入购物车"、"浏览购物车"、"生成订单"、"查询订单"等处理逻辑;"内容管理"处理逻辑包括"栏目维护"、"新闻维护"、"商品维护"等处理逻辑;"订单导出"处理逻辑包括"选择订单"、"订单导出"等处理逻辑。

13.2.2　概念结构设计

企业网站系统的实体联系图如图 13.22 所示。

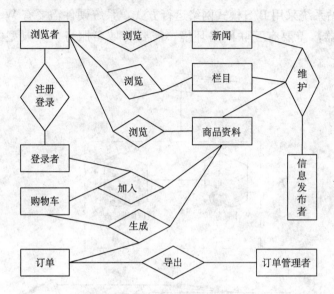

图 13.22　企业网站系统 E-R 图

13.2.3　逻辑结构设计

企业网站系统的系统结构图如图 13.23 所示。

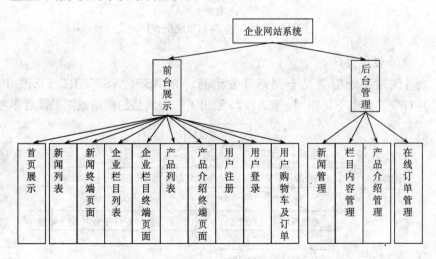

图 13.23　企业网站系统结构图

13.2.4 物理设计

1. 系统配置设计

企业网站系统采用 B/S 模式网络运行方式，系统硬件需要有 Web 服务器及数据库服务器，需要有互联网络环境，需要有域名服务。其典型配置图如图 13.24 所示。

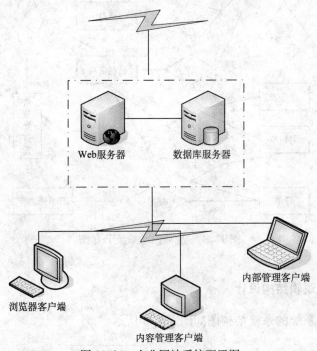

图 13.24　企业网站系统配置图

2. 主要模块设计

企业网站系统需要动态网站开发语言，如 ASP、ASP. NET、JSP、PHP 等，其对应工具也不尽相同，图 13.25 给出了一个典型的网站地图供读者参考。

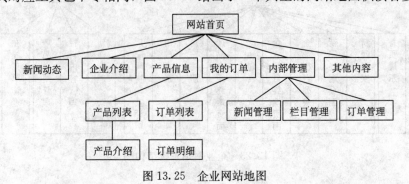

图 13.25　企业网站地图

本 章 小 结

通过对两个数据库应用系统实例的开发介绍，详细给出了各阶段需要完成的任务及文档，以及前后阶段之间的联系，相信读者可以参考本章实例，开发出适合实际需求的数据库应用软件系统。

➤ 思考练习题

1. 选择一个熟悉的开发语言，对本章给出的"进销存系统"中的模块具体编程实现。

2. 参照图 13.6，绘制出"销售出库"处理逻辑的下级数据流图。

3. 标出图 13.9 及图 13.22 这两个图中实体间的联系方式，各实体之间的 1∶1，1∶m 或 m∶n。

4. 使用范式理论对表 13.1 至表 13.8 进行规范化，要求写出初始范式、第一范式、第二范式及第三范式。

参 考 文 献

何玉洁. 2003. 数据库原理与应用教程. 北京：机械工业出版社

何泽恒，胡晶等. 2010. 管理信息系统. 北京：科学出版社

姜翠霞. 2009. 数据库系统基础. 北京：北京航空航天大学出版社

蒋文沛. 2009. SQL Server 2005 实用教程. 北京：人民邮电出版社

克罗恩克. 2008. 数据库原理. 第三版. 姜玲玲译. 北京：清华大学出版社

李战怀. 2008. 数据库系统原理. 西安：西北工业大学出版社

刘晖，彭智勇. 2007. 数据库安全. 武汉：武汉大学出版社

刘玉宝. 2006. 数据库原理及应用出版社. 北京：中国水利水电出版社

密君英. 2010. SQL SERVER 2005 中文版经典实例教程. 北京：中国电力出版社

闪四清. 2005. 数据库系统原理与应用教程. 第二版. 北京：清华大学出版社

施伯乐，丁宝康，杨卫东. 2004. 数据库教程. 北京：电子工业出版社

陶宏才. 2009. 数据库原理及设计. 北京：清华大学出版社

王珊，陈红. 2009. 数据库系统原理教程. 北京：清华大学出版社

王珊，萨师煊. 2006. 数据库系统概论. 第四版. 北京：高等教育出版社

王雯，刘新亮，左敏. 2010. 数据库原理及应用. 北京：机械工业出版社

徐洁磐，柏文阳等. 2006. 数据库系统实用教程. 北京：高等教育出版社

杨小平，尤晓东. 2009. 数据库技术与应用. 北京：中国人民大学出版社

尹为民，金银秋. 2007. 数据库原理与技术. 武汉：武汉大学出版社

赵池龙. 2010. 实用数据库教程. 北京：清华大学出版社

Peter Rob，Carlos Coronel. 2005. 数据库系统设计实现与管理（第六版）. 张瑜，杨继萍等译. 北京：清华
　　大学出版社